JN270219

ものと人間の文化史 107

蜘蛛

斎藤慎一郎

法政大学出版局

はじめに

この本は、クモの科学書ではなく、クモと人とのかかわりを文化史的に探ってみようと試みたものである。いわばクモの文化論といってよい。けれども、生物界のある大きな分類群を対象とするからには、自然科学を無視するわけにはいかない。そのうえ読者のなかには、本書をとおしてクモへの認識を深められる方もおられようから、クモとはどんな動物かにつき、基本的な科学知識は簡単に概説しておいた。

教養ある成人であっても、広い世の中にはクモを昆虫の一群だと誤解している人がいる。身近な野生生物たちとあまり触れ合うことなく幼児期から青年期までを過ごした人々にとって、クモの見方がとかく淡白で多くの誤謬を含んでいるとしても、さして不思議ではない。

けれども姿を一目見て、それがほかならぬクモであることを多くの人が知っている。日本人がふつうに出会う機会の多いクモを「バッタやチョウではなく、クモだ」といえるのは、何でもないようだがじつはすばらしいことなのだ。厳密な認識は注意ぶかい観察によらなければならないが、大雑把さと誤謬を含みながらでもいい、クモをクモと類認識できる人はおそらく日本人の大部分を占めるだろう。これは小学校三年・五年生を対象としたクモの好き嫌い調査で実証されている(86)。

さてクモをまるで知らない人は稀といえるが、クモに対する好感度となると、これがめっぽう低い。全国民の統計によって言うわけにはいかぬが、クモは嫌われる動物のきわめて上位にランクされるという研究がある。[43][228] 伝説や民話の世界にも、クモを恐るべき妖怪変化《へんげ》として表現したものがたくさん知られているし、能楽の「土蜘蛛」はクモ悪玉説の最たるもので、のちに歌舞伎や邦楽に影響をおよぼした。

　クモを善玉とする民俗といえば、後の章に見るごとく、アメリカ先住民族の神話や沖縄の伝説、中国の吉凶占いや吉祥文様、鹿児島県加治木町の「くも合戦」行事に代表されるクモ遊び習俗などが、歴史の風雪に耐えてしたたかに生きている。ギリシャ神話の織物名人・少女アラクネが女神ミネルウァ（ギリシャ名アテナ）にクモに変えられた物語にしても、クモの網作りのみごとさを称えた説話と考えられる。[32]

「クモの文化」の百科全書ともいうべき本としては、今はなき錦三郎さんの『飛行蜘蛛』があり、空を飛ぶクモの話を中心にすえて、さらに古今東西の書物を渉猟記述している。[146] なにぶんにも名著なので、本書では一部を除き『飛行蜘蛛』との話題の重複を避け、私の生涯のテーマである「クモを闘わせる伝承遊び」の研究から見えてきたものを回転軸として話をすすめたい。いずれにせよクモ善玉論者による資料蒐集の中間報告なのだから、クモ悪玉論者にはやや物足りない面があるかもしれない。錦さんのライフワークと対比して読んでいただければ、『飛行蜘蛛』との視点のちがいや、それ以後も尽きせぬクモの民俗文化の話題に驚かれると確信する。しかも本書はあくまでも管見による一里塚にすぎず、偶然のめぐりあわせにより私のあとから地上に生を享けられた方々へ渡す一本の細いバトンでしかない。

　本書の目的は、クモという生命の奇跡が人間の心に触発したイメージの世界を介して、クモにおける生命の美学を構築することにある。一九八四〜五年に上梓した『クモ合戦の文化論』『クモの合戦　虫の民俗誌』は希覯本となった。その後の知見の蓄積にもかかわらず、両書には今こそ広く世に知らせたい要素を多々含むと信じるから、いっそうふくらませた姿で本書に再録した部分のあることを付記する。

目次

II　土蜘蛛文化論

I　蜘蛛合戦の民俗誌

八本脚の虫

あなたはクモを知っていますか。あなたがもしクモをお嫌いなら、クモという動物をいくらかはご存じのはずである。のちに見るように、正しく知ればクモを好きになるにちがいないと私は確信するものだが、まったくクモを知らないではクモを嫌いにもなれないはずである。

クモを見て即座に「あ、クモだ」と分かるのは、クモをそれと認識しているからである。仮にクモを昆虫のかたわれと誤認している人であっても（そういう人は案外多いのだが）クモのなかまを漠然とであれ判別できるのは、科学的認識への貴重な第一歩である。多くの人々のクモに関する知識をまとめると、おおよそ次のようになるのではあるまいか。

クモは空間に網を張る虫である。
網を張らずに走りまわるクモもいる。
クモは八本の脚をもっている。

クモの脚（歩脚）の数を八本と言い当てられる人は、今日思いのほか多いかもしれない。私が小学生を対象に行なったささやかな規模のアンケート調査では、小学三年生の八九パーセント、五年生の九四パーセントが正しく答えている。ただしこの調査では「くも合戦」行事で有名な鹿児島県加治木《かじき》町の児童が過半数を占めているのだから、いささか公平を欠いた結果かもしれない。加治木町をのぞく市町の小学生は、回答数はすこぶる少ないものの、三年生の約八八パーセント、五年生のおよそ七六パーセントが正解であった。それにしてもかなり多くの子どもたちがクモの脚の数を言い当ててくれたのはうれしかった。(86)

だが成人を対象に同じ質問をして、子どもたちよりも良好な結果が得られるという保証はあるまい。クモの認識度調査を全国成年・子ども別に試みたらすこぶるおもしろかろう。

右にクモの脚を「歩脚」とも記したが、これには理由がある。クモは「歩くのに使わない脚」ももっているからなのだ。歩行機能を失った脚といってもよい。そうなればもはや脚の名に値しないが、それは明らかに脚が進化して機能を変えたもので、「触肢」と呼ばれる。クモの姿をよく見ると、顔の前方に、一対の細い小さなヒゲのようなものが出ているのが分かるだろう。それらが触肢であり、名のとおり、「触って」感じる「肢《あし》」なのである。クモは昆虫のように触角をもたない。先端部に神経を集中させた、脚に由来する感覚器官をもっているのだ。しかも雄ではそれが生殖器にまでなっているのだが、このことはもう少しあとで詳しく述べる。腹部にある出糸器官も脚が進化したものである。

ともあれ、クモは八本の歩く脚をもつ。八本脚といえば、すぐに思い出されるのは海底にすむあのおいしいタコ（蛸／章魚）であろう。けれども私たちがふつうにタコの脚と考えるものは、動物学上、腕と呼ばれる。タコは軟体動物であり、節足動物のクモとはからだのしくみが著しくちがう。クモの脚とタコの腕とを、数が一致するというだけの理由から比較することにはあまり意味がない。(268) さて八本の歩脚をもつことは、クモのクモたる重要な特色であり、昆虫との大きなちがいのひとつである。ではそのほかに、クモはどんな基本的特質をそなえているだろうか。節足動物という動物学上の大きな部類（節足動物門）の

暖地性のスズミグモは目の細かい大きなドーム網で知られるが，日本のクモ世界きってのお洒落度が腹部背面の複雑な模様にうかがわれる．近年分布を東に伸ばし，関東地方へ北上中と話題になっている．

チュウガタシロカネグモの水平円網．中池見湿地で．以下本書には和名のみを記し，学名は省略する．和名は安定度が高いので，日本語で書かれたクモ文化論には十分と考えた．

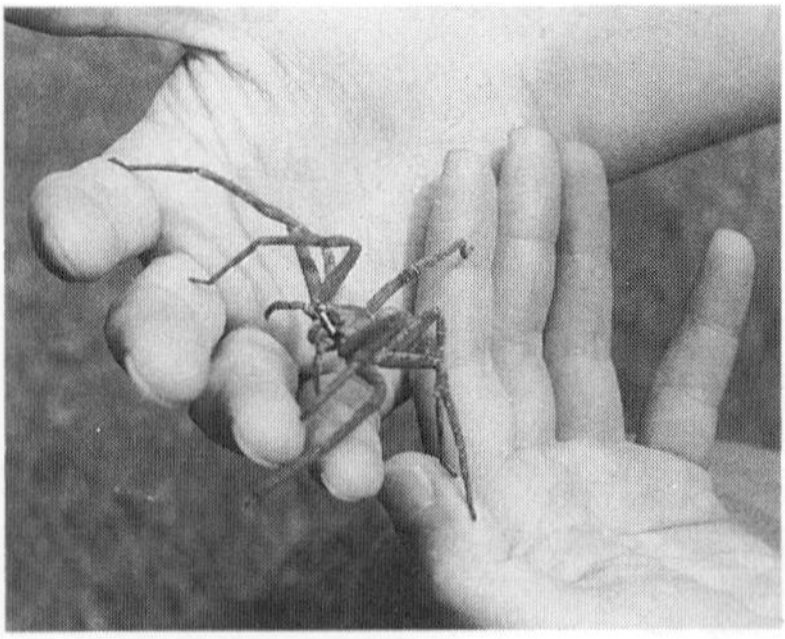

屋内にすむ最大種，アシダカグモを家蜘蛛と呼ぶ土地が案外多い．宮古島では大切にされる．写真はアシダカグモと戯れる著者．霜田知慶氏撮影．

横浜のバケグモはイオウイロハシリグモだった．子グモが出嚢し，しばらく一カ所にかたまって「まどい」の時期を過ごすあいだ，母グモは我が子を守りつづける．

前脚を振りながら獲物をさがすアオオビハエトリ雌．専門の蟻キラーである．

日光を受けて金色に輝くジョロウグモの網．横糸数本ごとにやや幅の広い透き間があって，楽譜の五線紙に似ている．

卵嚢を抱くアズマキシダグモ．求婚に際し，雄が雌に糸にくるんだ餌の贈り物をする（婚姻給餌）．西洋にいる同属別種のピサウラ・ミラビリスで知られていたが，日本のアズマキシダグモやハヤテグモにもこの習性のあることを板倉泰弘氏が発見．

横浜の子どもたちがバケグモ（化け蜘蛛）と呼んだイオウイロハシリグモ．からだの下に卵嚢を抱えている．

ススキなど単子葉植物の葉にいることの多いヤハズハエトリ．からだは細長く，細い葉によく適応している．

アリを捕らえたアオオビハエトリ雌．腹部は卵でいっぱい？

水田や河原の草地に多いドヨウオニグモ．ナガコガネグモなどとともに，稲田の重要な益虫である．

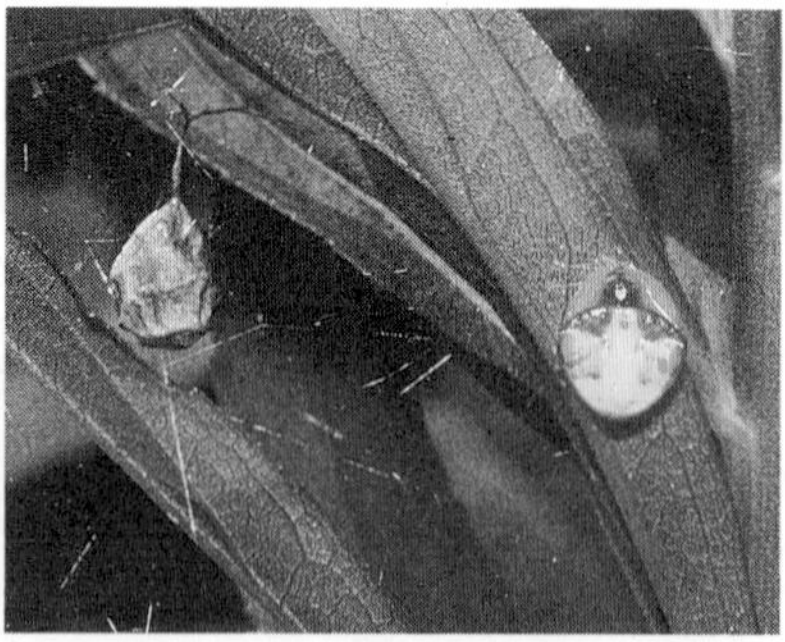

トリノフンダマシ（鳥の糞騙し）の名は言い得て妙ではあるが，よく見ると宝石よりもはるかに美しい．トリノフンダマシ類の観察からクモの魅力にとりつかれる若人が少なくない．手にのせてもじっとして動かない．左は球状の卵嚢で，丈夫な糸で吊り下げてある．夜間に目の粗い水平円網を張り，横糸は螺旋に巻かず，同心円状をなす．

オオヤミイロカニグモ雌が地上でベッコウシリアゲを捕食している．中池見湿地で．

アズチグモはカニグモ（蟹蜘蛛）の仲間．8個の目が並ぶのは人間離れしているが，なかなかの美女である．敦賀市の中池見湿地産．

クサグモの子どものシート網が雨滴で光っている．クモは赤黒のツートンカラーでとてもお洒落．おとなになると色が変わり，全身に斑紋が現れる．

ヤチグモの一種の巣．クモはなかなか姿を見せてくれない．穴の外側にシート網をめぐらせ，獲物のかかるのを穴の奥で待っている知恵者．

クサグモの卵嚢は純白の星形．全体をおおう枯れ葉を取り除くと，美しい形を見ることができる．早春，子グモの出嚢は早く，糸の壁に穴を開けて出てくる．

クサグモは体長 2 cm にもなる大きなクモだ．その棚網もときにスケールが壮大となり，中池見湿地ではミンミンゼミやヤママユガが食われるのを見た．

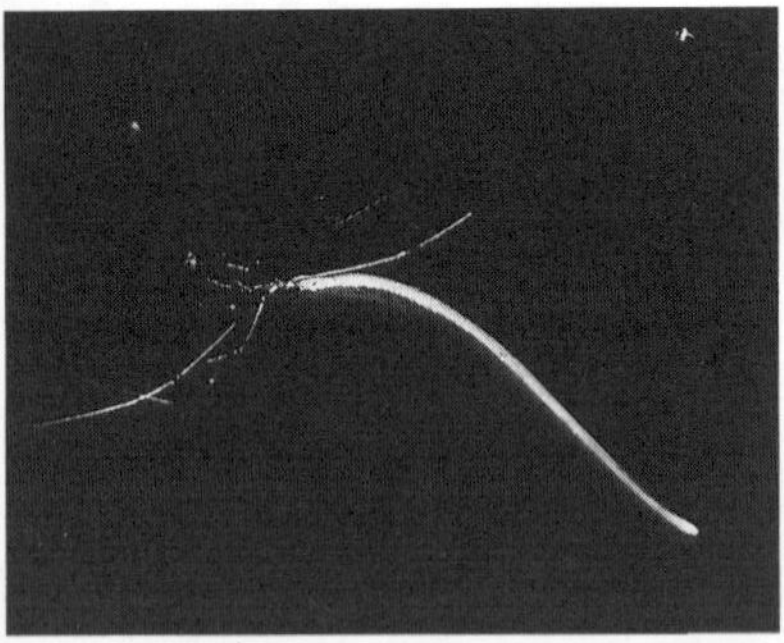

腹部の長大なオナガグモは，単純な罠糸をしかけ，そこを通りかかる他のクモに歩脚で糸を投げつけて捕らえる．この事実の発見者は橋本理市氏．

クサグモの巣に寄生したヤリグモ．自分では網を張らない横着者．中池見湿地で．

キシノウエトタテグモの巣穴には片開き式の蓋がつき，マンホール顔負けだ．巣穴は糸できれいに裏打ちしてある．

猛暑のなか，ヒメグモは巣の中央に枯れ葉を吊って中にひそみ，卵もこの葉の傘の下に産む．

19世紀に描かれたトタテグモの一種．プーシェ『宇宙』(1877年) より．

昔，千葉県で撮影したキシノウエトタテグモ．今や絶滅危惧種．

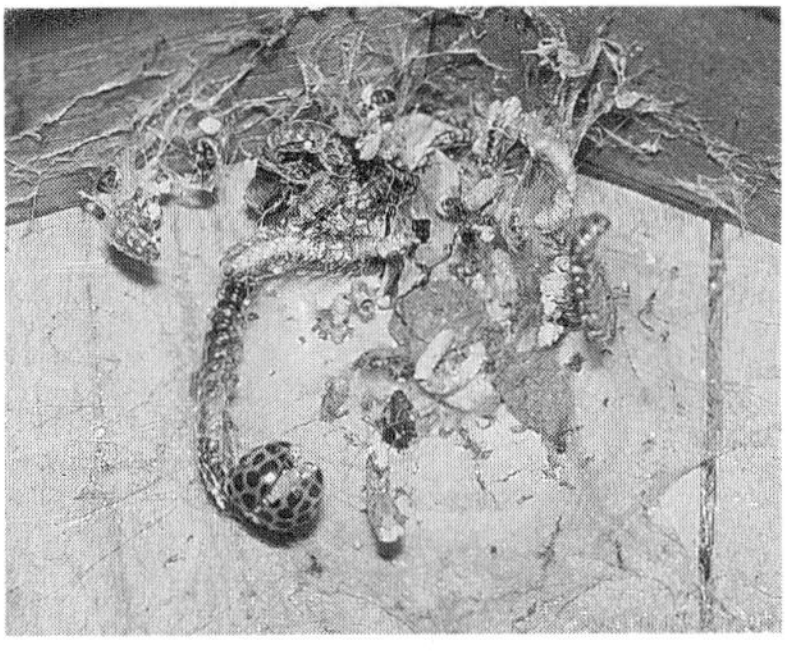

江戸時代に壁銭と呼ばれたヒラタグモのテント網．モンゴルのパオを思い出させる．周囲に放射状にのばした罠糸の上を虫が歩くとクモは振動を感知してとび出し，獲物を家へひきずり込む．食べかすは部屋に置かず，このように外へ掃き出してしまう清潔好き．ヤスデやテントウムシ類など，食事のメニューは多彩だ．

なかでのクモの位置づけとともに見て行くことにしよう。

クモは節足動物である。節足動物は、文字どおり節のある脚をもつが、からだ全体も節（体節）のつながりからできている。それなのにとりたてて「節足」動物と呼ぶのは、体節をもつ動物は、節足動物以外にもいるからである。たとえば環形動物のなかまであるミミズのからだにも体節がある。けれどもミミズは突出した脚をもたない。環形動物にはゴカイのように、体節ごとに毛（いぼ脚）をもつ動物もいるが、その脚は節足動物のような節をもっていない。脚に明瞭な節があることは、節足動物の重要な条件なのである。

節のある脚という条件をそなえた節足動物には、いろいろなやつがいる。ゲジ、ムカデ、ヤスデ、ダンゴムシやワラジムシ、エビ・カニ・ヤドカリ、昆虫、ダニ・サソリ・カニムシ・ザトウムシ・カブトガニ・クモ……などなどの面々である。

「昆虫とクモはどうちがうか」とよく聞かれる。昆虫とクモは著しくちがうが、この質問にはやや答えにくい。なぜなら、昆虫は昆虫綱という非常に大きなグループであるのに対して、ふつうにいうクモは、クモ綱のなかのクモ目という一段小さなまとめ方のグループを指すからである。クモとトンボ、クモと蝶＋蛾、クモと甲虫、という比べ方が穏当な比較法なのだが、ここでは俗説に根負けして、あえてクモと昆虫を比べてみよう。

昆虫は脚が六本で、からだは頭・胸・腹の三つの部分に分かれる。

クモは脚が八本で、からだは頭胸部と腹部の二つの部分に分かれる。

昆虫には感覚器官としての触角がある。
クモの感覚器官には、脚の変化した触肢や、聴毛、触毛などがある。

昆虫は複眼と単眼をもつ。
クモは単眼をもつ（八眼が多いが、六眼の類や、目の退化した洞窟性クモもいる）。

昆虫は気管で呼吸する。
クモは書肺と気管で呼吸する。

昆虫のなかには口から絹を吐くものもあるが、クモのような出糸器官をもたない。
クモは腹部の出糸器官から出される糸をさまざまな目的に使って暮らす。

多くの昆虫には飛ぶための羽がある。
クモは羽をもたない。クモは自分の出す糸で気流に乗って飛ぶことがある。

昆虫には完全変態してさなぎの時代を経るものがすこぶる多い（完全変態しない類も少なくないが）。
クモはさなぎの時代をもたない。

いちばん肝心の繁殖のしかたもちがうのだが、それはのちに説くことにしたい。

クモはお好きですか

かさねて問う。あなたはクモがお好きですか。

といっても、空に浮かぶ白いシュークリームのような雲のことではなく、庭木のあいまにレースのような網を張ったり、地上や壁を走りまわったりする、あの蜘蛛のことである。

現代の日本では、すこぶる忍者的でまた隠者にも似た八本脚の生物であるクモは、「どうにも苦手」という人があんがい多い。「クモは嫌われる動物のナンバー2」という研究が、かつて貝發憲治氏によりなされたこともある。しかしクモが大好きという日本人はけっしてひとりやふたりではなく、日本蜘蛛学会には三百人ほどのメンバーが名をつらねているし、年中行事「くも合戦」で有名な鹿児島県加治木町には、コガネグモが目に入れても痛くないという「クモきっげ」(クモ狂い)の大人たちが大勢いる。そればかりか、広く世界を見渡してみるなら、クモを縁起のよい虫として大切にしたり、ときには神とか創造主としてクモを崇拝の対象とする民族もひとつならず存在するのである。

この本を手にとられたあなたが身震いするほどのクモ嫌いとはやや考えにくいが、たとえあなたが怖いもの見たさの好奇心から本書をひもとかれたのであるにせよ、右の理由から、『なぜ人はクモを愛したか』という一冊の大部な書物が編まれたとしても、それなりの有力な根拠を私は自信をもって示すことができる。

まずは「隗《かい》より始め」るとしよう。私はクモが嫌いだった時代を思い出すことができない。幼少のころからクモをこよなくいとおしみながら人となったのである。そのいわく因縁話はあちこちに書いたが、世の中から十分かつ正当に理解されたとも思えぬ節が多いので、表現をあらためてここに語ってみたい（以下は西暦二〇〇〇年秋、拙訳シリーズ本「ワイルドライフ・ブックス」の版元である晶文社がホームページに掲載してくれた随筆をもとに補筆したものである）。

子どものころ、故郷の横浜に、二匹のハエトリグモをたたかわせる春の伝承遊びがあった。クモの名は、横浜方言でホンチといった。ホンチはおとなになった雄のクモで、ぼくらは最後の脱皮まえの思春期のクモ（横浜方言でババ）を野山でつかまえ、小箱のなかでハエや唾液をあたえて飼育し、早く立派なホンチになれよと励ましたものだ。ホンチは小指の爪に乗るほどの大きさにすぎないが、見事な漆黒の鎧を着て、長い前脚を宮本武蔵の二刀流よろしくふり上げふり降ろし、果敢にたたかうのだ。実力の伯仲したクモ同士のばあい、決闘はときに五分も七分もつづき、雌の巣のそばでなら、ライヴァルのクモと十分以上も張り合うことがある。クモのなりこそ小さいが、ホンチの喧嘩は見るものを興奮のるつぼに引き入れて離さなかった。

よほどの箱入り息子でもないかぎり、桜の花の散るころの季節に、男の子ならだれしもこの遊びに熱中したものだ。横浜のあらゆる玩具屋、駄菓子屋の店先に、お彼岸の訪れも遅しと、美しい千代紙貼りの「ホンチ箱」がならんだ。おこづかいを叩いて買ったホンチ箱をポケットにしのばせ、わんぱくどもは山野を跋渉し、捕らえたクモを飼い、ふたり出会えばさながら闘鶏かなにかのように、自慢のクモを出しあって、興奮のおももちで勝負をさせるのであった。ぼくほどのひ弱ないじめられっ子も、強いホンチを捕

第二次世界大戦後，横浜の駄菓子屋で売られていたホンチ箱．6匹入れで，厚紙製・千代紙貼り．加藤光太郎氏作の最後の一箱をいただいたもの．上に載るのは藤井雅匠氏作・ホンチの実物大模型（金属製エナメル仕上げ）．

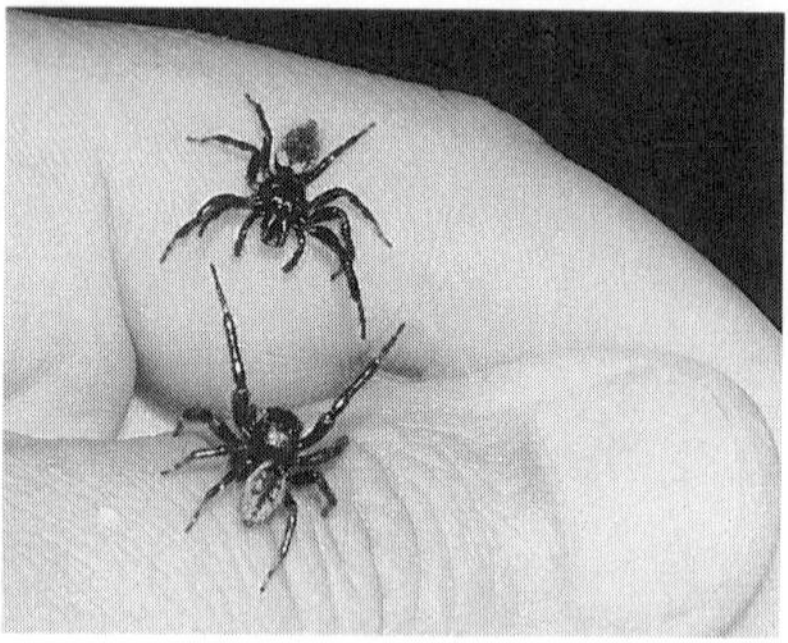

手の上で闘うホンチ(ネコハエトリ雄)．手前は腹部背面にキの字に似た斑紋がある個体で，横浜の子どもたちがアジロッケツ（網代尻）と呼んだもの．前方の個体には腹部に模様がなく，キンケツ（金尻）と呼ばれた．

日本蜘蛛学会のシンボルマーク．原始的なキムラグモをデザインしている．作図は小澤實樹氏．

獲できれば、屈強の上級生さえ打ち負かし、天狗の鼻をくじくことができた。大自然の厳粛な掟のまえに、横浜の子どもたちは、学校の外で、真の自由と平等を享受しえたのであった。

ぼくは幼少時代に野山で遊んだホンチ遊びがいつまでも忘れられず、四十代のはじめに脱サラして、「クモの喧嘩遊び」のルーツ解明に没頭するようになった。やがて横浜のホンチ遊びの起源は房総半島に発したとの確信を得たが、同時にハエトリグモの喧嘩は全国的に見ればきわめて特異なもので、広く流布するコガネグモ系のクモ遊びの変化形であろうと思われた。ただしその後、三浦半島と紀伊半島のオスクロハエトリの喧嘩遊びや、さらには古代中国のハエトリグモの故事を知るにおよび、ホンチ遊びのそもそもの源流は、時空をはるかに隔てた遠き世にまでさかのぼる可能性を考慮しなければならなくなった。

この研究は、クモの喧嘩遊びが東北地方より西の古い漁村を中心に、非常に広い分布域をもっていたばかりか、東アジアのあちこちにも存在したことを明らかにした。クモの喧嘩遊びの民俗において、横浜のホンチはわが国では主流でなく、螺旋円網をはるコガネグモ類こそが、沖縄をのぞく日本列島中西部の多くの地でクモ相撲の主役の地位にあったことが分かってきた。

私の到達した最も重要な結論は、人がクモを好むか嫌うかはその人をはぐくんだ文化の問題だという新説（今や定説？）にあった。ときを忘れてクモの喧嘩遊びに興じた往年の子どもたちは、クモを忌み嫌うどころかこよなく愛した。しかもクモの喧嘩は、悠久の太古からとぎれることなくつづいた伝承文化だったと今では信じることができる。現代日本ではクモはとかく嫌われる生物の代表格だが、クモという動物が元来ヒトに嫌われやすい属性をそなえていると主張できる根拠は、クモとカニを比較してみればすぐに分かるように、どこにもありはしないのだ。

クモを愛する文化を「蜘蛛合戦文化」、クモを忌み嫌う文化を「土蜘蛛文化」とぼくは名づけた（その理由はのちに詳述する)。現代人のクモ嫌い現象は、今日の物質科学文明がじつは「土蜘蛛文化」の側に属し、原日本人の心理の基層によこたわる「蜘蛛合戦文化」が歴史の深淵に忘れ去られた結果である。

晩学のぼくが愛すべきクモたちの研究家集団・日本蜘蛛学会に入会したのも、このようにして幼少時体験にみちびかれてのことなのだ。ところで当学会の面々はみながみな、クモを愛する「蜘蛛合戦文化」の洗礼を受けて育ったわけではなさそうである。むしろ「土蜘蛛文化」社会の出身者がほとんどなのであろうが、クモを忌み嫌う現代文明の影響に抗してこの道を選んだだけあって、まことにユニークな紳士淑女ぞろい、老いも若きもひと筋のクモの糸に結ばれて、クモを愛するごとく人をも愛し、かくして当学会は世にも稀なる家族的な雰囲気を誇っているのである。

最後は日本蜘蛛学会の宣伝文のようになってしまったが、これにて私が少なくとも「クモ愛」に関してだけは人後に落ちない理由をご理解いただけたと思う。

クモは美しい

かつて「加治木のくも合戦」を東京のテレビスタジオで全国に放送するというので、コガネグモが空を飛んだことがあった。網に入れたクモをもって飛行機に乗り込むと、スチュワーデスはそれを綺麗だといって怖がらず、テレビ局でもキレイ綺麗と評判だったという。

その一方、今日の日本には、クモを恐ろしいとか醜いと感じる人の多いことも否定できない。生き物の好き嫌いには個人差があろうが、クモ嫌いの人が非常に大勢いることも事実である。日本蜘蛛学会の貝發憲治さんによれば、三重県の小学生から高校生を対象としたアンケート調査で、クモはヘビに次ぎ、嫌われる生物の第二位であったという(43)。イギリスの子どももクモが二番目に嫌いという調査がある(228)。

ところで私は、クモを美しいと見るか醜いと見るか、またクモが好きか嫌いかのちがいは、本能的な恐れや嗜好、もしくは生得的な感覚に起因するものではなく、「人それぞれの育まれた文化の問題」であると考える。といっても今の日本の文化状況は、全国津々浦々で一律化・同質化がいちじるしく、これを「現代日本人の育まれた文化の問題」といいかえてもよい。今どきの日本人にクモ嫌いが多いのは、クモを憎しむ似非《えせ》文化が列島を支配しているからこそであって、その影響下に多くの人はクモ嫌いに育ってしまったのである。

クモ嫌いの人にクモが嫌いな理由をきいてみると、脚が多いとか、早く走る、毛むくじゃら、毒がある、ススキの葉をちまきのように曲げてつづったカバキコマチグモ雌の産室．ただしこの巣はもはやもぬけの空だった．母グモは子グモに食べられ，子グモもすでに分散してしまった．母グモが食べたカメムシの残骸がまだひっかかっている．愛知，新潟や東北地方でこの巣を開けて卵の状態をあてっこしたり，中の卵塊を食べたりする習俗が子どもたちのあいだに見られた．卵を守る母グモは，巣を開けられると怒って手に咬みつくこともあった．このクモに咬まれるとリンパ腺が腫れることがあり，致死的ではないがやや強い毒性があるのでいじめない方がよい．

などという答えが返ってくる。だとすれば、これらがまったく理不尽ないいがかりにすぎないことを証明できれば、クモを嫌う根拠はその足元を崩されることになる。そんなことといったって、厭なものは厭です、という人があらわれそうだが、ここでは厭になったわけを問題にしてみようというのである。

まずは最も合理的な理由と考えられる毒の問題を考察してみよう。クモに咬まれると、その毒性によって健康に害があるとなれば、嫌われるのはまことに無理からぬところである。マムシに咬まれ、サソリに刺されることを思えば、私とても背筋がぞっとする。海外には人間に対して致死毒をもつクモもいるし、そんな連中は棲息地でじっさい恐れられてもいる。毒グモの恐ろしさに関する伝承が、毒グモのいない地域にまで口づてに伝えられれば、クモを恐れる気風が広まることは十分考えられる。日本に多いクモの妖怪話の心理的背景には、あんがい海外の毒グモ伝承が、遠い昔に影を落としたのかもしれない。

しかし日本には（最近になってオーストラリアあたりから船荷とともに渡来したらしいセアカゴケグモなどを除けば）、問題となるほどの毒グモは従来みつかっていなかった。草原のススキや河原のアシなどの葉をチマキ形に巻くカバキコマチグモに咬まれると、リンパ腺がはれるほどの症状を呈することが知られており、これには注意した方がよいのだけれども、わが国で記録された千二百種あまりのクモたちに、人体致死毒をもつほどの種は指摘されたことがない。まあクモはどんな種であれ、獲物をたおすのに役立つほどの毒腺はそなえているのだから、クモに毒がまるでないといっては誤りであるが、少なくとも人の皮膚を貫通する牙を通し、体内にそれなりの量の毒が注入されてはじめてわれわれは身に危険が生じるのであるから、元来日本に毒グモはいないとクモ学者たちが表明してきたことには、それなりの根拠があったのである。したがってクモは毒だから嫌いという日本人は、過去にどこかで毒グモに咬まれた経験からそういうのならばともかく、クモは毒という先入観によって嫌っていることになるであろう（海外の毒グモ被害の話を正確に知っているほどの人なら、クモを毛嫌いはしないと思われる）。

お次はクモには脚が多く、その脚ですばやく走り、しかも全身、毛むくじゃらでどうにも気色が悪いと訴える方々に物申す。

たしかにクモは八本もの脚をもち、大きさの割合からすれば走るのが早い輩が結構多い。ただし走るのが早いのは網を張らない徘徊性のクモ類やその他の諸君の話であって（クサグモは棚網を張るがすばやく疾駆する）、オニグモ、コガネグモなど、コガネグモ科の円網をつくる諸君がひとたび自分の網をはなれたときのノロクサとした無様さは、ちょっと見物である。しかし屋内にすむ超大型のアシダカグモが天井を忍者のごとく疾走するさまなどが、クモは走るのが速いという巷の評価の基準にされているかもしれない。

脚が多いといえば、クモと並んで双璧をなすのはカニであろう。カニは一対のハサミをいれて十脚だが、ふりかざすハサミを手にみたててやれば、歩脚は八本となり、クモと比べるにはもってこいである。谷川のサワガニを見ればすぐにわかるが、サワガニはハサミを除いた歩脚の数がクモと等しく、しかも走るのが早い。ところがサワガニを見てキャッと逃げ出す人は稀であり、多くの人はカワイイと叫び、手を出して捕らえようとする人もけっして少なくない。下手につかめばハサミで指をはさまれることを承知の上である。さてサワガニの甲羅は毛むくじゃらとはいえないが、生粋の日本料理愛好家が舌鼓を打つケガニはまさに毛むくじゃらである。しかし食用のカニを見てわれら日本人の発する感想は、「おいしそう」「よだれが垂れる」「いちど腹一杯食べてみたい」などなどであろう。食卓のタラバガニ（カニとはいってもヤドカリの仲間）を見たとたん、その大きさに圧倒されて失神する人がはたしているであろうか。しかしこれがクモだったら、たとえ生きておらず走りだす心配がないにしろ、平均的日本人ならその不気味さに唇が紫色に変わりかねまい。クモとカニとが一見いかによく似て見えるにしてもである。われわれはカニの美味なることを知り尽くしているから、ズワイガニが生けすのなかで悠然と歩く姿を見ても、恐ろしいとは思わない。もし仮に一匹、何のはずみでか道に這い出したやつを見たとしても、それがカニと分かれば一安心で、格好いいおいしそうな奴が町をご散歩だぞ、ハテ珍しいということになるであろう。

つまり、クモ嫌いの人は、クモに脚が多くて早く走って毛むくじゃらだから嫌いなのではなくて、それがクモだから嫌いなのである。

私は梳《くしけず》らぬ延ばし放題の髯をたくわえている。いつぞやそういう髯をもつ男が凶悪な組織犯罪を犯して新聞紙面をにぎわした。すると世間の人びとのなかに、延ばし放題の髯に対する偏見がたちまちつちかわれたらしい。事件のあと、町や電車のなかで、私は人々の射るような視線を再三感じ、寒々とした思いをなめなければならなかった（この現象は今でも尾をひいているようだ）。髯に不慣れな現代日本人のうちある（かなりの）数の人々が、凶悪な犯罪者の髯の印象から、すべからく髯をもつ男を怪しむ態度をつちかってしまったのではなかろうか。クモ嫌いと髯嫌いはなんとまあよく似ているではないか。私はこのことを統計的に数字で語れないが、両者の比較は偏見というものの本質を示している。

クモを嫌う人の何よりの特色は、クモについての知識がなく、クモをよく見もしないで嫌っていることである。偏見とはそういうものである。

髯について蛇足を加えれば、私が先年イギリスに住んでいたころ、彼の地で伸ばし放題の髯男は多数派ではなかったものの、どこの町にもありふれていた。髯ばかりではなく、とりわけロンドンのような国際都市にあっては、人の姿の多様性こそが人間社会のごく普通のありさまであって、そんななかでは日本人ビジネスマンの画一的な身だしなみと寡黙さは、かえって異様と見られているかも知れぬ。

そろそろクモの美しさを語らねばなるまい。

導入として、クモがつくりだす網の美しさから行くとするか。

いかに長々と言葉を連ねても、嫌いなものは嫌いですといわれかねない。そこでクモの美を知る方法を伝授いたすとしよう。初夏から夏をとおし秋にかけて、できれば霧の朝か黄昏どきに、草木の茂った野山へ出てごらんなさい。遠出をしないでも、家の近くの野道で十分だ。するとそこここに、螺旋形に張られたクモの網がかかっているのに気づかずにはいられないだろう。『昆虫記』のファーブル以来、クモの円網を幾何学的な造形美と評する人が多いけれど、真珠の首飾りより美しい水玉を連ねた霧の日のクモの網は、水滴の重みで糸がたわんで、ファーブルの表現がけっして完璧ではなかったことがだれの目にもすぐ分かるだろう。私たちは定規とコンパスでこのような形を作図できはしないのだ。

クモの円網の素晴らしさの認識には、露を宿さぬ晴れた日の観察も不可欠である。とりわけ夏の夕まぐれ、クモたちが新しい巣を張る時間帯に、ちょっぴり根気よくこの動物の労働につきあってみたいものだ。つくる方はむしろ楽しそうだが、見る方はなかなか骨である。クモの巣づくりは低いところで行なわれるとは限らず、立ちっぱなしで一、二時間頑張らねばならない。観察におあつらえ向きの巣づくり現場を都合のよいところにみつけたら、脚立に座りこむくらいの意気込みが欲しい。

クモの巣づくりの見物は、だれの目にも文句なしに美しいクモの網の編まれ方を知るにとどまらず、クモそのものを子細に鑑賞することにもなるから、一挙両得である。種類はなんでもかまわないが、色彩の派手やかな連中からはじめるのがクモの美学の第一課としてはよいかもしれない。しかし色の地味なオニグモであれ何であれ、クモを「よく見る」ことをあなたがもし開始されるのなら、種類を問う必要はもはやあるまい。ものごとを好きになる第一歩は、関心をもつことである。クモの世界を知らずにいても、それで地球がひっくりかえりはしない。けれどもクモを知りはじめると、その人の自然観、生命観が変わり、生き方が変わる。「人生の幸せ量」が幾何級数的に増え、クモを知らないでいた過去の自分の全存在が不思議に思われてくるものだ。

クモの鑑賞には、よい虫メガネが絶大の効果を発揮する。できれば二枚重ねの少し良質なルーペがよい。ついでに細い管ビンがあればなおのこと好都合だ。部屋に出没する小さなクモを管ビンに閉じ込め、明るいところで拡大してしげしげと眺めてみるのである。何というクモか、名前があるだろうが、とりあえずそんなことはどうでもよい。透明なガラスのコップも役に立つが、ルーペでのぞくとき、容器が大きいと焦点をあわせにくい。

押し入れの段ボール箱のなかや、書物の箱の内側などに、体長二ミリかそこらの、からだが透きとおった小さいクモをみつけたらしめたものだ。精巧なガラス細工がゆったりと脚を動かしているのに、あなたは宇宙人を目の当たりにする喜びに満たされるであろう。

窓ガラスをちょこまかと這い、軽快に縁側や部屋を跳ぶハエトリグモのいない家に住むくらいつまらない生活はあるまい。管ビンに捕らえて眺めるのは相手が小さすぎてよく見えない場合の奥の手で（種の同定には少なくともこうした観察が必要だが）、家住みのハエトリグモなら、掌に跳び移らせてみるなりして、まずは肉眼で猫よりかわゆいその顔をとくと御覧じろ。つぶらな瞳をもつクモの愛くるしさを知るには、あなたの家にもきっといるハエトリ君とのご対面を何よりもおすすめ申し上げる。

横浜のホンチ遊び――ババを飼う

一九六〇年代まで、横浜には愉快なクモの遊びがあった。低木の葉にいるホンチという小さなクモをつかまえて、喧嘩をさせたのだ。遊びそのものにはとくに名はなかった。しいていうなら「ホンチの喧嘩」だろう。

ホンチは春に出現した。体長は八ミリくらいで、もっと小さいのもいた。からだの前半分（つまり頭胸部）と脚は硬くて黒い。ただ黒いのではなく、漆を塗ったようなつやがある。からだの後ろ半分（つまり腹部）は、毛をかぶってふっくらと柔らかく、クリーム色、もしくはキツネ色をしている。その上にカタカナのキの字に似た斑紋をもつ個体と、それをもたない個体がある。

ホンチはハエトリグモの一種で、和名はネコハエトリという。でも横浜の子どもたちは、だれ一人そんなことを知らなかったし、知る必要もなかった。クモに関する科学的な知識をさずけてくれる大人なんか、身のまわりにだれもいなかった。けれども浜っ子のワルガキどもは、毎年春になると、ホンチを求めて野山をかけめぐり、このクモの習性について、いろいろなことを経験と言い伝えによって知っていた。

ホンチは大人の雄のクモである。ホンチが現れるのは、おおよそ桜（ソメイヨシノ）の花が散ったあとである。しかし子どもたちは、春の彼岸のころともなれば、この遊びの準備をはじめる。春休みはもうホンチの話題でもちきりだ。

桜の花散る時期に、ホンチは最後の脱皮をしておとなになる。正確にいうと、脱皮しておとなになった雄のクモがホンチと呼ばれる。脱皮まえのこのクモは、ホンチとはいわず、ババとか、ババッタという名で呼ばれた。おとなになるまえのババはホンチとちがって、漆黒の鎧を着ていない。全体に褐色まだらのクモに見える。よく観察すると、クリーム色、もしくはキツネ色の地に、黒い複雑な斑紋がある。ホンチとくらべて脚が短く、動きはコロコロしている。ババはお彼岸のころに葉っぱの上で日なたぼっこしながら、餌をとる。子どもたちはそれを野山へつかまえに行くのである。

ババを捕るには、帽子を用いる。木の葉の上にいるババにそっと近寄り、逆さにした野球帽のツバをもって、クモのいる葉の下へそれをあてがい、空いた方の手で木の葉の上をそっとはらうと、ババは帽子に跳びこんでくれる。ババのいる場所の条件はいろいろとちがう。うまく下へ帽子をあてがうことのできない場合もあり、逃げられてしまうことも少なくなかった。

さてつかまえてババを持ち帰るには、それなりの容器が必要である。好都合なのはマッチの空き箱だった。むかしのマッチ箱はいまのより厚みが倍もあったから、クモがなかで自由に動きまわれるだけの空間があった。画用紙を折って折り紙の小箱を大小ふたつこしらえ、実と蓋にしてポケットにしのばせもした。このような小箱に、帽子の底でピョンピョン跳びはねるハエトリグモを閉じ込めるには熟練を要した。クモを傷つけることのないよう、すばやく小箱におさめなければならない。クモの跳ねる性質を利用して、その跳ねる先へ箱の口を向けてやるのである。

町の玩具屋をかねた駄菓子屋には、そのころになると、どの店にもいっせいに美しいホンチ箱がならんだものである。これには一匹入れの厚紙製ふたつき小箱と、六匹用の押し出し式ボール箱があった。六匹用はちょうどキャラメルの箱ほどの大きさで、二本の押し出し式の中箱があり、中箱は三室に区切られて

横浜でホンチと呼ばれるネコハエトリ雄．マサキの枝葉を好む．腹部にキの字形模様のあるアジロッケツ．

越冬したネコハエトリ亜成体．横浜と房総でババと呼ばれる．

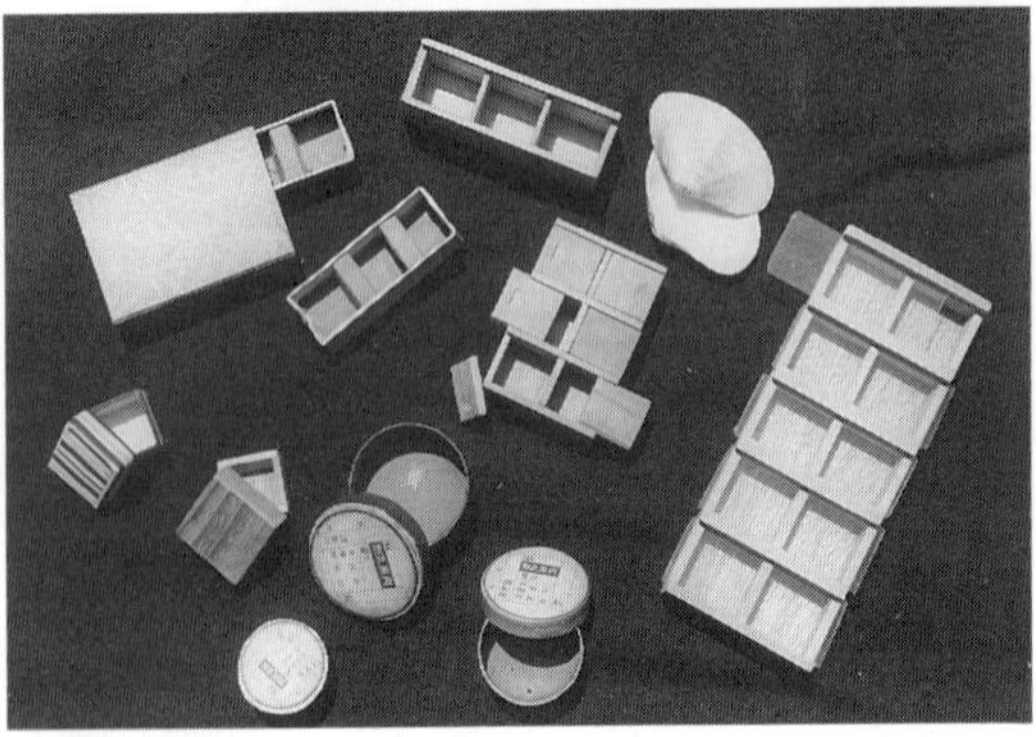

いろいろなホンチの容器．昔はハマグリの貝殻を使った．精巧なつくりの桐箱もあった．中央のスライド式蓋をもつ桐箱は藤井雅匠作．

いた。まず最初に捕らえたババは、中箱の真ん中の部屋に入れてやらねばならない。うっかり先に端っこの部屋へおさめようものなら、つぎにつかまえたババを入れるとき、逃げられてしまうおそれが多分にある。しかし子どものことだから、そういう失敗をやらかすこともまれではない。

六匹用のホンチ箱には、中箱の両端に予備の小部屋がつくられているアイデア商品もあった。予備の部屋は爪をかけてふたを開ける仕組みになっていた。子どもたちはババを捕れるだけ捕って家路につく。そうしてババには餌を与えて養うのだ。

私たち兄弟がやっていた飼育法は、つぎのようなものだった。庭に大型の広口瓶や罐詰の空き罐を埋め、葉のついたマサキの枝などを投げこみ、そのなかへ捕ってきたババを放って、板ガラスでふたをしておく。これを温床といった。家の庭にハエをはじめとして小さな昆虫がいくらもいたから、無差別につかまえては入れてやるのだった。

大きくて将来有望なババなら、ホンチ箱に入れたまま飼う。クモもさぞかし喉がかわくであろうと、自分の唾液を飲ませてやりもした。掌にツバキを吐き、ババをその上に跳び出させると、水分に気づいたババはじっと顔をツバキにつけて、それをすするのである。もっともババが人間のツバキを吸うのは、よほど喉が渇いたときなのである。餌がやれずに二、三日も過ぎれば、ババも空腹と渇きを感じるのであろう。クモは一般に長期の絶食に耐えられるが、春も気候が暖かくなってくると、やはりおなかも空き、喉も渇くのである。

ババ同士を闘わせて遊ぶこともあった。闘わせるには、マッチの中箱に二匹を入れ、そっとガラス片をかぶせて逃げられないようにする。そうしてガラス面に日光をあててやる。チョコマカ、コロコロ動きまわるババだが、狭い空間のことである。すぐに相手と目が合ってしまう。すると両者は前脚（第一歩脚）

をキッと振りあげ、相手を脅す。両者とも勝ち気な性質なら、たがいに接近し、前脚の先を相手のそれに合わせて、ちょっとした押し合いになる。するとほどなく、片方が相手の強さをさとってスタコラ逃げだす。強者は弱者を追う。勝負あったところでガラス片をはずし、逃げるクモを外へ出してやる。それでおしまいだ。

ババの闘いは、じつにあっけなく、そう面白いものではなかった。ババを闘わせるのは、強いホンチになるクモを探しだすためであった。ババの時代に強いクモは、ホンチになってからももちろん強いのである。

負けたババは、負け癖がついていて、他のババともう一度対戦させてみても、相手を認めただけではじめから闘志はなく、逃げ出してしまう。そんな負け癖つきのババは、野に返してやるほかなかった。

温床のババは野山にいるババより幾日か早く脱皮してホンチになるようだった。餌の与え方にもよったけれども、春には寒い日もあり、温床で安定した気温と餌を確保してやることは、うまく行けば脱皮を早めただろう。しかし小さい子どものやることだ。単なる気休めも多かったように記憶する。ホンチ箱のババは——これも早くホンチにしたくて、夜は懐に入れて寝たものである。ある朝そっとふたを開けると、きのうまでのババが見事な鎧武者に変身している。かたわらに脱ぎ捨てた脱皮殻がある。このときの喜びはひとしおで、言葉につくせぬ深い感動を味わった。

ハエトリグモの決闘――ホンチの醍醐味

桜の花が散る。もう学校の勉強どころではない。ポカポカ暖かい日が照れば、ホンチを求めて探検だ。ババの飼育は、野山に自然に出てくるホンチが待ちきれなくて、うずうずする子ども心に熱中した遊びだった。天然の世界にホンチが颯爽と登場すれば、いまや腕白どもはホンチ狩りにかけずりまわるのだった。どんなところにホンチが多いかは、子ども集団の経験が教えてくれた。マサキの垣根がいい。野薔薇(ノイバラ)の繁みがいい。日のあたる笹藪(アズマネザサの藪)がいい。畑と孟宗竹林の境目もいい。共同墓地もいい。墓地は背の低い生け垣だらけだし、春からホンチの好物の蚊がとても多いのだ。豊顕寺の境内にはよい場所がたくさんあり、手ぶらで帰らねばならぬことがない……。

反対に、隣の家のヒイラギの木はだめだ。あそこには別のクモ(クサグモ)がしこたまいて、ハンモックのような巣を張って邪魔しているから。あそこのツゲ(今思えばイヌツゲ)の木もだめ。別の種類のクモの縄張りだから。バケグモ(イオウイロハシリグモ)がワッと走り出る藪もヤバイ。そんなところにはホンチはいない……。

ところで私の家の小さな庭に、ホンチがうじゃうじゃいたのである。竹垣の竹が古くなって、あちこち割れたり穴があいたりしている。垣根の竹はふつうマダケである。垂直に立てる竹の頭は節の上で切ってある。その節に自然に穴があく。なかはホンチの巣づくりに最適だった。

ホンチの喧嘩にはただ一つのルールがあった。ホンチは自分で捕ること。これは鉄則だった。どんないじめっ子といえども、人のホンチには手は出さない。人のホンチを奪うことは、この上なく恥ずべきことだった。腕っ節が強くてにらみのきくがき大将も、自分で強いホンチを探すことができなければ、春の英雄にはなれなかった。そうしてこの闘いには、年齢によるハンディがつけられることもなかった。たとえ低学年児であっても、運よく（そう、ホンチとりには多分に運がはたらいた）とびきり強いホンチを入手できれば、堂々と、高学年児どころか、中学生の鼻をあかせてギャフンといわせることもできた。

さあ、ホンチの決闘だ。べつにどこかへ集結して大会を開くわけではない。大人の指導者も一人もいない。三々五々、という言葉が近いが、それともちがう。子どもたちは、勝手にホンチで遊びまくる。組織もなければ代表者もいない。これは今流の成人社会が仕組んだ遊びではない。向こうから友だちが来る。「オス！　ホンチ、やらせるか」となる。自分の箱を出す。向こうも箱を出す。土俵にするマッチ箱を、だれのにするか、などという「交渉」はない。自然にだれかの箱でやる。ガラス蓋の隙間から、二匹を箱に入れる。うまく入った。頭が日光をさえぎらないように気をつける。ホンチはふつう、すぐに向きあう。気配で相手の存在を察するのであろうか。しかしなかなか顔を合わせないこともある。妙に落ち着きのないホンチや、尻を向けたまま容易に動かぬホンチもいるのだ。そんなときにはマッチ箱の底を人差し指でカリカリとかいてやる。するとその刺激でホンチはクルリと振り向くことがある。箱をゆさぶるのはもっとも禁物である。

向き合ったホンチは、大きな二つの目（前列中眼）で相手をにらむ。多くの場合、勝ち気のホンチは相手と顔を合わせた途端に前脚を挙げ、闘争を宣言する。

ホンチの前脚一対は、他の脚より長い。それを振り上げる動作には、一定の法則がある。左右の前脚を、

折り紙の手製小箱で戦うホンチ．どちらもキンケツ（金尻）の個体．

横浜でナツババ（夏婆），千葉でタネババ（種婆）と呼ばれたネコハエトリ雌．２匹の巣が接近していたために争いが発生．

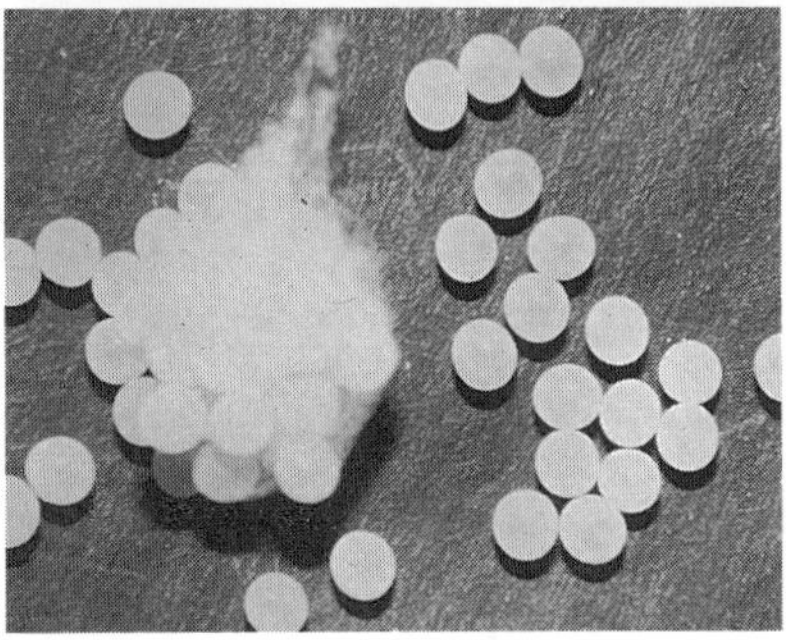

美しくてさらさらしたネコハエトリの卵．径約１mmで球形に近く，一腹に数十個あるのがふつうで，しっとりと弾力性のある糸で包まれている．

交互に挙げたり下げたりするのである。だからリズムがある。振り挙げ、振り降ろす動きは、メトロノームの針を二本、ゆっくり動かすような印象だ。ホンチはそうしながら、じりじりと相手ににじり寄る。といっても、直線的に、一瀉千里の寄りではない。残りの六本の脚でしっかり大地（？）を踏みしめながら、二、三歩前進しては一歩退いてみたり、横へまわりこんで寄る、などという芸も見せる。しかし土俵が狭いマッチ箱のなかなら、すぐにライヴァルのからだに触れる位置まで来てしまう。

接近戦になると、たがいの前脚の先を触れあわせ、差し手争いを演じる。人間界の相撲顔負けである。第一歩脚の先端あたりをたたきあわせているように見える。そのへんでこれはかなわぬと思えば、三十六計逃げるにしかずだ。逃げた方はもちろん負けである。双方逃げ出さなければ、いやでも組み討ちとなる。そのころには牙が開いている。嚙みつくぞといわんばかりだ。差し手争いは、必然的に上手を制するものと、下手に甘んじるものとを生む。人間の相撲では、一般にもろ差しが有利とされているが、ホンチの喧嘩では、上手をとった方が有利のようだ。

なりが大きくて、前脚も長いホンチは、上手をとってもみあううちに、長いリーチを生かして相手のクモの腹部を上から引っ搔くのだ。クモの脚の先には鋭い爪がある。ハエトリグモ類は足先に一対の爪をもっている。その爪で相手のホンチの尻（ほんとうは腹部）を搔くと、クモの腹の皮膚はやわらかいものだから、搔かれた方はたまらずに逃げ出す。もし逃げられなければ——そのときは食われてしまうこともあるのだった。ホンチの喧嘩は、このように一件落着するとはかぎらない。実力が伯仲する二匹は、四つ相撲になるまでの経過が長引くことがある。どんなふうに長引くか、それがすこぶる面白い。

相手のからだに触れて、組み討ちとなる寸前、二匹は急にいままでの活発な動きをとめ、双方前脚の剣を降ろして、一見したところ相手を牽制するかのようにふるまう。それが相手の出方をうかがっているように見えるから不思議なのだ。この段階を、横浜の子どもたちは「地取り」といった。地面を取り合うという意味である。自分に有利な体勢に持ちこもうとしているのだと子どもらは考えたものである。だが「地取り」の真の意味はまったく明らかではない。何をしているのか、クモの気持ちはクモに聞いてみなければ分からない。「地取り」の段階を踏まずに勝敗が決することもすこぶる多いのである。だが「地取り」という闘いの段階も、けっして少なくないのである。両者ともに前脚を降ろし、モゾモゾとからだを揺すりながら、位置をほとんど変えずにじっとしている。それでも時間の経過とともに、少しずつ移動する。こんな時間が、長いときには数分もつづく。だが決着のときはやがてやって来る。「地取り」の終結をどちらが先に宣言するのか、いくら観察しても私には分からないのだ。たがいの呼吸が合って、としかいいようがない。ともかく「地取り」が終わった。そのあとは激しい揉み合いだ。ここで差し手争いが勝負に決定的な意味をもつ。前脚の爪で尻を掻かれた方が逃げ出すというのが定型的な結末である。

ホンチ遊びの季節は、横浜では五月初旬、子どもの日のころまでつづいた。そうしてホンチは次第に見られなくなっていく。ホンチはどこへ行ってしまったのか。少年たちは知っていた。ホンチは天敵に食われて死んでしまったのだ。

ある日ホンチ箱を開けてみたら、春からずっとババのままでいたクモが脱皮していた。それはホンチではなく、ひとまわり大きく模様の鮮やかな「ナツババ」だった。来年のホンチを生んでくれる雌グモなので、悪童どもは深い愛をこめて野へ放してやるのだった。

三浦半島のハエトリグモの喧嘩

ホンチは和名ネコハエトリというハエトリグモの雄を指す横浜方言で、このクモの喧嘩遊びの面白さは他にたとえようがない。同じクモを房総半島ではところによりホント（木更津、君津）、ホンギー（富津）、ホンガネ（千倉）、カンキ（富津）、フンチ（富津）、キッツイ（金谷）、カネコ（保田）、ゴト（館山）、ゴト（館山）、オトゴト・ゴトグモ（安房）などといろいろに呼んでいる。このクモ遊びの最も古い記録は、一九三九年、古宮廣久が雑誌『旅と伝説』に「安房のゴトグモ」と題して執筆した記事だろう。喧嘩をさせる雄グモは脱皮前、つまりまだおとなにならぬさきには右のような名で呼ばれることはない。横浜でも千葉でも、若いクモは淡い褐色に黒の斑模様で、一様にババ（婆）もしくはそれに類する愛称をもっていた。館山あたりでは、「バーバが脱皮直前には髭（触肢）の色が変わり、呼び名もミズイロに変わって」（石川慶子さんの話）、それからいよいよ脱皮を終え、漆黒の頭胸部と歩脚をあらわにすると、オトゴトになったという。このほかに、尻（腹部）の色によってアワケツ（粟尻の意）、コメケツ（米尻）、ムギケツ（麦尻）、カナケツ（金尻）と呼んだり、尻の大きさでオオバン、コバンといったりした（川名興氏調査）。

さてネコハエトリの喧嘩は三浦半島の一部でもさかんに行なわれていた。たとえば相模湾沿いの葉山町一色では、千葉県富津市などと同じくフンチと呼ばれた。おそらく房総の漁師がこの遊びを葉山に伝えたものと思う。一色在住の守谷太吉さん（大正十四年生）によると、フンチの喧嘩は四、五月ころの遊びだった。フンチは笹や松、薔薇にいて、頭が真っ黒で艶がある。尻（腹部）にキの字形の模様のあるのがキタサンで、ないのがヤジサンだ（弥次喜多にたとえたものだろう）。前脚のツノケン（角剣）を振って闘うが、このツノケンは長くて太くて真っ黒に光っている。ツノの短い茶色っぽいやつ（幼体）をつかまえて、蓄音機の針のブリキ箱に入れておくと皮を脱いで大人のフンチになった。餌はハエを捕ってちょっと羽を切ってドタバタさせてやるとピョンと跳びついて食べる。学校から帰って来るとみんなでフンチを捕りに行った。木の葉の上にいるのを見つけると、学帽を下にしてポンポンとはたいて落とし、その学帽を手で振りながら足場のいいところへ行って罐の中に入れる。食い合うから一匹ずつ別々に入れておいた。検便の黄色いカンカラに入れたりもした。おれのフンチ、強いからおまえにやるよ、だから入れ物をくれ、などと交換したりした。

喧嘩をさせて遊ぶときには、二匹のフンチをボール箱のふたの中へ入れ、細い棒でつついて向き合わせる。同じような大きさで気の強い同士だとやる（闘う）。反動をつけて押しっこをし、そのときに弱いやつは逃げてっちゃう。しまいに口と口で咬みあってくる。相手の尻にかぶりつくと、咬まれた方はやられちゃう。尻を食われると白いつゆを出す。勝負あっただ。おれのが強い、なにおれのが強いとお互いにいばりあっていた。最近の子どもがやってんの見たことないね（一九九二年二月四日／ゲーテ植物学会葉山観察会で）。

横須賀市長井でこのクモがオトコックモ（雄）、オンナックモ（亜成体）と呼ばれていたことは旧著『クモの合戦　虫の民俗誌』に記録した。土地の古老は千葉の漁師がオトコックモの喧嘩をこの地に伝えたといい、マサキの葉の巣で冬越ししたオンナックモが春にオトコックモに変わるとまで明確に証言してくれたものであった。

ハエトリグモの習性

ハエトリグモ類の雄がさかんに行なう求愛ディスプレーは、前脚を立てて自分を恋人に誇示する特異な行動様式から、クモ類の多様な行動のなかでもとりわけ興味の尽きないものである。

ところがハエトリグモの雄同士のあいだにも、求愛行動と酷似した威嚇誇示ディスプレーが存在する。求愛よりもむしろ雄同士の威嚇闘争の方が、ある種のハエトリグモにおいては野外でよくめだつ。ハエトリグモ類の平均的なサイズは(種によってちがうが)体長一センチ内外といったところで、そう大きな生物とはいえないけれども、二匹の雄が対面してたがいに激しくわたり合うありさまは迫力に富み、世界のあちこちで早くから人々の注目を引いてきたとしてもそう不思議ではない。『酉陽雑俎』に見られる中国唐代のハエトリグモ説話など、やはりハエトリグモのディスプレー行動を知る者の創作と考えないことには説明がむずかしい(121)。

日本に棲息するハエトリグモ科一〇〇種あまりのうち、ごくありふれた普通種で、その威嚇誇示行動を身近な庭先や野山で見つけやすく、また行動様式が複雑化して面白味のすぐれるものといえば、ネコハエトリがもっともてごろでよい。そこでここにはネコハエトリ雄同士の生の確執を、自然界での観察にもとづいて記述してみよう。さらにまた、異なる行動型の代表としてマミジロハエトリ属のディスプレーにも言及することにしよう。

ネコハエトリは日本全土に分布し、越冬した亜成体が春に最後の脱皮をして成体になる。雄の成体の出現時期は、関東地方南部では桜（ソメイヨシノ）の散るころから一カ月ほどである。雌の成体の出現時期は、雄よりも半月ほど遅れるのが普通である。

ネコハエトリの雄は、頭胸部、歩脚と触肢のいずれも黒色で光沢があり、腹部はベージュ色、乳白色ないしは橙褐色を呈し、毛でおおわれて光沢はない。腹部の背面には黒いキの字状の斑紋を正中線に沿って配する個体と、それをもたない無地の個体とがある。雄の第一歩脚は他の歩脚に比べて長大であり、武器の役割を演じる。頭胸部に対する腹部の大きさの比率は小さい。

雌は全体に褐色地で、黒い複雑な紋様があり、雄とくらべ頭胸部に対する腹部の大きさが相対的に大きい。第一歩脚はとくに長大に発達することはない。

このクモの棲息密度のいちじるしく高い場所にあっては、巣がたがいに接近し、巣から出て徘徊するクモがしばしば鉢合わせすることがある。すると二匹のあいだに闘いがはじまる。また脱皮が間近に迫った雌の亜成体の巣に雄が引き寄せられ、雌の巣の近くで雄同士が対面すると、威嚇誇示闘争が開始される。

ネコハエトリの基本的な配偶様式は、亜成体雌の巣を雄が訪問し、雌が最後の脱皮をはたすまで雄はその近くで待機し、雌の脱皮後にその巣へもぐりこみ、交尾をはたすという形が一般的である。雄は雌の巣の近くに葉を簡略に綴りあわせた小屋をかけて雌の脱皮を待つことが多い（小屋掛け求婚[87]）。しかし小屋をかけやすい条件がその場になければ、雌の巣の上や近くで小屋をかけずに待つこともある。ミカンの葉を二枚つづった雌の巣の場合、同じ葉の隙間に雄がもぐりこんで小屋をかけ、一見したところ雌と雄とが同居しているように見えることもあるが、これはミカンの葉の面積が大きいためにそうなっただけのことで、小屋掛け求婚の様式は変わらない。

雌の巣のそばで待機する一匹の雄の眼前へ他の雄が現れれば、雌との交尾順位をめぐる争闘がおこる。一匹の雌に求婚する雄はかならずしも一匹とはかぎらず、闘いは三つ巴の形相を呈することもけっして稀ではない。

一九九〇年五月三日、山形市内の民家の庭で実際にくりひろげられた、自然状態でのネコハエトリ雌の巣をめぐる雄同士の闘いを記述してみよう。

一匹の雌（亜成体）が八重椿の花びらのあいだに巣をつくっていた。ツバキの花は開花後に落下しやすいから、雌にとってこれが長期の安定的な巣になることは考えられないが、ともかくそういう状況が発生していたのである。そこへ一匹の雄が訪れて、雌の巣をのぞきこみ、何か打診でもしたかのように私には見え、雌は前脚で反応して、「わたしまだ大人になっていないから待って」とささやいたように思われた（しかしネコハエトリの気持ちが私に分かろうはずもないのだが）。ところがそこへ別の雄がやって来た。闘いがはじまった。

雌の巣のある花と、それをめぐる枝葉の全体は、きわめて複雑に入り組んだ立体空間である。したがって最初にその場へ到着した雄と、二番目に来た雄とが対面するには、単純な平面上のできごととちがい、やや手間がかかる。喧嘩の相手がたがいの視野に入らぬあいだは平和そのものである。しかしひとたび相手を認知すると、瞬間的に第一歩脚をピンと伸ばして斜め上方に振り上げ、すぐさま左右の歩脚を交互に上げ下ろしして、相手を威嚇する。二番手も負けてはいない。歩脚を振りふり接近しはじめるが、錯綜する樹木の枝葉が真一文字の接近をゆるさない。一枚の葉の上で至近距離まで近づけば、伸ばした武器の第一歩脚をたがいに合わせてつばぜりあいになるけれども、押され負けしそうになると葉の裏側へ逃れ、他の位置へまわりこんだりして、別の角度からライヴァルに再接近を試みる。人間の目にはその様子がクモの喧嘩のかけひきのように見える。雌（亜成体）はその間、巣のなかでじっとしているから、自分のためにおもてで何が起こっているか、知るよしもないであろう。

やがて三番手の雄がやってきて、早く来た雄に気づき、歩脚の剣を振りはじめた。一番手と二番手は自分たちの確執に熱中していて、はじめ気がつかない。ところが三番手も至近の位置にしゃしゃり出るにおよび、中の一匹は複数の敵にはさまれた恰好であわてふためく。こんなことがあるからネコハエトリの喧嘩見物はやめられないのだ。

三つ巴の闘いも、一匹が脱落し、三匹目が追い払われればおしまいである。勝利者は意気揚々と雌の脱皮を待つことになるが、さりとて油断は禁物だ。いったん追っ払われた雄どもは、横浜の子どもたちの言い伝えでは「負け癖がついた」などといって、すくなくとも戦意を回復するまでの一定期間、ふたたび同じ土俵へ闘いを挑みに来ることはない。けれども喧嘩に敗れた経験をもたない他のごろつきどもが雌の巣の匂いにさそわれてたまさかにやって来ないとも限らぬではないか。

この日の山形市でのネコハエトリ三つ巴戦は時間こそ長かったが、本種の威嚇誇示ディスプレーの全過程を経ることなく、単純に勝敗が決着した。しかし雄同士の力量が相伍してその差の小さい場合には、「剣振り接近」という段階のあとに、一種不思議な静的段階を踏むことがある。往年の横浜の子どもたちが「地取り」と呼んだその段階は、なるほど有利な場所とり合戦のかけひきのようにも見えるが、その意味を私はまだ合理的に解釈できずにいる。この「地取り期」を含む闘いの全容をつぎに模式的に記してみよう。用語には「剣」（第一歩脚）および「地取り」という巧みな伝承表現を採用した。これらは横浜に伝えられたホンチ遊びで子どもたちが長く使用していた言葉である。

［相手の認知と剣（第一歩脚）振り上げ］　ハエトリグモは一対の前列中眼が顔の前面で大きく発達し、視覚にすぐれる。ライヴァルの認知は目によるもののようで、自分の背後に好敵手がいても平然としていられる。しかしひとたび相手を認知するや、間髪を入れずに剣を振り上げ、威嚇する。求婚の際には両剣をやや同時的に上げ、雄同士の闘いでは片方の剣から振り上げるのがふつうである。その反応の早さは時計をもって肉眼で測定しがたいほどである。

［剣振り接近］　左右の剣を斜め前方にかざして交互に振り上げ振り下ろしながら、じりじりと接近する。剣以外の六本の歩脚は地（といっても自然状態では葉の上であることが多い）につっぱり、からだ全体がもち上がるので、腹柄が曲がって腹部はななめに立つ。剣のひと振りごとに前進するが、進んではいくらか下がるリズミカルな運動を繰り返す。やがて相手の近くへ十分に接近すると、二本の剣を交互に上げ下ろしできるだけの空間がなくなる。

［至近距離停止］　停止した二匹のクモは、牙を開き、からだを小刻みに揺すって相手を威嚇する。この段階までに怖じ気づいて逃げだすクモもあり、片方が逃げれば勝敗は決着する。しかしことここに至れば次の「地取り」もしくは「四つ組み」にまで展開することが多い。

［地取り］　相手との至近距離にあって小刻みにからだを揺する二匹は剣を降ろし、降ろした剣が触れ合うのも意に介さず、停止姿勢でからだを揺すりつづける。一見したところ休戦状態かとすら疑われる穏やかな段階で、横浜の子どもたちはこれを「地取り」と呼んだ。「地取り」のあいだ両者の位置関係はほと

んど変わらないが、自然界では均質な水平面で闘いが行なわれるわけではなく、徐々に移動して位置的優劣関係が生じることは十分にありうるであろう。この「地取り」期は数分も続くことがあるが、やがて双方の息が合い、次の段階へと展開する。

［剣先競り合い――差し手争い］　ふたたび剣をまっすぐに伸ばし、その先をたがいに激しく振れ合わせる。しかるのち剣を相手の腹部へ届かせようと前へ伸ばす。上手を制した方が相手の腹部背面を剣の先にある爪で有利に引っ掻くことができる。したがって両上手を取った方が勝利することが多い。

［四つ組み押し合い――決着］　組み合ったままの押し合いがしばらくつづくことも多い。興奮して腹部をピクピクと上下運動させる。押され負けで逃げるクモもおり、腹部を爪で掻かれて退散するクモもある。いずれにしても逃げた方が負け。野外ではこの闘いはふつう無血的である。勝利者は敗者を追い払うが深追いはしない。敗者はその状況下においては勝者にふたたび闘いを挑むことはない。

ネコハエトリ雄のくりひろげる威嚇誇示ディスプレーはこのように複雑で、ときに十分を越すほどの長い時間をかけて行なわれることも稀ではない（雌の巣のそばで二匹の雄が鉢合わせしたときに長期化する傾向がつよい）のだから、人間の子どもがこれを遊びに取り入れても、十分に迫力を感じさせ、見ごたえがある。

さてつぎに、横浜でカンタ、千葉でカンタフンチなどと呼ばれたマミジロハエトリ雄の闘いを観察してみよう。

マミジロハエトリの雄はネコハエトリの雄と酷似するが、頭胸部の前面に純白の毛が一列に密生し、「額が白く」見える。額といわずに「まみ」（眉）と表現したところがミソで、双眼顕微鏡で拡大して見ればたしかに毛であることが分かるから、「眉白蝿取り」という和名は実体をよく表現しえて妙である。

マミジロハエトリの雄は一般にネコハエトリの雄よりからだが小さく、動きがすばやく、威嚇誇示ディスプレーの時間はずっと短い。ディスプレーは至極単純で、①二匹が出会うと、第一歩脚を斜め上方にピンと伸ばして相手を威嚇する。②そのままの姿勢で接近、または相手を回避、もしくは逃亡することもあるけれども、③上げた第一歩脚を降ろし、第一、第二歩脚（つまり二対四脚）をそろえて、つま先を地につけたまま、左右交互に曲げたり伸ばしたり屈伸運動させて、からだ全体を左右に揺すり、その態勢を維持しつつ、前進、または多少とも左右へ移動し、その間、相手を見つめつづける。④第一、第二歩脚の屈伸運動の合間に、前脚だけを斜め上に伸ばすこともある。⑤そのようにして相手を牽制し、しだいに接近して相手との距離が至近となれば、第一歩脚を伸ばしてつばぜりあい状となることもないではないが、それは非常に短時間であって、パッと接近、パッと離れるのが本種の闘いの常套である。

マミジロハエトリと同じ属に分類される日本クモ界のニューフェイス、マミクロハエトリは、一九八九年、千国安之輔氏が学名・和名を記載せぬまま著書『写真日本クモ類大図鑑』にカラー写真を紹介し[122]、その後一九九二年、韓国の徐晋根氏が雄の標本をもとに新種として記載した[234]。その後、福井県中池見湿地の標本をもとに雌が記載されたが、愛知県の緒方清人さんこそが真の発見者であり、野外での観察によって、早くからこのクモの雌雄を知っておられた。

このマミクロハエトリの雄グモがどんなスタイルの威嚇誇示ディスプレーをするものか、興味津々であったが、中池見湿地に棲息する雄二匹をつかって私が実験したところ、マミジロハエトリのディスプレー

亜成体から育てたマミジロハエトリ雄．触肢にも白い毛がある．

横浜でカンタ，千葉でカンタフンチなどと呼ばれたマミジロハエトリ雄．額の白線は白い毛の束である．ネコハエトリより小さく，樹上にもいるが，地上にいることも多い．

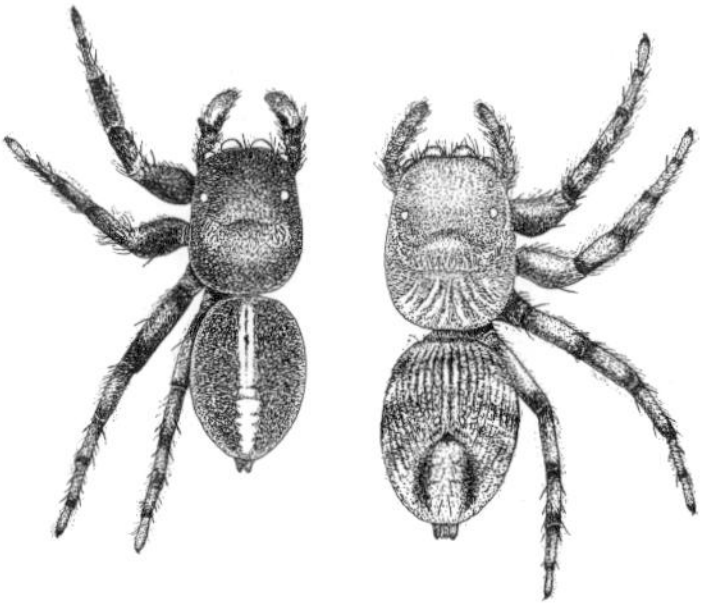

マミクロハエトリの写生図．生きた状態に近い実写で，中池見湿地で得られた個体を描いたもの．左が雄，右が雌．

1992年に雄の標本のみによって韓国で新種記載されたマミクロハエトリ．左が雌，右が雄．マミジロハエトリと近縁だが，雄の額に白線がなく，腹背に独特の白い縦すじがとおる．雌はマミジロハエトリのそれに酷似するものの，頭胸部の後部に白い毛による首輪斑がないので一目で見分けられる．ただし液浸標本ではマミジロハエトリ雌の首輪斑は見えないから，専門家でも見誤ることがある．

と行動様式が本質的に一致することを見いだした。つまり、第一歩脚ふりあげと、第一、第二歩脚の屈伸運動の組み合わせ以外のなにものでもなかった。マミクロハエトリとマミジロハエトリは、ディスプレー行動から見ても近縁であることが示されたのだ。

ところでマミジロ、マミクロの両ハエトリグモとはこれまで別の属に分類されてきたアダンソンハエトリの雄個体が、じつはこれら二種とそっくり瓜二つの威嚇誇示ディスプレーをやってのけるのである。伊井伸夫氏のやや古い実験報告がそれをよく示している(10・11・12)。アダンソンハエトリは関東以西の民家にふつうに見られ、横浜の私の実家のトイレの主でもあるが、雄二匹を同時に捕らえることは案外むずかしいようだ。

行動のみから論じることには危険がつきまとうが、歩脚二対を地につけ屈伸させるディスプレー様式が一致するマミジロ・マミクロハエトリとアダンソンハエトリの類縁関係をどう考えたらよいのだろう。これは行動と進化に関する無視しえない問題ではなかろうか。

半世紀ひとむかし

子どもたちはホンチ探しに工夫をこらし、また強いホンチを育成しようと試みもしたものだった。ホンチには、小さいのもいれば大きいのもいる。一般に、大きいホンチが強く、小さいホンチは弱い。けれども負け癖のついた大きいホンチは、負けを知らない小さいホンチより弱い。自分のもつホンチを強く仕立てるには、やや小さめの、比較的に弱いホンチと闘わせて、勝ち癖をつけさせる。勝てば勝つほどホンチは強くなる——私たちはそう信じて疑わなかった。そうして強く仕立て上げた自慢のホンチも、ひとたび負ければ怖じ気がつき、値打ちがなくなった。でも入れ込んだホンチを手放すのは惜しい。そこで一晩、ハエのごちそうを食べさせて休養させる（春にもハエはいた）。そうして翌日、強すぎないホンチと対戦させて、自信をとりもどさせようとするのだが、うまく行かないことがほとんどだった。

強いホンチの伝承があった。ノイバラの繁みにいるやつはバラボンと呼ばれ、バラの刺で鍛えられているから強いなどといった。笹にいるササボンも強いといわれた。腹部に黒いキの字形に似た斑紋をもつのをアジロッケツ（網代尻の意）といい、斑紋のないのをキンケツ（金色の尻の意）といった。キンケツはアジロッケツより強いというのが、わがふるさとでの言い伝えであった。これらはいずれも科学的な根拠のない迷信であったが、まことしやかに語りつがれ、信じられてもいたようだ。キンケツとアジロッケツが対決し、アジロッケツが勝ったとしよう。「キンケツを負かすなんて、きみのアジロ（アジロッケツの略）

は強いねい」と感心されて、あいかわらずキンケツ信仰は揺るがないのである。

ホンチとよく似て、からだのひとまわり小さいハエトリグモに、カンタがいた。カンタはからだの前半分と歩脚が漆黒で、腹部はキンケツ型。つまり腹部背面には黒いアジロ形の斑紋がない。一番の特色は、額に白いひとすじの鉢巻きをしめていることで、和名はマミジロハエトリ（眉白蠅取りの意）というのである（この鉢巻きは白い毛の列である）。私たちがカンタと呼んだのは、マミジロハエトリの雄であった。

腕白どものなかに、このカンタをつかまえて、友人のもつホンチと闘わせようとする子がたまさかにいると、そんな子はひどく嫌われた。カンタは毒グモでホンチをだめにすると信じられていたからだ。カンタはホンチよりかなり小さいクモであるから、大きいホンチが負けるの、だめにされるのというのは妙な話だ。私はひそかにカンタを捕らえて、自分のホンチと決闘をさせてみたことが何度もある。その結果、ホンチの動きと、カンタの動きがずいぶんちがうことにいささかあきれた。ホンチは悠然と前脚を交互に振り挙げ振り下ろして前へ進むが、カンタは前の二対の脚をせわしげに延ばしたり縮めたり、じつに奇妙な動きをする。おたがいに相手がハエトリグモ仲間（?）であることを知っているかのごとく、前脚を使った脅しあいはするのである。箱のなかで出会ったのが蚊か蠅であれば、前脚を振りあげることなくいきなりジャンプして相手を食べてしまうのだが。

カンタがホンチのからだのどこかに咬みついて、それがためにホンチが「ガンタ」になってしまったことがある。ガンタとは、瀕死のホンチが脚をよろよろさせてもがいている状態をいったものだが、ガンタがカンタに由来する言葉かどうか、私には分からない。ともかくカンタがホンチを負かして致命傷を与えることはたしかにあるようだ。しかし後年の無情な実験で、ホンチがカンタを食べてしまったこともあったから、むかしの子どもたちの伝承は必ずしも科学的であったとは思わない。

読者は往年の横浜の少年たちの遊びに、残忍さを感じて顔をしかめられるかもしれない。それ以上に、右のような実験をあえてした私の神経が疑われそうな気もする。たしかにクモたちの身になってみれば、ひどい遊びではあった。しかし私の子ども時代には、家の近くの野山に、さまざまな虫が無尽蔵といっても過言ではないほどうじゃうじゃいたのである。腕白どもはカマキリを踏みつぶし、腹からハリガネムシが出てきたといっては喜ぶ。トンボのしっぽに草の茎を刺して飛ばす。今ではとても考えられないことである。そういう遊びを残酷だといってやめさせる大人は身近に一人もいなかった（仏教の坊さんはどうであったか知らない）。私はむかしの遊びのすべてを賛美したいわけではない。虫をいじめて遊んでいられた半世紀前の自然は、もはや日本の都市近郊に存在しなくなった。

横浜の子どもたちが、戦後の一時期に毎年、何匹くらいのホンチを捕らえて遊んでいたか、その実数はもとより分からない。けれどもここに、ひとつの手掛かりになる数字がある。ホンチ箱を町の駄菓子屋に出荷していた、ホンチ箱製作者がいたのだが、その元祖は加藤光太郎さん（故人）といい、横浜市鶴見区東寺尾に住む木型職人であった。加藤さんは関東大震災のあと、木型では食べて行かれない困難な時期に、子どもがホンチで遊んでいる姿を見て、クモの容れ物を作れば売れるかもしれないと考えた。箱をつくるのはお手のものである。ホンチ箱はよく売れて、春の一時期の需要にこたえるには、前年の九月から製造を開始し、家族総出で箱をつくり、紙貼りは四十軒もの下請けに出した。加藤さん作のホンチ箱の数は、戦後の最盛期には年間六〇万個にも達したという。戦後は爆発的によく売れたので、模倣する業者が現れた。私が少年時代に使っていたホンチ箱は、加藤さんの製品と少しちがって、キャラメル箱型六匹入れの中箱のはしに予備の部屋がついたものだった。加藤さん作以外のホンチ箱が毎年どれほど出回っていたものか、資料がのこされていないので不明である。けれども加藤さん作の六〇万個という数字に、他の製作者の箱を加え、さらに横浜の子どもたちが店で買わずに自分で作っていた折り紙式小箱や、親からもらったマッチ箱まで考慮に入れるなら、その数たるや膨大であろう。一〇〇万などという生やさしい数ではありえまい。しかも一人の子が一匹のホンチを捕ったわけではけっしてないのである。さながら人海戦術でホンチ絶滅大作戦を展開していたようなものではないか。それでも毎年、ホンチが減ったという兆候は少しも見られなかったのである。このことをこそ深く熟考してみなければならぬ。

都会でホンチが身近な生活空間から姿をひそめはじめたのは、高度経済成長時代よりこのかたの現象かと思われる。開発・都市化とたれ流し公害がホンチの減った主要な原因であろう。水洗便所の普及は大いにこれに拍車をかけたと私は思う。家に蠅がいなくなった。人類の歴史とともにあった糞尿の価値が、衛生の名のもとに否定されてしまった。肥料としての値打ちもさることながら、イエバエやコウカアブ（便所にわく黒い蜂のような虻）などの激減が、私たちの身近な野生生物圏に見られた食物連鎖をもし多少とも（大いに？）狂わせたのだとしたら、清潔と快適に慣れすぎた現代文明人の単純な精神構造こそこの上なくおめでたいのではなかろうか。

昆虫の交尾は、誤解を恐れずにいえば、一見したところ鳥や獣の交尾と似ている。雄性器が雌性器にさし入れられ、射精が行なわれるのだ。

昆虫の交尾を身近に観察することは、案外たやすい。前後逆向きにつながったアブの夫婦。まるで母親が子を背負うように見えるオンブバッタの性愛。夏の夜の雑木林へ行けば、懐中電灯の光でクワガタムシ類の恋愛を拝見させてもらうこともできるし、昼間でも甲虫の交尾は普通に目撃できる。私はかつて多摩丘陵の田舎道で交尾に夢中のオオヒラタシデムシに出会い、いいようのない感動を覚えたことがあった。

クモの交尾

ところでクモの交尾は他の動物のそれといちじるしく趣を異にするためか、クモ研究者はしばしば交接と呼んでいる。しかしここでは世間によく普及した言葉である「交尾」に統一して記述することにしたい。

クモの交尾は、二段構えである。雌雄の性器は「腹部の腹面」にあるのだが、かれらが愛しあうとき、雄性器と雌性器が直接に触れあうわけではない。雄は雄性器で産出した精子を、一対の触肢の末節にある貯精器官に移し、しかるのち、左右の触肢の一部を雌の性器に交互に挿入して交尾をはたすのである。

雄が精子を触肢に移すには、面白いことをする。網を張るクモの場合、まず網の一部に小さな円盤状のシートを自分の吐く糸で緻密につくる。これを「精網」といっている。それから腹部の雄性器を「精網」につけ、精液をその表面にたっぷりと滴らせる。クモは姿勢を変えて、髭のように見える触肢の先のスポイト状器官を使い、精網の上の精液を吸い上げる。これで交尾の準備は完了である。このスポイトは、交尾に際してはもちろん精液の吸入時とは逆方向の機能を発揮して、雌器のワギナ（クモ学者はエピジナムと呼ぶ）に精液を注入する役割をはたすのである。

交尾ののち、種により雄グモが雌グモに食べられてしまうことは早くから報じられていたが、近年行なわれた「加治木のくも合戦」をめぐる調査記録作成の過程においても、コガネグモの雌が雄を餌食にする事実が明らかにされた。クロゴケグモ（黒後家蜘蛛）の雌による雄食い行動は今や伝説的だが、詳細な実態を不明にして私は知らない。

クモの交尾にはこのほかにも奇想天外な話がある。カニグモ類には交尾前、小さな雄が大きな雌を儀礼的に糸でしばる者たちがいる。雌はしばられることに抵抗を示さず、これはクモの愛の一つの形のようにも見受けられる。

ハエトリグモやコモリグモ類の求婚行動には、いわゆる「ディスプレー」がともなう。ある種のコモリグモの雄は雌に対して、触肢を交互に振って愛を告白する。私が早春の中池見湿地で目撃したコモリグモの恋愛の一場面では、雄は歩脚をつっぱって雌を見下ろすような姿勢をとった。求婚ディスプレーは雄が雌を追いながら、再三にわたって行なわれた。

ハエトリグモ類の求愛行動こそは圧巻である。雄は視覚で相手を認識すると、しばしば第一歩脚を立てて振り、雌に接近する。マミジロハエトリ、マミクロハエトリやアダンソンハエトリは、第一、二脚（つまり二対の脚）を屈伸させ、からだも左右に振り動かしながら愛を告白する。円網に定位するクモは雄が雌の腹側にまわって交尾の機会をうかがうが、徘徊性のハエトリグモ類では雄は雌の背に乗り、歩脚で左右片側ずつ恋人のからだの腹を起こして、触肢を雌器に挿入するのが何とも嬉しそうだ。

江戸時代のハエトリグモ競技

ハエトリグモ類は、ジャンプしてハエを捕らえるのでそう呼ばれる。英語名 Jumping Spider は、そのときの行動様式に着目した命名である。

日本の家屋の壁にいるハエトリグモといえば、ミスジハエトリやアダンソンハエトリ、またシラヒゲハエトリあたりがすぐに思い浮かぶ。暖地では大形のチャスジハエトリもふつうに見られる。古く中国では壁虎といった。今中国の家にすむハエトリグモの種類は知らぬが、壁にいて虎のように獲物に跳びかかるクモとはじつに勇壮な表現ではないか。

川名興氏によると、房総半島に分布するネコハエトリ方言の「オト」は虎を意味する「於菟」の意ではないかという。もし川名説をとるなら、南房総のオト、ゴト、ゴトゴト、ゴトグモなど一連の名前がにわかに歴史性を帯びてくる。その真偽はさておき、於菟は虎から転じてのちに猫をも指したというから、ネコハエトリの古称としてはこれ以上望むべくもない佳名といえる。虎の於菟は漢代に校訂された『春秋左氏伝』にあり、おそろしく古い名前である。烏菟とも綴り、楚の国における虎の呼び名であったそうな。だが房総のオトが虎の意か、はたまた猫の意かはすこぶる判定がむずかしい。

江戸時代の日本には、座敷鷹という飄逸な名があった。これは延宝から正徳年間に江戸で流行したという、ハエトリグモに蠅を捕る技を競わせる娯楽から着想された呼称のように思われる。

柳原紀光の『閑窗自語』に、「弄蜘蛛」と題して次のようなくだりがある。(200)

土御門故従二位泰邦卿かたられけるは享保のはじめ世に蠅とりぐもとかやいふ虫をもてあそぶ事あり風流なる小さき筒へ入れて蠅のいる所へとばせてとらしむ一尺二尺など遠くとぶをもて最上とすよくとぶ蜘はあまたのこがねにかへてあらそひもとめ蜘合をして博奕に及ぶのあいだ武家より制してやめしむ世にめづらしきあそびもありけるなり

この娯楽は暇と金のある町人の遊びで、賭博化した上にクモの容れ物に贅が凝らされ、武家よりご法度になったというほど耽る人々が多かったのである。北村信節の『嬉遊笑覧』にも、

戯に飼置きて印籠などの小さき箱物に入れ持行てははい（蠅）を捕らする云々

と見える。井原西鶴作『好色一代男』巻四、「夢の太刀風」には、

さりとてはあさましき世の暮らし何をか遊してかく年月かときけば今江戸にはやる蠅取蜘を仕入……

とあり、江戸の「蠅虎合わせ」が奥州にまで評判をよび、寒河江（山形県）の素寒貧が小銭稼ぎにハエトリグモを集めた……というのである。西鶴一流のフィクションとはいえ、ハエトリグモの売買が行なわれていたことを明瞭に示唆している。(20) この遊びに金銭が賭けられていたからには、より遠くまで跳ぶ優秀な

ハエトリグモを熱心に求めるあまり、財布の紐を大いにゆるめる人々が少なからずあったのにちがいない。その裏付けが其諺著『滑稽雑談』（正徳三年／一七一三年）に見られる(61)。この俳諧の書は歳時記の嚆矢ともいうべき傑作で、二三〇〇にもおよぶ四季折々の風物行事などを月を追って記述している（以下引用）。

寛文年中世人専ら此者（ハエトリグモのこと）を愛して飼馴しぬ蝿を捕らする事を戯とす奇は愛より生ずる習蝿虎の灰色種々変して殊色をなして金銀をもって是を求め器に蓄え籠に収めて秘蔵せり大いに笑ふべし

国書刊行会の復刻では読点を打ってあるが、他の古書の引用と同じく、わずかでも原著の時代の雰囲気を生かすため、句読点はつけないことにしてみた。念のため。さてお次は『偐紫《にせむらさき》田舎源氏』で有名な柳亭種彦の随筆本『足薪翁之記』をひもといてみる(21)。

むかし蝿虎をもてあそびし事あり漢土にも蜘を闘する戯れはありと聞しがそれとも異なりまづ壁虎をよく養おき小キ器にいれ蝿のをるかたへさし向いちはやく取を見て興ずるなり又二人さし

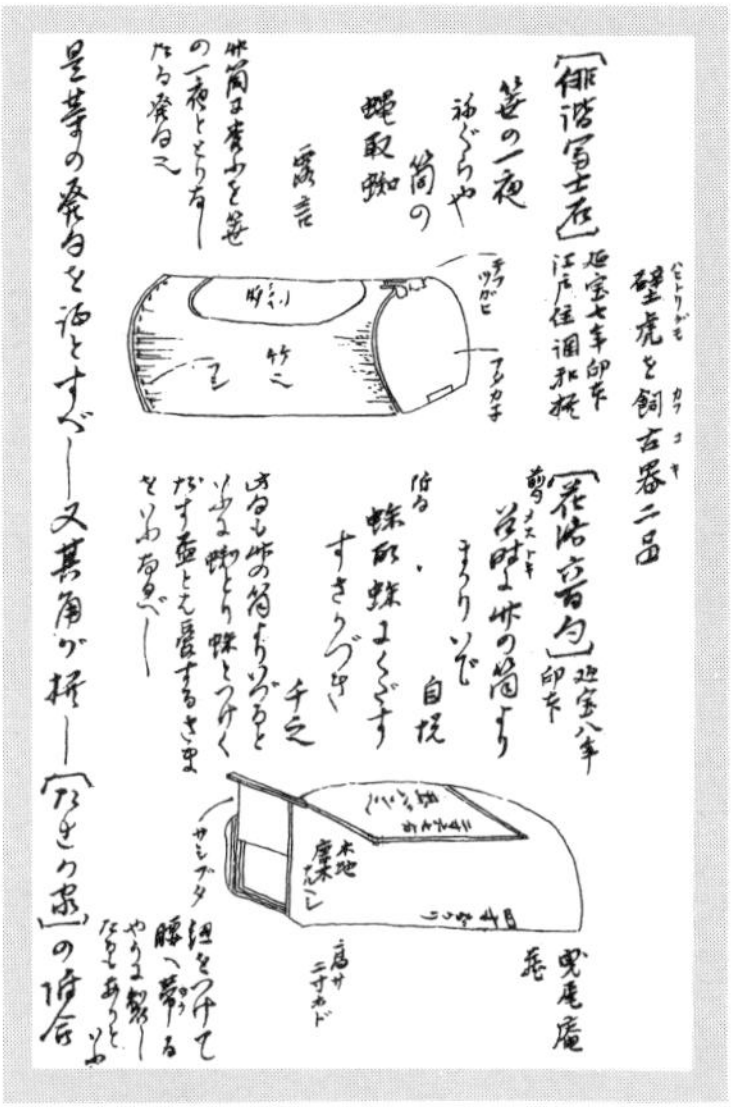

江戸時代の蜘蛛合わせに使われたハエトリグモ容れ．柳亭種彦『足薪翁之記』より．国立国会図書館蔵．

向ひて左右より一時に蠅のをるところへさしむくるにその蜘の弱きはもとの器へ逃かへり強ものはますぐには走らず蠅のをるうしろのかたよりはひめぐりて取を輪をかけるといふとぞ此戯れ延宝の頃盛んに流行正徳の頃まではまれまれにありしと或古老の説なりさて蜘をたくはえおく器のはじめの程は竹筒なりしが後は唐木を用ひ蒔絵したるもありといへり当時はえとり蜘を座敷鷹といひしとぞ……

これによって見れば、ハエトリグモ容器の製作がしだいに洗練され贅沢品と化していった様子がうかがい知れる。中国のクモ合戦の話が伝わっていたことにも作者はふれているが、それがどのようなものであったか分からない。同書には「壁虎を飼古器」の図があり、江戸時代のハエトリグモ飼育の証拠となっている。また延宝の発句「笹の一夜ねぐらや筒の蠅取蜘」などをあわせて掲載しているのも貴重である。

ハエトリグモがよく蠅を捕るという評判をダシにつかって、江戸時代に荒唐無稽なインチキ商法を思いついた者の話がある。八文字自笑・其笑作、といっても多田南嶺が代作したとされる浮世草子『鎌倉諸芸袖日記』(寛保三年/一七四三年)に、ハエトリグモを一匹箱の中へ閉じ込め、そこへ白豆二一三〇粒を入れ固く蓋をしておくと、中のクモが死んだあと、そのクモの一念が豆に乗り移り、この豆が蠅を見れば走りまわって蠅にぶつかるといって、「一流神法捕蠅豆、洛陽分徳川軒製」と銘打ち、豆三粒一包みで代金百疋、四包みなら金一両で売ったというが、これは作者の創作であろう。「其(ハエトリグモの)気にあたりたる蠅、ことごとく死するなるべし」とは笑えるが、食事に蝟集する蠅はそのころも家庭における悩みの種であったろうから、もし実際こんな商売をはじめる者がいたら、だまされて買う客も案外いたかも分からない。[155] ところが多賀谷環山という人の『唐土秘事海』(享保年間/十六世紀前期)には、生きたハエトリグモをすりつぶして炒り豆にまぶし、蠅から五寸へだててその豆を置くと、豆が蠅にとびつくようなことが書いてある。題して「豆に魂を入れ蠅を取らする術」とは恐れ入るが、これは手品の本であって、手品にまやかしは洋の東西を問わずつきものだから、まあ罪もないといわなければなるまい。それにしてもこの二書の記述はよく似ている。いずれハエトリグモの魂が豆に乗り移るという奇妙な伝承が、俗説として語られていたのかもしれないと思う(117)。

加治木のくも合戦

鹿児島県姶良《あいら》郡加治木《かじき》町には、コガネグモ（加治木方言でヤマコッ）を闘わせる年中行事がある。これはまことに盛大な催しで、毎年六月の第三日曜日（元来は旧暦端午の節句）に、町の福祉会館が出場者と見物客で埋めつくされる。

「加治木のくも合戦」でクモを闘わせる方法は、中部日本より西に広く分布する伝承生物遊び、コガネグモの喧嘩習俗と基本的には同じである。その骨子を要約すると、

①野山からヤマコッ（コガネグモ）の雌を捕らえてきて、庭や家のなかで飼い、強いクモを育成する。
②大会での勝負は、横棒の上に二匹のヤマコッをはわせて対面させ、闘わせる。
③勝敗は、糸を引いて下に落ちた方が負け。相手の糸に巻かれた方が負け。ぶら下がる相手のヤマコッの糸を切った方が勝ち。相手に嚙みついた方が勝ちである。
④強いヤマコッに関する言い伝えがある。

ヤマコッの喧嘩は、クモを採集に行くところからはじまる。大会の一週間ほどまえに、出場者はそれぞれが秘密にしている自分のお気に入りの土地へクモ捕りに出かける。ジヤマコッ（加治木町地つきのヤマ

コッ）よりも成長の早い大きなクモを求めて遠征をこころみる。弁当もちで遠出するのはふつうのことで、薩摩・大隅半島へ行く人や、宮崎県方面へ足をのばす人もある。出場者は加治木町在住者ばかりでなく、町外はおろか、県外から自慢のクモをたずさえて毎年はせ参じる者もいる。むかしは魚籠《びく》を肩にかけて出かける人が多かったが、そんな気風は今はすたれてしまった。私がはじめて加治木町を訪れた一九八三年には、クモを魚籠に入れて大会の会場入りする人が大勢いた。

ところで子どもたちが友人とともにヤマコッの採集におもむくとき、一匹のクモをめぐって取りあいが生じる可能性があった。それが大きくて立派なヤマコッであればあるほど、だれしも自分のものにしたいと望んだことであろう。そこでむかしから、野山でヤマコッを見つけたときの集団のルールがあった。はじめに見つけた者が「イッコン！」と叫んで、握りこぶしをヤマコッの方へ突き出すのである。この声を先にかけた者に採取権があった。この「イッコン！」は、川嵜兼孝氏の研究によると、「一喉」であり、「喉（こん）」は「魚を数ふるに云う語」（『大言海』）とのことである。『鹿児島県資料旧記雑録』や大正末期〜昭和初期の『鹿児島新聞』の記事など「イッコン」に関する資料を川嵜氏の論文より引用させていただく。(56)

……魚を数えるに、のど、つまり、頭で数えたら「一喉」……

現在の加治木では、魚を数えるのに「いっこん」という表現はほとんど聞かないが、和田の日記（註／和田盛賢『会津表　出軍中日記』明治二年の記事）は、少なくとも江戸末期〜明治初期当時、「一匹の魚」という意味で、加治木でも「いっこん」と呼んでいたことを示す。

……加治木のような浦町では、海岸に流れ寄って来た大魚、あるいはその他の漂流物など、おそらく第一発見者に、その漁獲や拾得の優先権を認め合う慣例があったであろう。そして、その第一発見者に、もし同行者がおれば、「いっこん」という言葉を発することで、その権利を他者に対して宣言していたのではないか。

川嵜氏の緻密な論理による卓見が、こうして「いっこん」の意味を加治木町の土地柄に即して明らかにしたことに敬意を表する。

加治木町で「くも合戦」を行事化した人々はじつは漁民ではなく、町場の有力者たちであった。けれども民間の伝承遊びとしてのコガネグモの喧嘩の起源は、おそらく途方もない太古にさかのぼるにちがいない。縄文時代か弥生時代か、それを決めかねているというのが偽らざるところで、ともかく日本列島の海岸地方に原日本人が住みついた時代にまで話は行きつかざるをえないのである。そうしてそれほどに古い民俗が、つい近年まで、子どもの遊びとして日本列島に息づいていたのである。

さて加治木町のクモキッゲ（クモ狂い）たちは、ヤマコッを捕らえると、家へもち帰り、庭に放して飼うが、大会で優勝をねらうほどの有望なクモは、座敷に放って巣を張らせる。クモは液状の糞をするから、畳に新聞紙を敷いて部屋が汚れないようにするが、熱心なクモキッゲの家はやはりクモの糞で汚れるようだ。一九八三年に訪問した故諏訪国義氏の家の床の間の壁は、ヤマコッの糞のあとが黒々としみになって残っていた。

豆腐屋二代目の諏訪さんは大正八年（一九一九年）生まれ。小学校二、三年生のころ「くも合戦」をはじめた。新聞に「加治木のくも合戦」記事がはじめて現れたのが大正十二年というから、諏訪さんはこの行事に最も初期の時代から参加していた草分け少年であったことになる。諏訪さんは卵を産んだヤマコッを「コオンボ」と呼び、卵を産んだ「コオンボ」を肥育すれば、ハンディが落ちても強いという。大きなコオンボを三匹もっていれば優勝まちがいなしだともいう。強いクモは手が長く、節々がごつごつしている。トン（腹部）が大きくて手が短いクモは弱い。ケン（巣）に静止しているとき、足を二本ずつ合わせてX字状の形をとるが、この合わせた二本の足の先が開いているクモが強い。トンの大きいクモは組んだら強いが、組まないうちに寄り切られたりうっちゃられたりしてしまう。手の長さがマッチの軸ほどあるやつがいればたいしたものだが、それだけの手を持つクモはなかなかおらん、ともいわれた。強いクモに関して、諏訪さん流の持論を熱っぽく語ってくださったのは私がよそ者の見学者だからで、好敵手の友人たちにはなかなか手のうちは明かさないとのことであった。

諏訪さんはコガネグモの習性も、微に入り観察していられた。家のなかに放すと部屋で縄張り争いが発生し、「良か場所をとるクモが出てくる」といわれるのには驚いた。また子グモが風に乗り、原野を分散飛行することや、成体のヤマコッが電信柱一本くらいも長いケン（糸）を流し、それがどこかへ引っかかると手で引きよせて張りの強さをためし、おもむろにたぐって移動するともいうのである。

家で飼うヤマコッに与える餌にはアブラムシ（ドウガネブイブイやカナブンの加治木方言）がよいというが、出場者はおのおの独自に工夫をこらし、餌の与え方にも一家言を有する人が多い。大会の二、三日前から絶食させ、水を吹きかけるだけにするという人もある。腹をすかせたクモは闘争的になると信じられている。

部屋でクモを飼う人は床に新聞紙をひろげて液状のクモの糞を受けるが、諏訪さん宅を訪問したとき、床の間の壁にヤマコッの糞が黒く染みついているのには心底びっくりした。「ヤマコッは女房よりかわいい」と目を細めた諏訪さんの童顔が今でも忘れられない。

一九八三年当時、大会の立行司をつとめておられた故竹内親男さんも、強いヤマコッに関する一家言をもっておられた。潮風の吹くところに育ったヤマコッは強く、また八頭身のヤマコッは強い。ミスコンテスト（闘いのまえに行なわれる優良グモ品評会）でナンバー3に入るようなヤマコッは強い。卵を産んだあとのヤマコッは小さいところに気がきいて強いともいう。竹内さんの長年の観察によれば、雌グモが成熟して発情しはじめると、雌の匂い（雌の巣が発するフェロモンをいったものだろうか）が二、三キロメートル先までとどくらしく、どこからともなく雄がやって来て巣につく。トン（腹部）に色艶が出てくると娘ざかりで、糸は黄色みを帯び、粘りがべたべたとちがってくるという。

近代自然科学としてのクモ学の成果をひとまず措くなら、一種類のクモをめぐってこれほど綿密な観察がなされた例は、後述する房総半島と横浜のネコハエトリや南紀由良町のオスクロハエトリくらいなものだろう。これもひとえに強いクモを育てるための苦心惨憺なのだから、思い入れ余ってとかく擬人的な解釈が入りこんだりもするが、冷厳な科学研究とはまた一味ちがった味わいが感じられる。クモキッゲが主張する言い分の個々の要素は、まことに傾聴に値する迫力を秘めている。

加治木町のクモキッゲたちを思うとき、いつもなつかしく私の胸に浮かぶのは、鹿児島からは一千キロ近くも離れた神奈川県三浦半島の漁師、山崎敏夫さんのむかし語りなのである。相模湾に面する三戸浜では、コガネグモはエドグモと呼ばれ、かつては浜の漁師が「加治木のくも合戦」と変わらぬ道具立て（横にした棒）で、二匹のエドグモの雌を闘わせたものだった。しかも強いクモの伝承があり、「アシナガは強く、腹の太いコウタは弱い」というのである。そうして山崎さんもまた、遠浅の海岸に建つ漁師の仕事小屋の裏などに巣をかけるエドグモを子細に観察しておられた。しかもエドグモの季節が果てると、名は

コガネグモの円網を裏側から見る．X字状の完全な隠れ帯をつくる個体は成体ではわりあい少ない．1998年7月に加治木町で撮影．

コガネグモの雌．白いジグザグ模様を「隠れ帯」というが，獲物を誘因する仕掛けという説が近年唱えられている．

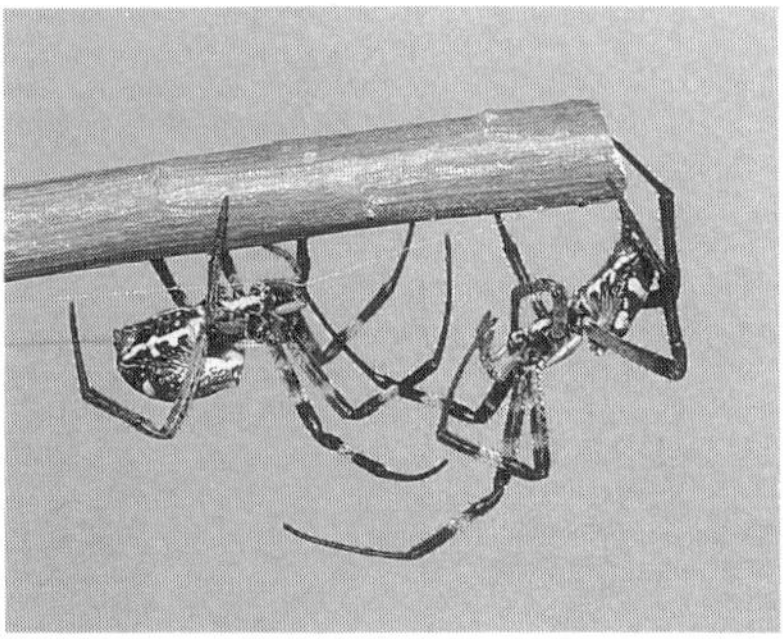

ひもし（横棒の土俵）の上でまさに組み討ち寸前のヤマコッ．

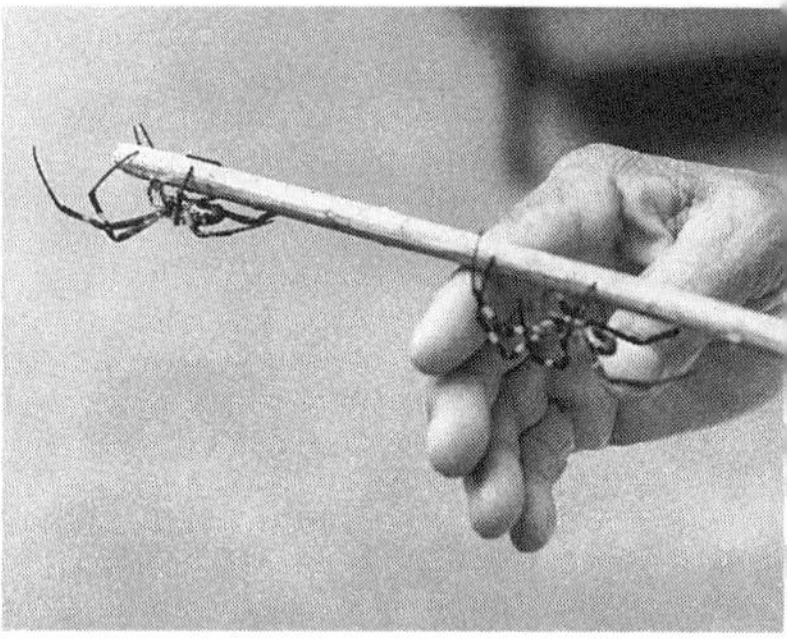

「かまえ」のクモ（左）と「しかけ」のクモ（右）のあいだを掌で分けて仕切る．手をはずせば相撲がはじまる．

②

①

③

④
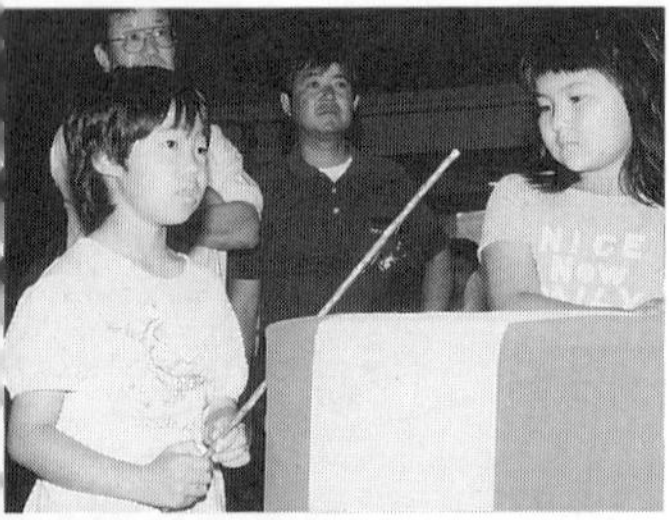

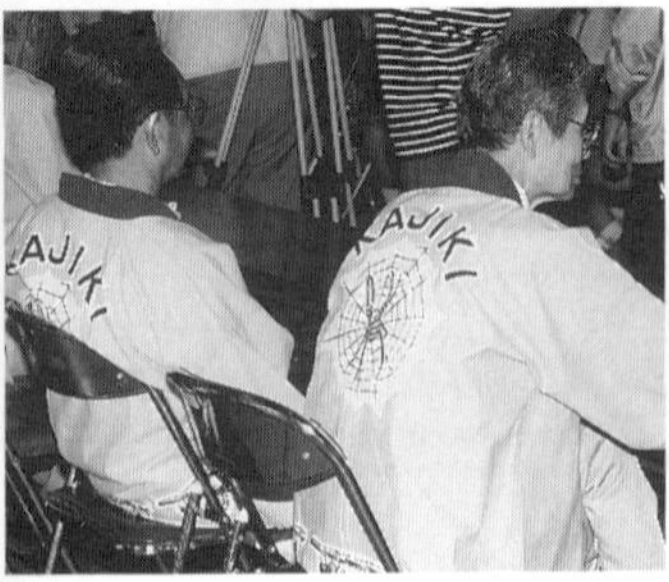

⑥

⑤

①加治木のくも合戦．立行司は新福貢氏．2001年撮影．
②加治木のくも合戦をさばく立行司の故竹内親男氏．1983年撮影．
③試合に先立って行なわれる優良グモ品評会（ヤマコッの美人コンテスト）．
④出番を待つ少女．女の子もクモを怖がらない．
⑤西暦2000年，鹿児島加治木町のくも合戦大会に参じた日本蜘蛛学会の面々．右からクモの網標本製作者・船曳和代さん，若手新進の博物学者・八幡明彦さん，日本蜘蛛学会会長・吉田真さん，加治木のくも合戦保存会会長・新福貢さん．左端は著者．
⑥加治木くも合戦保存会の「ヤマコッの法被」．

①

②
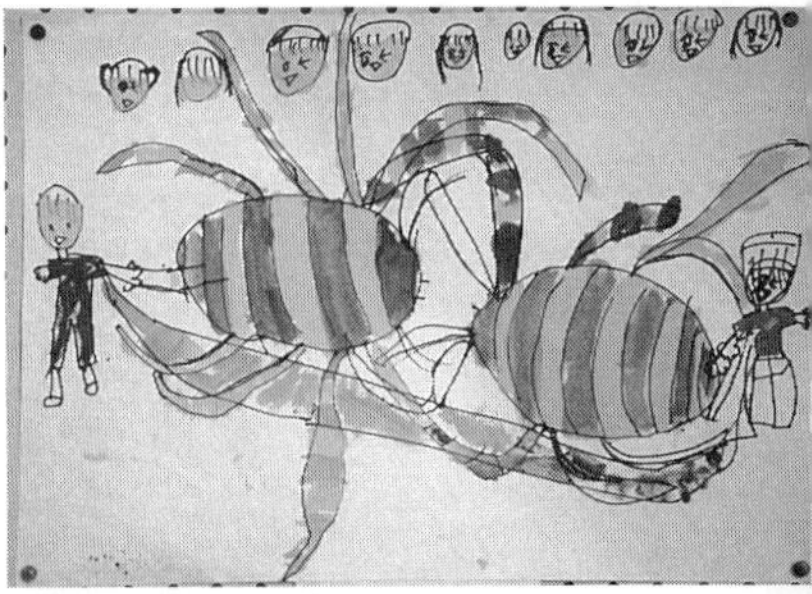

③
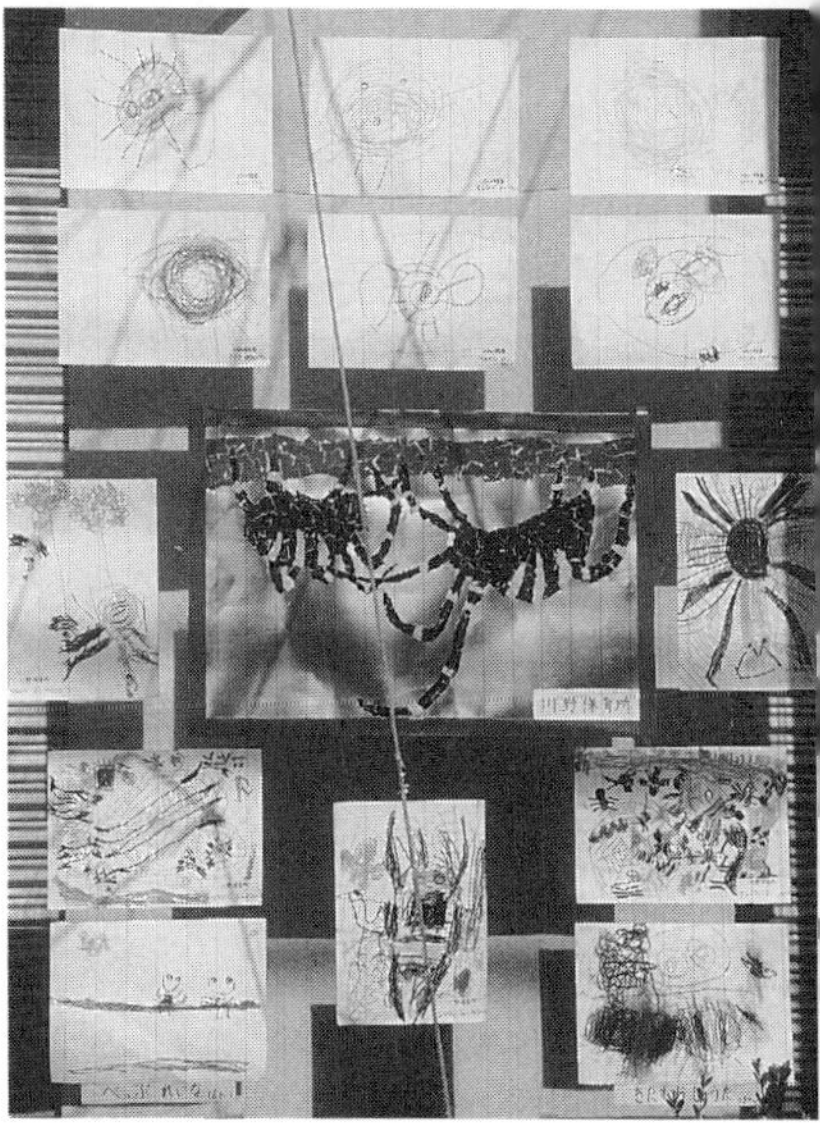

④

⑤

⑥

①②③小学２年生と保育園児が描いたコガネグモの絵.
④年中行事くも合戦の里，鹿児島県始良郡加治木町の名勝・蔵王岳.
⑤網掛川にかかる橋にも「くも合戦」の図柄が描かれている.
⑥合戦の日には町に円網も見事なコガネグモの特大模型が掲げられる. 新福貢作.

知らぬが別のよく似たクモ（ナガコガネグモと信じられる）が巣をかけ、そのクモは秋をまってはじめて成熟するというのであった。

西暦二〇〇〇年の加治木のくも合戦には、日本蜘蛛学会会長の吉田真氏、同会員の須賀暎文氏夫妻、同じく船曳和代氏、八幡明彦氏とともに加治木町を訪れ、観戦した。大会は成人の部、少年の部に分かれて朝から夕方までつづいた。

会場にはビニールの網籠にヤマコッを入れた老若男女が集まり、クモの網籠がずらりとならぶさまは壮観だったが、十六年前に主流を占めていた魚籠は見ることができなかった。民俗行事が時代の趨勢とともに様変わりするのは淋しい。あのころには枯れた笹の枝にクモをたからせたのを袋にも入れずにもちこむ子どもたちもいて、往年の素朴な遊びをしのばせたものだったが……。

「加治木のくも合戦」では、ふたつのタイトルが争われる。参加者は一人三匹のクモを出場させることができる。まず三回勝ち抜いたクモ（三勝グモ）が決勝トーナメントに残れる。三勝グモのなかから王将戦の優勝グモが決まる。もうひとつのタイトルは、手持ちのクモ三匹それぞれの予選での勝ち数合計の多い者が優勝者となる。このとき三勝グモが優先する。三勝グモ一匹（計三勝）は、二勝グモ二匹（計四勝）より上位に評価される。あたかもオリンピックゲームのメダル数順位を新聞が報道するときと同様である。三勝グモを三匹もてば九点で文句なしだが、二勝グモ三匹（六勝）は、三勝グモ一匹＋一勝グモ二匹（五勝）に及ばないのである。

ヤマコッの闘いのあらましは以下のごとくである。土俵は紅白の布を巻いた柱の上端近くに直角に挿した水平の棒（「ひもし」という）である。まず「ひもし」の先に一匹のクモをとまらせる。このクモを「かまえ」という。つぎに柱の近くから、対戦させるクモを「ひもし」にはわせる。このくもを「しかけ」という。裃《かみしも》を着用して威儀をただした行司が、立てた掌で「しかけ」のクモをうしろからそっと刺激し、前へ進ませる。クモは「ひもし」の下側を歩き、腹部の背後にはつねに糸（ケン）を引いている。闘い開始の直前、行司は両者のあいだに手刀を置いて、仕切りを公平にしなければならない。

行司が手刀を降ろすと、相撲がはじまる。脚をからませあい、二匹はもつれる。相手を巻こうとして腹部の糸疣《いぼ》から後脚を使ってケンを出す。巻かれればおしまいである。「ひもし」から下へ落ちて逃げようとする相手の糸を切ったクモは勝ちである。いきなり相手にかみつくやつもいる。一九八三年の会場では「かん（咬み）つけ！」「きばれ！」などと声援が飛びかったものだった。

少年の部には、女の子たちもさかんにクモを出場させる。子どもより親が夢中の場合もある。大会の翌日、加治木小学校で児童のくも合戦が行なわれる。くも合戦保存会の会員たちが、クモの採集や闘わせ方を指導し、この催しを援助している。ヤマコッを闘わせる楽しさを知った子どもたちは、コガネグモが大好きになる。クモをてのひらでそっと握る技術もおぼえていく。コガネグモは勇敢で美しく、しかもかわいらしい虫であることを、経験をとおして実感的に知るのである。

だが加治木町の小学生たちも、現代の世相を反映して、クモ好きの子は比較的に少なく、クモ嫌いの子の方が多い。私の行なったアンケート調査では、加治木町の小学三年生の四六・四パーセントがクモを嫌いで、クモ好きの子は一三・六パーセントにとどまった。小学五年生ではクモ嫌い率三三・九パーセント、クモ好き率八・八パーセントであった。しかし加治木町以外の町の小学生はクモ嫌い率が六〇パーセントを越えることを思えば、右の結果はやはり感動的である。直接にクモをつかまえて遊ぶことを経験していない子はクモを好きになる契機にめぐまれないが、ひとたびヤマコッの相撲の味を占めるや、自分のクモがかぎりなくいとおしく思えてくることこそ自然の情というものであろう。

「加治木のくも合戦」につきものの島津義弘伝説は、記録としては大正時代、この行事の新聞報道にはじめて登場する。それ以前から伝えられていたものか否か、私は判断の材料をもたない。けれども九州地方で悠久の太古よりこの遊びが伝承されてきたことは、近年までの分布実態から見て疑う余地がない。戦争と高度経済成長時代を経てどこでも滅びたクモの喧嘩習俗が、年中行事化をはかった加治木町、ならびに行事歴の新しい高知県中村や長崎県樫浦で生き残ったのは、歴史の皮肉というべきかもしれない。

九州地方の「くも合戦」

「くも合戦」の語は、加治木町の年中行事を新聞が報道するに際して考案された新造語のように思われる。合戦はむかしの戦争のことであり、辞書には「敵味方が出会って戦う」こととあるが（小学館版『日本国語大辞典』）、それは集団対集団のたたかいであって、個人の決闘とはちがう。そこで二匹のクモをたたかわせる遊びを合戦と呼ぶのはすこぶるふさわしくない。けれども「くも合戦」という表現は、マスコミの強い影響力により、あまりにも定着してしまった。一九八四～五年に私が上梓した二冊の本（一書は川名興氏と共著）も、この言葉の定着を助長したと思う。

「加治木のくも合戦」は加治木町固有の行事を指す言葉だからそれでよいのだが、他の地域でクモを闘わせた遊びをどう呼んでいたかはおのずと別の問題である。ふつうこの遊びには名称はなかった。子どもたちはクモを捕らえて闘わせるのに、遊びそのものを指す言葉を必要としなかったからだ。しいていうなら「クモ（ここには闘わせたクモの地域別方言が代入される）の喧嘩」であろう（三浦半島の漁師さんが「おもしろだんべじゃ、クモの喧嘩」といわれたのが象徴的に思い出される）。

九州地方では、コガネグモの喧嘩は民間できわめてふつうに行なわれていた。これまで海岸部にこの遊びの分布が片寄っているように思っていたが、最近の調査で必ずしもそうとはいえなくなってきた。たとえば熊本県の内陸部はコガネグモ喧嘩遊びのさかんな地域だった。このことは章をあらためて論じたい。

鹿児島県 (1)

始良郡《あいら》加治木町《かじき》で大正十二年（一九二三年）に「蜘蛛の勝負」が行なわれたことが『鹿児島新聞』に報じられている。この記事には「加治木は古来より五月の節句には、蜘蛛（俗にヤマコブ）をば争わして興がる所にして、本年も、早くから土地の老若男女を問わず蜘蛛家連が、山間に虫取りに行き、成長さして、来るべき好勝負を楽しんでいたが、愈、十八日（節句）に、勝負地を蒲生田、霧島神社内その他適当な場所に、竹棒を突き立て、午前十一時より蜘蛛の取組勝負は行われ、恰も人間が取り組んで争うごとく、多数の観衆熱叫して、蜘蛛に対し、声援湧くが如く、時折には人と人との間に争闘も起こる様な盛況で、非常の賑わいを呈して、節句の町内に一異彩を放った」とある。

この記事が真実を伝えているものとすれば、記事のなかに「本年も」とあるからには一九二三年は「加治木のくも合戦」行事のはじまりの年ではなく、マスコミに最初に報道された年と読める。「古来より五月の節句には」といいながら島津義弘の伝説にふれず、早くからクモを捕りに行き、「成長さして」、つまりおそらくは家庭で飼育して、闘いに備えていたのである。この行事がいったいいつはじめられたものか、記事は語っていないが、少なくとも大正十二年には、それほどまでにこの行事は定着していたのであろう。

加治木町反土の松下五志さん（一九二三年生まれ）は、郷里の蒲生町で、幼少のころからヤマコッを喧嘩させて遊んだという。松下さんの生年と、右の『鹿児島新聞』記事とは同じ年で、しかも記事では勝負地のひとつを蒲生田としている。松下さんは小学校に上がると、年上の子がたきつけの杉の葉取りに山へつれて行ってくれたり、また団をつくって先輩たちとヤマコッを捕りに行ったりした。親は子どもにそういうことを教えない。当時はまだ士族と平民の区別意識がはっきりしていて、士族の子は「さん」付けで呼ばれ、平民の子は呼び捨てにされていたものだった。山で捕らえてきたヤマコッは、鳥が食べに来るから家のなかで大事に育てた。ときどき焼酎を吹きつけて飲ませたり、掌に水やつばきをつけて飲ませたりした。クモを手に持っても平気だったし、肩の上に載せたりもした。

ヤマコッを闘わせるに際して、独特の囃し言葉があったのも南九州ならではの特色であろう。「闘っているクモが下へ降りて来たら、《下は川、川》というと上へ登って行く。もうそれ以上登れなくなれば、《上は山、山》という。するとクモは下に降りて取っ組み合いになる」と日置郡の沢津橋伊都子さんがご教示くださった。始良郡始良町の森英昭さんによると、コガネグモを捕らえたとき、下に降りるクモを上に登らせようと手で追いながら、《上は山じゃ、下は川じゃ》と囃したという。ところでこの種の囃し言葉は、鹿児島にのみ限られていたわけではなかった。北原白秋編『日本伝承童謡集成　第二巻　天体気象・動植物唄篇』に、熊本のわらべ唄として「上は山山、下は川川」を載せ、〈注〉に「山野で縞こぶという蜘蛛を探す時、こぶが長い糸をひいて逃げるときに唄う」とある。(62) ここにいうシマコブは今日でも熊本で聞かれるコガネグモ方言である。同書にはまた、鹿児島のわらべ唄「やまこどん、きんこどん、春になったぞ出っきゃんか」を紹介している。いずれもコガネグモを闘わせる遊びを想定して口ずさむとき、子どもたちの息吹が生き生きと伝わってくるではないか。ここで「きんこ」はキンコブの訛りで、金色に輝く蜘蛛というほどの意味であり、コガネグモ類の雌の色沢をよくとらえた方言名である。

鹿児島にはコガネグモをヤマコッ（ヤマコブの薩摩弁）と呼ぶ土地が多い。しかしキンコブ系の語（キンコッと訛る）もあり、また鹿児島県鹿島村からの報知にはヤマゼンコブがあった。ヤマゼンコブの喧嘩遊びは昭和十五、六年（一九四〇—四一年）ころまで行なわれていたという。鹿児島市の池井純夫さん（一九二七年生まれ）もコガネグモ方言はキンコッだという。また、夏のコガネグモと、秋のナガコガネグモを呼び分けている土地もあった。垂水《たるみず》市出身の町田明哲さん（一九三四年生まれ）によると、コガネグモ・オニグモがヤマコッなのに対して、ナガコガネグモ・ジョロウグモはキンコッであったという。同氏による鹿児島でのクモの呼び名をつぎに記すと、

コガネグモ　→　ヤマコッ
ナガコガネグモ　→　キンコッ
アシダカグモ　→　ヤッデコッ
ハエトリグモ　→　ヘトイコッ
ジグモ　→　ジダコッ

となる。「ヤッデコッ」は「八つ手コブ」（コブは蜘蛛の一般称）の鹿児島弁である。また曾於《そお》郡出身の小倉巌雄さんはコガネグモをヤマンコッ、ナガコガネグモをキンコッ、オニグモをヌスドコッとご教示くださった。曾於郡大崎町出身の原口義人さん（一九三〇年生まれ）からはコガネグモを指すヤンコッをお知らせいただいたが、これはヤマコッがさらに訛ったものであろう。出水市のヤネコッ（橋元紘爾さん／一九四一年生まれ）はヤツデコブの訛りヤツネコブ（木之下光夫さん／一九二九年生まれ）がさらに変化したもののように思われる。

ツルの里、出水の舞鶴温泉で知り合った出水《いずみ》郡野田町の宮前福美さん（一九三八年生まれ）は、縞のあるクモを棒にたからせて闘わせたが、下に水を置いておくと、負けたクモが糸を引いて降りると水にぶつかるのでまた糸をたぐって這いのぼり、面白いという。クモは気味悪くない、平気だ、とも語られた。同

じく舞鶴温泉でともに湯船につかった人は、棒にたからせて闘わせた縞のあるクモをヤマコといい、「小さいクモを捕ってきて庭に巣を張らせ、餌を与え、脱皮させてだんだん大きくする。別のクモを巣につけて闘わせたりして強いのを残し、喧嘩グモに仕立てる。自分は昭和二十三年ごろからやった。昭和三十年から三十一年ごろすたれたようだ」とのことであった。

出水郡長島町の岩崎貞雄さんは「喧嘩をさせるクモはヤッテンコブ」といわれる。アシダカグモ方言と交差して、「八つ手コブ」の訛りがコガネグモの呼び名になっている。ヤッテンコブの頭の部分が省略されると「テンコブ」となるが、テンコブは熊本県天草牛深のコガネグモ方言である。

日置郡吹上高等学校生物化学部の調査によると、コガネグモの方言はキンコッ、ヤマコッ、ヤマッケンだという（徳重恒夫氏からの報知）。ケンはクモの糸の鹿児島方言であるが、ヤマッケンの場合のケンはコブからの転訛か、それとも相手を攻撃するときの脚を剣に見立てでもしたのか、今のところ不明である。伊集院《いじゅういん》駅前のお菓子屋で、六十代（一九八三年二月現在）の女性は「甑島ではタココブ。竹を丸くたわめてそれにコブをつけ、近づけて闘わせた。綺麗なクモだった」と思い出を語ってくださった。

屋久島でもかつてはコガネグモの喧嘩遊びが行なわれていたが、上屋久町一湊の漁師、真辺早苗さん（一九〇三年生まれ）によると、コガネグモの呼び名はヤマコビで、またコビ、コビコビともいったという。ヤマコビは「畑のぐり」にいた。コビはコブの訛りかと思われるが、クモを意味する韓国語のコミとほとんど一致し、クモの九州方言と韓国語とを緊密に橋渡ししている。同じく屋久島の松田英幸氏からはコガネグモをジンコブとご教示いただいた。同氏によれば、夜のクモは「よろこぶ」と称して縁起がよいという。本州に「よくも（夜クモ）来た」といって夜現れるクモを殺す土地が少なからずあるのとは正反対なのがすこぶる興味深い。

ここで加治木町のクモ方言をひとつ、つけ加えておこう。二〇〇〇年二月、加治木町の町おこしグループの方々と歓談を楽しんだ。そのときある人が、ヤマコッをとりに行くと、ヤマコッに似てちがうクモがいたといい出した。トン（腹部）に郵便局のマークのあるクモ（チュウガタコガネグモ）だというのである。そうしてそのクモの名はタゴグモといったという。対馬ではチュウガタコガネグモにタコムという呼び名があった。甑島のコガネグモ方言タココブと同系の語と考えられる。

鹿児島県 ⑵——奄美大島

奄美大島におけるクモの喧嘩習俗について、これまでは高等学校生物科教諭の方々にお願いした往復はがきアンケートにもとづき、コガネグモの喧嘩についてわずかの情報が得られていたのみであった。しかし奄美群島は生物地理学上、渡瀬線の南に位置し、オオジョロウグモやチブサトゲグモが棲息しているし、コガネグモ以外のクモが必ずや喧嘩遊びに使われていたであろうと私は早くから予測していた。

一九九九年六月、はじめて奄美大島を訪問する機会が得られた。六月二十二日、同島の瀬戸内町で、クモの喧嘩遊びにかかわる聞きとり調査を行なった。まず町で出会った瀬戸内町嘉鉄《かてつ》生まれの男性（当時八十九歳）の話。「（私の示したコガネグモ雌の生態写真を見て）このクモはコブだ。クモは何でもコブだが。子どものころ、竹やススキの茎に這わせて闘わせたもんだよ」。

瀬戸内町役場の岩田義照さん（一九四九年生まれ）はふるさとの同町阿木名でオオジョロウグモ（ただしクモの名はご存じなかった）を闘わせたが、二本の棒の先それぞれにクモを載せて接近させせ、喧嘩をさせたという。

奄美群島以南に棲息するにオオジョロウグモは日本最大のクモ．奄美・沖縄ではこのクモを闘わせることがあった．写真のクモは歩脚が２本失われている．

奄美・沖縄地方でクモの喧嘩遊びの対象とされたオオジョロウグモ．写真は香港で撮影．

古仁屋出身の義岡さん（一九五五年生まれ）は、諸数でコガネグモをマルクブと呼んだという。

阿木名出身の元永博和さん（一九五九年生まれ）はキノコブ（コガネグモの方言）でこの遊びをしたが、ヨーダマ（ドウガネブイブイ）を餌に与えたといい、餌が加治木町のヤマコッ飼育法と一致する。ケツをたたいて横にした棒の前方へ進ませた。痩せて手の長いのが強く、マリ（腹部）が大きいのは弱い。

農林課の勇巽さん（一九五五年生まれ／瀬戸内町篠川出身）の談では、オオジョロウグモとコガネグモを闘わせたが、オオジョロウグモは逃げてしまう（ただしこれは私が持参したクモの写真とつきあわせての話。勇さんはクモの名をしかとは記憶されていなかった）。コガネグモは相手を巻こうとするが、オオジョロウグモは巻こうとしないからだ。竹の先を二股に割り、網ごとからげてクモを捕り、その上で喧嘩をさせたものだった。

瀬戸内町嘉徳出身の白木功一さん（一九三六年生まれ）によると、コガネグモは粘る糸をさかんに出すが、オオジョロウグモは出さない。コガネグモの方が闘志があって強い。オオジョロウグモはあまり闘いたがらなかった。クモは背面（背甲と腹部の境目あたり）を手でつかむが、ここを押さえるとおとなしくなるという急所があって、年寄りから教わった。

奄美大島瀬戸内町ではコガネグモとオオジョロウグモの両種が喧嘩遊びに使われていたことをこうして知ることができた。網に獲物がかかったとき、状況にもよるが、まず糸で巻いてから食べる傾向の強いコガネグモと、まず咬んで獲物に致命傷を負わせるオオジョロウグモの行動類型を、往年の子どもたちが遊びのなかでしっかりと認識していた事実には大いに驚きもし、感動させられた。

瀬戸内町油井在住のタクシー運転手氏は、コガネグモをジュンサグモ、オオジョロウグモをオランダグモと教えてくださった。オランダグモは闘わせようとしても闘わなかったという。瀬戸内町役場、社会教育課の職員諸氏は、（私の示した写真のうち）コガネグモ、ナガマルコガネグモ、オオジョロウグモが喧嘩遊びの対象であったというが、これらのクモの方言名が明確に浮かび上がって来ないこと、証言者の数がまだ少ないことから、今後組織的な聞きこみが必要かと思われる。

名瀬市の公園に巣を張るチブサトゲグモを、それはヤングブだ、畑の航空防除で少なくなったよと教えてくれた人がいる。瀬戸内町諸鈍《しょどん》でクモの巣の呼称をマンセンと聞いた。

熊本県

一九九八年八月二十一日、滋賀県草津の立命館大学で行なわれた日本蜘蛛学会第三十回大会プレ・シンポジウムは、「クモの文化論——クモの民俗と芸術」をテーマにした前代未聞で反時代的な催しであった。

私はこのシンポジウムで基調講演なるものをおおせつかり、日本のクモの喧嘩遊び習俗につき、短時間ではあったが研究成果をおおづかみに要約して述べた。ところが参加者からは思いがけず熱っぽい反応があり、なかでもベテラン会員の緒方清人さんは、郷里熊本時代の貴重な体験談を語ってくださった。ここに当日の録画テープから、緒方氏の話を採録させていただくとしよう。

ぼくは中学まで熊本県の荒尾というところで育ちまして、さきほどの（私の講演のなかの）くも合戦の文化圏で育ったものはクモが好きだということで非常にうれしく思いました。小さいころからくも合戦はあたりまえだったんですね。それでコガネグモをヤマコブと呼んでいました。五月から六月になるともうみんなそわそわします。山の方へ行ってはコガネグモをつかまえて、うちで飼うわけですね。家のなかに放しまして、天井の隅はコガネグモだらけなんです。それを下から見上げて、よし、今日はこいつと闘わせるかと、ひそかに闘争心があったわけですね。それであの、子どものころですから、ともかく（横にした棒の）隅から這わせまして、真ん中でかちあいますね。とにかく逃げるか、落ちたら負けですね。もうそれも一回やったらすぐストップするんです。何回も闘わせることはなかったですね。それから野外では、第一脚の長いのを探せと。これは分かりません、今でも、どの程度長いのか。とにかく第一脚が長いのが強いんだというイメージがありましてね。ですからコガネグモを探しに行くときにも、よくよく第一脚の長いの長いのという感じで探してました。一回逃げたらもう闘う気はないみたいですね。

天草島牛深の鯖口豊太郎さんによると、棒の上で闘わせたクモの名はテンコブで、美しい。アンコ型のクモより、「手の長いやせ形」の方が強い。天草島崎津ではヤマコブと聞いた。

二〇〇〇年十一月、九州山地の山ふところを訪ねる機会を得た。これまで私はクモの喧嘩遊び習俗を、多分に海岸地方や島嶼部でばかり調べてきたのであったが、コガネグモの垂直分布も全国的にまだきちんと調査されていないなかにあって、コガネグモは海岸地方に多いであろうという思いこみが多分にあったことは否めない。かつて一九八〇年代に行なった往復はがきアンケート調査で、海岸部に近い地方からコガネグモの喧嘩遊びが多く確認されたためでもあった。しかるにこのたび、熊本県八代郡泉村と球磨郡五木村ではじめてコガネグモ習俗の聞きこみを行なった結果、少なくとも九州山地西麓と山中でコガネグモの喧嘩遊びがかつてはさかんに行なわれていたことを知ったのである。原始日本人が川を上流へとさかのぼったであろう部族移動の歴史を想定すれば、これは別段とりたてて驚くべきことではないにしても、深山幽谷の子どもたちがコガネグモの喧嘩遊びをつい近年まで楽しんでいたという話にはやはり感慨を新たにしたし、コガネグモとナガコガネグモの方言にも、従来知らなかったものがいくつか得られた。ナガコガネグモ方言のキナコブとコメゴンは大収穫といってよかろう。

(1)　熊本県八代郡泉村

泉村は不知火《しらぬい》海にのぞむ氷川の上流にあり、さらに奥へ山をたどれば五家荘《ごかのしょう》にいたる。JR有佐駅前から路線バスが通っているが、バスは五家荘までは行かない。さて泉村柿迫出身の佐藤和一さん（一九四六年生まれ）の語るクモ民俗を記録する。柿迫ではコガネグモをシマイと呼ぶ。つかまえて竹などの横棒に這わせて喧嘩させせた。お茶畑によくいた。捕ってくると庭の木に放す。巣を張らせて飼った。チョウをつけると糸で巻く。シマイの黄色の縞に斑点がひとつあったりふたつあったりするが、ひとつのが強く、斑点が大きいのが強い。「わがつよかー」などといった。キナコブ（ナガコガネグモ）はアブラメ（アブラハヤ）を釣る餌にした。手でつかんで腹に釣り針を刺した。家のなかにクモがいても、「クモ殺すとばちかぶる（たたる）けん殺しちゃいけん、殺すと不幸になる」といってけっして殺さなかった。泉村役場、教育委員会勤務のご婦人方の話では、シマイを闘わせる遊びは女の子たちもやったという。一九三〇年生まれの岩本シマノさん（豆腐の味噌漬けで有名な泉本舗の女主人）は、シマイには雄と雌がいるといい、棒の上へはませて（載せて）「喧嘩させようやいうて」遊んだ。女の子も男の子も遊ぶときはいっしょだった。シマイの網に白い模様があるのを見て、「草履ばつくってんね」といったという（これはクモ学用語にいう隠れ帯のこと）。隠れ帯のジグザグ形を草履にたとえたところがすばらしい。岩本さんはクモをコブと呼んでいた（二〇〇〇年十一月二十二日）。

(2)　八代駅の待合室で

球磨川のほとり、坂本村で男の子たちがクモを闘わせて遊んだと語られた一九二六年生まれの男性は、クモをコブと呼ばないかと尋ねたらあまりよい顔をなさらなかった。「太かクモは弱い。痩せたクモは強い」とのこと（二〇〇〇年十一月二十三日）。

(3)　八代の妙見祭で

不知火海の北端近くで海に接する竜北町では、キンコブ（コガネグモ）を養い、喧嘩をさせて遊んだといい、昭和五十年（一九七五年）ころにはまだやられていたという（一九六〇年生まれの男性／二〇〇〇年十一月二十三日）。また、人吉出身のある男性（一九六八年生まれ）は、家にいる大きなクモ（アシダカグモであろう）をコブといい、家の守り神だから殺すなといったという（二〇〇〇年十一月二十二日）。

(4) 有佐駅で

有佐駅売店の主（一九五〇年生まれ／男性）は、不知火海の北端、下益城郡松橋《まつばせ》町でキンコブ（コガネグモ）を横にした棒の上で闘わせて遊んだという（二〇〇〇年十一月二十二日）。

(5) 球磨川流域の球泉洞で

球磨村には九州一の規模を誇る鍾乳洞、球泉洞がある。一九七三年に愛媛大学探検部によって調査されたこの鍾乳洞を、球磨森林組合が設備投資の上、一般公開している。同組合員で球磨郡球磨村神瀬《こうのせ》在住の山本幸一さん（一九三九年生まれ）に話をうかがった。球磨村は球磨弁、八代弁、芦北弁がまざっている。ヤンチン（コガネグモ）の喧嘩は小学校五、六年くらいまでやっていた。自分より十歳くらい年下の者もこの遊びを知っている。クモにじかにさわらんようにして、木の枝などで巣をからめて捕った。庭に放し、餌にセミとかを糸（巣）に投げてやる。脚が長めで大きいのが強いみたいだった。闘って一回巻かれたらもうだめだ。巣にある白い模様を「英語かく」といった。家にいる大きな黒いクモをコブといった（二〇〇〇年十一月二十三日）。

(6) 人吉から五木村へ向かうバスのなかで

球磨郡多良木町出身のバスの運転手氏（一九四三年生まれ）の談。闘わせたクモ（コガネグモ）はヤマコブとか、またはオニヤマともいった。家のまわりに放しておくと自然に巣をつくる。尻の細いやつが強く、またリーチの長いのが強い。今でいえばむごいことよな。農薬で減ったが最近また増えてきた。家の外に網を張っている肌色したのがバンコブだ（二〇〇〇年十一月二十四日）。

(7)　球磨郡五木村で

兼田昭治さん（一九四五年生まれ／五木村頭地）によると、ジョロゴン（コガネグモ）は、強かやつをうちの近くにもって来て、家のまわりに養った。横にした棒の上に二匹を這わせ、または巣ごとからめ捕って来たのを一匹をのせた棒につけ、両側から追って喧嘩させた。巣に英語ば書きよる（隠れ帯をつけること）。コブ（アシダカグモ）は殺しちゃならん。殺したこともなかです。子どもにはそげん言い伝えとります。

頭地の田上博規さん（一九四〇年生まれ）は、チョロゴン（コガネグモ）はセミとか昆虫ば与えて養ったという。コメゴン（ナガコガネグモ）はからだも細く、縞も細い。頭地の白柿馨さん（一九二一年生まれ）は、コガネグモをシマゴン、ナガコガネグモをコメゴンとはっきり記憶しておられた。シマゴンは棒に這わせてふたつならべてやりよった（二〇〇〇年十一月二十四日）。

長崎県

長崎県では、西彼杵《にしそのぎ》郡大瀬戸町樫浦郷にヤマコブ（コガネグモ）を闘わせる行事がある。南北高来郡や島原市でも呼び名はヤマコブだ。捕らえてきて家で飼ったり、横棒の両端から這わせて闘わせるなど、加治木のくも合戦と本質的に変わらない。脚が長くて大きなヤマコブがつよいといわれる。南高来《みなみたかき》郡北有馬町出身の黒岩利亀さんによれば、昭和四十年（一九六五年）ころまで行なわれていたとのことだ。

南松浦郡の富永重利さんは、このクモをヤマコッと呼んだといい、割箸や小さな木の枝を土俵にして「はっけよいのこったのこった」と囃したという。ヤマコッの巣の糸で濃くなったところ（注／クモ学上の隠れ帯）がローマ字に似て、英語を書いたと喜んでいたそうだ。クモはコブといい、ヨロコブを家に、つまり福を家にという意味で「家の中にいるクモを殺してはいけない」という。

同じく南松浦郡奈良尾町出身の松清さんが闘わせたクモは、コガネグモ、チュウガタコガネグモの二種類で、どちらもヤマコッドンと呼び、昭和四十六年（一九七一年）ころまでこの遊びがあったという。

コガネグモの喧嘩は対馬でも行なわれていたが、クモの呼び名は独特だった。対馬一円でコガネグモはジョーラと呼ばれたが、上県郡豊玉町にはジョーロの名もあった。また土地によりジョーガ、ゾーラと訛ることもある。いずれにしろジョローグモ系の方言であろう。

コガネグモのジョーラに対して、ナガコガネグモはチョウセンジョーラと呼ばれた（上県《かみあがた》郡上県町、下県郡厳原《いづはら》町）。韓国に至近の島でナガコガネグモの方言に朝鮮の名を冠しているのはなぜだろうか。

上県町佐護西里出身の小宮憲司さんは、コガネグモ類三種の呼び分け方言を以下のようにご教示くださった。

ジョーラ　（コガネグモ）
チョウセンジョーラ　（ナガコガネグモ）
タコム　（チュウガタコガネグモ）

タコムは鹿児島県加治木町のタココブとほとんど一致する。チュウガタコガネグモの方言名があちこちに眠っている可能性を感じる。

壱岐ではコガネグモをキンコブ（郷ノ浦、勝本）、ジョーラ（芦辺、瀬戸）と呼ぶ。

今はなき関敬吾氏は少年時代、肥前小浜で「ヤマコブのケンをやらせる」といってクモを闘わせ、脚が長くからだが小さいのが強く、メ（巣）にある白い斑点（注／クモ学上の隠れ帯）を数えて五反とか三反とかいい（ときには隠れ帯五本の例もある）[140]、一反のが最強といって探したという。[114] 巣の白斑は偶数より奇数が強いという伝承もあったらしい。関氏は「動物の闘争が神意を占う手段」であったことに触れ、暗にコガネグモの喧嘩遊びの呪術起源説をほのめかしている。この遊びがとりわけ日本中部以西の漁村部にわりあい近年までよく残っていたことと相俟って、クモの喧嘩の大漁予祝起源説が一つの仮説として考えられるが、この遊びの途方もない古さを想像するとき、もとより確かなことはいえない。

宮崎県

南国の宮崎では、コガネグモの喧嘩は初夏から夏の遊びだった。クモの呼び名はシマコブ（宮崎市）、キンコブ（宮崎市）、カネコブ（児湯郡）、ジョロコブ（児湯郡）など。児湯《こゆ》郡ではコガネグモをジョロコブ、ナガコガネグモをキンコブと呼び分けているところもある。ジョロコブの名は県の中北部に多い（宮崎県立小林高等学校生物部の調査[78]）。県の南部にはヤマコッ、キンコッなど、鹿児島との共通要素が見られる（同）。

ここに面白いのは県北部のデラコブ系方言で、瀬戸内海地方のダイラ系と連絡しているようなのだ。東臼杵《うすき》郡北浦町には、デーラグモ、デーレ、ドンデン（いずれもコガネグモの方言）の名がある（北浦の方言を考える会・伊藤巧会長より報知）。方言は同会の会員諸氏が全員で検討してご教示くださった。クモは茶園などで採集して自宅で飼い、棒に向かいあわせて闘わせたといい、「足長が強い」という。

北浦のクモの呼び分けもすばらしい。

デーレ、ドンデン、デーラグモ　（コガネグモ）
ジョローグモ　（ナガコガネグモ）
トビデーレ　（チュウガタコガネグモ）
ヨイグモ　（オニグモ）
タワラグモ、イエグモ　（アシダカグモ）
タケグモ　（ジグモ）
ヘートリグモ　（ハエトリグモ）

チュウガタコガネグモのトビデーレがなんともいい。コガネグモ雌の紋様とちがい、腹部背面の黒い横縞模様が切れて中央に丸い斑紋が顕著にみとめられるのを、「飛びでーれ」と表現したのかもしれない。

北浦ではクモをコブとはいわないようだ。

児湯郡高鍋町ではコガネグモをジラグモ、キンクモと呼ぶ。初夏に闘わせ、手にもった横棒に二匹を這わせたり、容器に入れた水の中心に土を置き、棒を立てて土俵にした。昭和四十年ころまでやっていた、とは原田正二氏のご教示である。

大分県

九州地方のご多聞に漏れず、大分県もコガネグモ喧嘩遊び地帯であった。

大分県に分布するコガネグモの方言には、ジョローグモ系とダイラ系が顕著であるが、ヘイタイグモと呼んで闘わせたという人もいる。ただし「兵隊蜘蛛」は近代日本の侵略戦争の落とし子であろう。西国東《くにさき》郡大田村で、コガネグモをヘイタイグモ、ナガコガネグモをジョローグモと呼んだ例では、「兵隊蜘蛛」は新語であり、「女郎蜘蛛」こそ伝統を受け継いだ古い民俗語と考えられる。

コガネグモ方言としてのジョローグモは、ジョロサン、ジョーラン、ジョーラングモなどと訛る。瀬戸内海地方の一大特色であるダイラ系方言は、デーラン、ベーラン、ゲーラン、ターランなどと訛る（菊屋奈良義氏調査を中平清氏が記載発表[139]）。佐伯市にはダイロがあり、高知県西部、愛媛県西部のダイラと紙一重である。

福岡県

コガネグモ方言に、ニホングモという変わった名が出た。豊前《ぶぜん》市からの報知である。昭和三十三年（一九五八年）ころまで、ニホングモ同士を闘わせたという。意味は「日本蜘蛛」か、「本蜘蛛」の訛りか。同じく豊前市に、ヘイタイグモの呼称もあり、夕方出るオニグモをジョローグモ（女郎蜘蛛）と呼んだという。ただしジョローグモは県内にコガネグモ方言として伝承されることが多い。

福岡県糸島半島の志摩町では、コガネグモの呼び名はジョーラ。対馬のそれと一致する。吉村一久さんからの報知では、コガネグモはキンジョーラといった。肥大なクモをボットクジョーラ、手が長く少しやせ形のクモをテナガジョーラ、と体型により呼び分けていた。長さ五、六〇センチの竹や木の両端から二匹を這わせて中央寄りで闘わせ、逃げたり糸を切られた方が負けだった。この遊びは吉村さんの少年時代、昭和二十二年（一九四七年）ころまで行なわれていた。吉村さんはオニグモの呼び名をエサトリメイジングモ（餌捕り名人蜘蛛）といわれる。こうしてオニグモに斬新な呼称がひとつ加わった。

佐賀県

東松浦郡肥前町でコガネグモをヤマコブ。同郡北波多村でキンコブ。かと思えば、鳥栖《とす》市布津原にはチンダイグモ、ヘイタイグモの名も。横棒の上で闘わせた点は九州一円の習俗と同じ。

佐賀ではトンボをエンバ、ヘンブ、ヘボなどというが、これらは長崎、熊本と共通の方言語彙であり、基層文化を等しくするものと見られる。

瀬戸内・四国地方のクモ喧嘩遊び

瀬戸内海沿岸地方でも、かつてはコガネグモの喧嘩遊びがさかんに行なわれていた。コガネグモの方言にダイラ、ダイリュウ、ダイジュなど、一連の不思議な呼び名が広く分布している。高知県は太平洋に面するが、西部に右と同じ系統の語が分布しているので本章にまとめた。これについては中平清氏のユニークな語源論がある。(139)

山口県

周防灘に面する山口県熊毛郡上関町祝島で、コガネグモの呼び名はダイジュといった。闘わせるクモはこれ一種類である。「黒字に黄色の縞模様」のクモで、木や畑に巣をかけている。ダイジュは家の庭で飼い、横にした棒の上で闘わせた。一方が落ちたら負けである。昭和三十年ころまでやられていた。ダイジュはかわいい（祝島在住の木村正嗣氏による）。祝島のダイジュは大分県のダイロ、高知県西部・愛媛県西部のダイラときわめて近しい名である。

瀬戸内海の西の入り口にある防予諸島のうち、屋代島（周防大島）にも近縁の語が分布している。山口県大島郡久賀町では、コガネグモをダイリュウと呼び、地面に棒を立ててその上で闘わせたり、クモを相手の巣にたからせたりした。一方が逃げるか、糸で巻かれると勝敗が決着する。昭和二十五年ころまで行なわれていた遊びで、強いクモをさがしたいと思ったという。久賀町立久賀中学校理科担当教諭（一九八三年当時）からのご教示である。ダイリュウもまたダイロ・ダイラと同系にちがいない。

同じく屋代島からの報知に、ダイリョーグモがあった。闘いの方法は、横にした棒の上で、または相手の巣にたからせても行なった。負けた方が逃げ出すが、糸を相手に巻きつけて汁を吸うまでやらせることもあった。「かわいそうで私はやったことがない」（吉村基士氏）。ダイリョーグモもダイロ・ダイラと同系の名と考えられる。

山口県の島嶼部には、クモを闘わせる遊びはきわめて濃密に分布していた。柳井市平郡島もその例外ではない。一九八三年三月下旬、私は平郡島を訪問し、クモの喧嘩遊びとコガネグモの方言を土地の人々からうかがった。訪ねた理由の第一は、一九五三年に亀山慶一氏が平郡島の伝承として、類いまれなる記録を公表されていたからであった。氏の論文を以下に引用する。(50)

山口県大島郡平郡島《へいぐん》では、蜘蛛の漁業神としての性格を次のように伝承している。即ち昔、蜘蛛が楠の葉をくるくる巻いて、脚を櫓、櫂にして漕いでいた。その姿態に人間が示唆され、楠を伐って来て中をくりぬいて舟をつくり蜘蛛の足をかたどって櫓櫂を拵えて漕いだ。舟に乗ってゆく漁はそれから行われるようになった。それで漁民は今なお夜出て来る蜘蛛でも絶対に殺さず、クモサマクモサマといって非常に尊ぶといわれている。

亀山氏は「このような類例は未だ他所では聞かないので或は平郡島特殊のもので、フォクロアとしての資料価値は極めて乏しいものかも知れぬ」と述べているが、この伝承が平郡島に実際に存在したのだとするなら、氏の言とはまったく反対に、「その資料価値は極めて高い」と私は考える。一例であろうとも、このような高度のストーリー性をもった事物由来譚は、もし仮に話者の創作であったと仮定しても新たな伝承の系譜を産む可能性があるからである。筆者が平郡島採訪の必要を痛感した所以である。

さて訪れてみての結果であるが、まことに遺憾ながら、私は亀山慶一氏採集の「蜘蛛の漁業神伝承」を確認することができなかった。だがクモの喧嘩遊び研究の上では、大きな成果が得られた。

平郡島の集落で、コガネグモの呼び名はダイジョーグモ（またはダイジョー）、もしくはダイリョーグモといった。ダイジョーグモを闘わせる遊びは、かつてさかんに行なわれていた。『平郡島史』の著者で元村長の故境吉之丞氏（一九八三年当時八十八歳）によれば、亀山氏採集の蜘蛛を漁業神とする伝承は聞いたこともないとのことであったが、境さんの語るクモの喧嘩の話は非常に興味深かった。子どものころ、山からダイジョーグモをたくさん捕ってきて、家の軒や庭木に放しておいた。ダイジョーグモを捕るには、竹の棒の先を割ってそれに横棒をわたし三角形をこしらえ、クモの巣を巻きつけるとクモがいたまない。ダイジョーにはテナガ（手長）とブツがあった。テナガとは脚の長いのをいい、ブツは脚が短く胴が太いのをいった。テナガは戦術がうまく、ブツは動作はにぶいが相手をつかまえると強い。おもしろうてやめられん。誰それのブツが勝つと、それでは勝者にブツを対戦させよう、テナガが勝てばテナガ同士でやらせてみようとしたものだ、と境氏は懐かしげに語られた。

平郡島と屋代島に分布するダイリョーグモの名は、亀山論文と合わせて考えると、あるいは「大漁グモ」の意ではなかったかと憶測されぬものでもない。しかしコガネグモのダイラ系方言はつねにD音ではじまり、T音にはならない。ところが「大漁」の語を見ると、鹿児島県大隅の訛りにタイジュがあり、N

HK北海道はダイリョを、NHK岩手・石川はダイリョーを拾っている（小学館版『日本国語大辞典』）。コガネグモ方言のダイリョーやダイジュが仮に「大漁」の意であってもけっしておかしくはないのである。

しかし高知県におけるダイラ系コガネグモ方言の語源説としては、前出の中平清氏が大略次のように考察している。すなわち、中平氏はコガネグモ腹部の黒と黄の横縞模様をダンダラ、マダラと見て、ダンダラ→ダーダラ→ダイラ、マダラ→ダーラ→ダイラと変化したものではないかと推定する。寺島良安『和漢三才図会』の「絡新婦」にマダラグモとあるのを氏は引き合いに出しているが[129]、貝原益軒『大和本草』、蜘蛛の条にも「一種花蜘蛛マダラグモ也」云々と出ており[42]、大阪千早赤阪村に今も伝えられるコガネグモの方言「ハナグモ」から、『大和本草』の花蜘蛛は今日のコガネグモと推定される。仮に中平説を採り、ダイラ系の名をコガネグモの腹部の斑紋を形容したダンダラ・マダラに由来すると考えるなら、大漁グモは後世の牽強付会ということになる。中平氏がダイラの語を中心に考察しているのは、高知県宿毛《すくも》方言のダイラから出発したためであって、同系列の語の元の形が何であったかはじつは少しも明らかではない。しかしマダラ・ダンダラ語源説に拠るならば、ダイリョーはダイラより後に発生した、比較的新しい訛りと考えられる。元の意味が分からなくなり、ダイリョーの語形のみ伝承されるにつれて、発音の類似からダイリョーが「大漁」の連想を産み、さらに「大漁グモ」→「漁業神としてのクモ」という物語を思いつく人が現れたとしても不思議とはいわれまい。けれども亀山氏が指摘するように、「漁網の起源譚に蜘蛛が登場する事例」には複数の記録がある。亀山論文は島根県「隠岐島前における沖縄糸満の漁夫の聞書」および「大村郷村記・鯨組之事」の二例と、さらにまた石垣島白保のクモ方言アンバレー（網を張るもの／宮良當壮『八重山語彙』）、アイヌ語のクモ方言ヤアウォシケップ（網を造るもの／『人類学雑誌』三五二号）を引用している。後述のように、亀山氏の引く糸満漁夫談のユナガマンガー伝説は、沖縄県勝連《かつれん》町に伝わる著名なアマワリカナーの説話が変容したものかもしれぬが、これらの伝承を重ね合わせるとき、平郡島の漁業神伝承にもすなおに首肯されるものがある。いったい先史時代の漁撈に依拠した民族が、身辺の至るところに見られた壮麗緻密なクモの網とクモの捕虫活動に触発されて漁網作りを思いついたであろうことは、まことに自然であり、想像に難くない。

中国地方におけるコガネグモ方言の分布は、廣戸惇『中国地方五県言語地図』に詳しい[160]。しかしこの文献では調査項目をコガネグモとせず女郎蜘蛛とし、ガーデン・スパイダーと英語名まで付け加えている。したがって調査の対象がクモ学上の和名にいうジョロウグモなのかコガネグモなのか、厳密にいえば判定しがたい恨みが残る。だが十分に信憑性のある他の調査から、ダイラ系方言がコガネグモを指すことが判明しており、同書中、中国地方の地図に落とされたダイジョーグモ、ダイジョグモ、ダイジングモなどの語はコガネグモ方言であると考えられる。それらのうち主流はダイジョーグモであり、山口県屋代島、柳井、岩国、広島県海岸から内陸にかけての地方と、さらに島根県の一部内陸部にまで広がっている。広島県の一部にあるというダイダイグモはダイラ系であろう。広島県東部のダンゴグモもあるいはその転訛かもしれない。同様に他の方言もコガネグモを指すと信じるなら、山口県、岡山県その他にジョローグモ系（ジョログモ、ジョーログモ、ジョーローグモ、ジョーリグモ、ゾーリグモ、ジョーロリグモ、ジョールリグモ、ジョーレングモ、ジョロ、ジャーラグモ、ジョーグモと訛る）がある。

広島県

クモ合戦習俗は広島県でも行なわれていた。闘わせる方法は加治木のクモ合戦と本質的に異なるところはなかった。広島県最東部にヘイタイグモの名が分布することも、クモの喧嘩遊びの存在を物語っている。広島県因島《いんのしま》ではジョログモと呼び、昭和三十五年ころまではクモの喧嘩遊びが行なわれていた。呉市の広長浜ではダイジョーグモとか、ラジオグモと呼んだ。安芸郡音戸町にはライジョの名があったが、これは右のラジオグモとともに、ダイラ・ダイジョー系の語が訛ったものだろう。

徳島県

コガネグモの喧嘩遊びに関する情報が、徳島県下からもようやく得られはじめた。那賀郡でジョローグモ、またはジョーラと呼び、一匹のクモを他のクモの巣へ放ったり、ところによっては木の枝の両端にクモを乗せて対決させた。三好郡にも同様の遊びがあった。板野郡からはヘイタイグモという方言の報知を受けた。

那賀郡木沢村出身の野下博夫さんによると、クモの喧嘩にはジョーライ（コガネグモ）、金ジョーライ（ナガコガネグモ）、小ジョウライ（チュウガタコガネグモ）が使われたようで、「先に見つけたクモを次に見つけた巣へもっていった。巣におるクモが強かったが、特に大きいクモが強かったと思う」とのことであった。同村出身の山本イツ子さんはコガネグモをタマジョーライと呼ぶ。またクモは昔ゴモオといっていたそうだ。

海部郡日和佐町の春川登さんは、コガネグモを「飼った経験は大いにあり」とのことで、「飼いグモに十分餌を与え、クモを太らせ、闘いの前三、四日絶食させる。そうすると腹の部分が細り、逆に手足が長く太く大きくなります。戦闘準備完了です」とお知らせくださった。この遊びは昭和三十五年（一九六〇年）ころまで行なわれていた。

香川県・愛媛県

香川県小豆島ではジョウログモ（コガネグモ）を飼育し、横にした棒の上で闘わせた。三豊郡山本町には、コガネグモをギングモと呼ぶ方言があった。このクモ（雌）の頭胸部が銀色に輝くのをいったものか、それともクモ全体の美称でもあろうか。

山口常助氏は愛媛県宇和島地方のクモ合戦を記録した。(202) 氏は小学校時代、学校が退けるのを待ち構えて山へでかけ、林のあいだにエバ（巣）を張っている美しい女郎蜘蛛（今日のコガネグモ）を捕らえてきたという。エバの面に英語と呼ばれるXやⅣの字形をした模様をつけるころになると一人前で、「尻ぶと」と呼んだ胴の太いクモを来年への繁殖用に残し、「手長」という精悍な姿のものを闘争用に選んだという。

愛媛県にはダイラ系方言が濃密に分布し、コガネグモを闘わせる遊びはきわめてさかんだった。

高知県

高知県もコガネグモ合戦のさかんな地であった。四万十《しまんと》川の河口の町、中村市では、毎年八月に一条神社の境内で「全日本女郎蜘蛛相撲大会」と銘打った夏休みの子供行事が行なわれている。中村でのコガネグモの呼び名はジョローグモなのである。この行事にまつわる伝説によれば、応仁の乱で京から落ちのびて来た一条教房の女官（女房というほどの意であろう）たちが、田舎暮らしの徒然《つれづれ》を慰めるため、クモを集

高知県中村市一条神社境内で毎年８月に行なわれる全日本女郎蜘蛛相撲大会．子どもたちが笹やヨモギにたからせたジョローグモ（コガネグモの中村方言）をもちよる．

めて闘わせ、興じたという。

ただし古老の語るところによれば、ジョログモの喧嘩は昔はどこでも行なわれていたものだといい、行事化がはかられたのは第二次世界大戦の終戦後数年をへたころであったと信じられる。この行事の創始者は地元の鮨屋、詫間猛夫氏と井上眼鏡店のご隠居さんだった。

前出の中平清氏による高知県のコガネグモ方言の呼び分け分布が面白い。宿毛市など県西部地区がダイラ地帯であったのに対して、室戸岬から甲浦に至る海岸沿いの東部地区にはウシワカ・ウシワカマル（東洋町甲浦・室戸市佐喜浜）、ハッタイ（室戸市三津）、ハチマンタロウ（室戸市津呂）などの方言が分布するという。ハッタイは「若々しく強い」「意気盛んな」を意味するとのことである。ウシワカマル（牛若丸）、ハチマンタロウ（八幡太郎）の名から、中平氏は高知県東部を「けんか（闘い）に強い者の名を借りてクモの名とした」コガネグモ方言の「英雄借名圏」と名づけた(139)。

ダイラ圏と英雄借名圏にはさまれた中部地区にはジョログモ系の語が多出したので、氏はこれをジョログモ圏とした。ただしジョログモ圏にはヘイタイグモ・タイショーグモ・オニグモ・カネグモ・コガネグモ・カミナリグモ・ニシキグモ・ケンカグモ・ダイハリの名が分布するともいう(139)。

日本海沿岸のクモ喧嘩遊び

対馬暖流の流れに沿って、コガネグモの分布するところ、新潟県佐渡にいたるまで、コガネグモの喧嘩遊びは広く行なわれていた。これまで私一人の調査で確認することのできた土地はそう多くないが、佐渡、能登、福井・越前海岸、若狭、島根県海岸地方、隠岐をへて長崎県壱岐・対馬へとつづいている。

島根県

一九八三年に私が行なった「クモの喧嘩遊び」往復はがきアンケート調査では、島根県から八通の回答が送られてきた。闘わせたクモの名はホングモ（五人）、オニグモ（二人）であった。ホングモと記された五通はいずれも隠岐郡からの報知であった。またオニグモとはいっても、回答の返信はがきには、「黄色と黒の縞模様」「和名コガネグモであると思う」とあって、クモ学上にいうオニグモを指しているわけではないことが明らかだったし、コガネグモそのものと考えてさしつかえないと私は解釈している。廣戸惇著『中国地方五県言語地図』には、隠岐の島前と島後に、「女郎蜘蛛方言」としてそれぞれにオニグモの名を記録しており、島根県・鳥取県の県境地方や、島根県中西部にもオニグモという方言をあげている。(160)

しかしここにいう「女郎蜘蛛」がじつはコガネグモであることは、方言地図に現れた語彙から容易に判断され、コガネグモの呼び名調査であったということができる。

さて、島根県隠岐郡（島後）西郷町中村の松崎良徳氏（一九八三年当時五十一歳）によれば、ホングモの喧嘩は西郷町、中条村、布施村、五箇村、都万村などで行なわれていたという。クモの呼び名はホングモで、オニグモ、タグモと区別していた。腹部の背に黒と黄色の模様があり、体長五〜六センチというが、これはじっさいより大きく感じられたためであろう（コガネグモの体長はふつう二・五センチほどか）。畑の周囲で竹のあいだや杉、松の枝に巣を張っていた。捕らえてきたホングモを飼ったが、家のまわりに放すと家がクモの巣でよごれるので祖父が怒っていた。横にした棒の上で闘わせ、咬まれて汁が出たり、巻かれそうになったとき勝負がつく。脱皮の回数が強さに比例していた。また、卵を産むのも待っていた。この遊びは昭和二十四年ころまで行なわれていたという。

同じく隠岐郡、島後五箇村の中西昇氏は、ホングモは黒に黄色の横縞、全長六センチくらいという（脚をいれての大きさであろう）。ホングモを飼い、横にした棒の上で闘わせた。勝敗の決着は、糸で巻かれてしまった方が負け。また戦意を失って逃げた方が負けであった。昭和三十九年ころまで行なわれていたが、今の子はやらない。よく喧嘩をするので面白かったという思い出が残っているとのことである。

隠岐郡島後布施村立小学校の真野享男氏（一九八三年当時同校に在職）は、ホングモを闘わせる習俗が隠岐全域にあったとお知らせくださった。ホングモは黒字に黄色や白の縞模様がある。尻が太く、長さ二・五センチ、幅二センチくらい（脚をのぞいた大きさ）、ときわめて的確な表現で、ホングモの網の図があり、「白い波の糸」と簡明に示された隠れ帯の図に説明を書き入れてくださっている。ホングモは飼育し、横にした棒の上で闘わせたり、相手のクモの巣へたからせても闘わせた。咬みつかれて糸でぐるぐる巻きにされた方が負けであった。闘わせたクモはときどき二種類あって、「本グモと朝鮮グモ」だったという。

昭和四十五年ころまで行なわれていたが、今はない。そのクモを子ども心にかわいいとも、きれいだとも思った。また「朝グモはふところに入れ、夜グモは殺せ」という言い伝えがあるというのである。

隠岐郡島後都万《つま》村、都万中学校の野津宝城氏（一九八三年当時同校に在職）は、ホングモの闘いはほとんどが子どもの遊びとして行なわれていたという。隠岐の子どもたちはどこでもやっていた。「私は小、中学生ごろに十四以上も山からとってきて飼っていたことがある」と書いてくださった。脱皮の前と後で、呼び名が「ホングモ」から「テナガ」へ変わった。闘わせたクモは一種類ではなく、ホングモとマツグモがあった。横にした棒の上で闘わせ、一方が咬みつき、糸で巻いてしまうまでやらせた。この遊びは今でもやられている（一九八三年現在の話である）。ホングモはかわいく、またきれいだと思った。

隠岐郡島前西ノ島町の安達和良氏も、ホングモを横棒の上で闘わせたという。昭和四十年ころまでの遊びで、ホングモをきれいだと思ったという。

黄色と黒の縞模様のオニグモを闘わせたという回答が、島後西郷町の松岡広氏から寄せられた。喧嘩をさせたクモは一種ではなく、黄色を帯びた細長い尾（腹部にちがいない）をもつキグモでもやった（このキグモはナガコガネグモであろう）。飼育したことや、土俵が横にした棒の上であること、下に落ちるか糸でからまれると負けなど、他の方々の証言と完全に一致する。昭和三十年ころまでの遊びだったが、今もやられているものか否かは不明、とのことであった。

西郷町立中条中学校の渡部剛好氏（一九八三年当時同校に在職）は、コガネグモ方言としてタグモをお知らせくださった。飼育や闘いのしかたなど他の証言者と同様であるが、この遊びは今でもやられているという（一九八三年現在）。

西郷町の野津大氏は、オニグモ（コガネグモの方言）の喧嘩は横にした棒の上でやらせ、昭和四十年ころまで隠岐全島にあったという。「子供たちの交流の場でもあった。飼育する子供も多かった」と知らせてくださった。しかもオニグモをかわいいと思ったというのである。

右のアンケート調査以来、隠岐のクモ喧嘩遊びについて、新たな知見は得られずにいたが、最近ようやくにして同島をはじめて訪問することができた。その結果を記録しておく。

中世には天皇遠流《おんる》の離れ島であった隠岐だが、今日では大阪から直通便の飛行機が毎日就航している。しかし飛行機で乗りつけてみても、秘境の感が少しもなくならないのが不思議である。荒涼とした島を予想していたが、緑深く非常に自然のゆたかな島なのにまず感銘を受けた。

隠岐はまた、闘牛のさかんな土地である。常設の立派な土俵があり、上屋におおわれて雨天でも行なえるし、恒例の祭りのほか、土曜日には観光客に見せている。

コガネグモの喧嘩遊びの基本的な部分は、アンケートで分かっていた。けれどもじっさいに訪問して住民の方々とじかに語りあってみると、文字を介したアンケート調査ではうかがい知ることのできない諸相が見えてくるものである。第一にクモの喧嘩遊びの季節性がある。隠岐では夏から秋にかけて、少なくとも二種類のクモを使って行なわれていたことが分かってきた。

島前の美田小学校長、浜田哲男氏（一九四八年生まれ）は、クモの喧嘩は麦秋のころの遊びであったと明言する。「牧畑に大きいのがよくおってうろうろした」。浦郷のお好み焼き屋、吉川さん（漁師／一九三三年生まれ）は、麦が大きくなる時期に「麦山んなかへ入ってホングモを捕って叱られた」という。捕えたクモは家のまわりに放って巣をかけさせておく。闘わせると、尻からイガキ（クモの糸）を出して相手を巻く。秋におるのはヤマンバ（ナガコガネグモかジョロウグモか）だ。浦郷の岩佐安則さん（一九五六年生まれ）はコガネグモがヤマンバだという。ヨモギの木を切ってきてクモをたからせるが、竹の棒でもいい。「ヨモギはすべらんでよい」。ス（糸）で巻かれた方が負けだ。

西ノ島町別府の前田恭一さん（一九二七年生まれ）は、ナガコガネグモをヒーヒナグモと呼んだという（中ノ島町菱浦では、ナガコガネグモの呼び名をジーグモと聞いた）。コガネグモ、ナガコガネグモのどちらも闘わせて遊んだ。山でやることもあるが、持ち帰って庭に放すと巣を張る。コガネグモは怖くないが、手で直接にではなく、草で捕った。チョウチョ、トンボなどの御馳走をやり、「飼いたてて精をつけると卵を産んだ」。体力をつけてやったのだ。「巣のはしっこをたたくと餌をくれるかと思ってやって来る。慣れたクモは飼い主の気持ちが分かるのか。経験で利口になるようだ」。卵を産むとからだがスリムになる。卵を産んでから喧嘩も強くなるような感じがした。見るからに太って大きいのは力がある。草の棒に友だちのと一匹ずつ向かわせる。最初はにらめっこだが、お尻をつつくと前へ進む。前脚で相手の感触を見て、「ボクシングのジャブじゃないけど」前脚をたたき、同時に咬みつきあい、一〇センチくらい落ちて闘う。イギワタ（糸）を出して後ろ脚で巻き、負けた方がイキ（スともいう／糸のこと）を引いてスーッと落ちる。勝った方は糸を出して上へあがる。（咬まれて）死んだやつも、餌にするように巣へもどす。クモの喧嘩は子どもの遊びとして先輩から教わった。

前田さんがおばあさんから聞いたというクモの話に、むかし敗残の武士が芋蔵で夜露をしのんで隠れていた。追っ手がきて、穴にクモが巣を張っていれば、人が出入りしていない証拠と見てそのまま去って行った。朝行くと巣を張っているから命が助かった。朝（天井から）小さいクモが下がると縁起がいいから殺すなといった。殺したいけれども殺せない。夜のクモは縁起がわるい。夜は殺してもよく、気持ちがわるいから、たいがいは殺した。

島後の西郷で、一九四四年生まれの男性から聞いた話。コガネグモをホングモといい、横棒の上に二匹をたからせて闘わせた。手でじかにつかまえても咬まれない。たまに咬まれても平気だった。大きくて脚の長いのが強かった。相手に咬みつくか、糸で巻いた方が勝ち。第二次世界大戦後しばらくやっていた。

西ノ島中学校長、安達和良氏（一九四二年生まれ）は、おじいさんの代が網元だった。大正年間の一時期に、沖縄糸満の漁夫らを招いて集団でイサキ漁をさせていた。故渋沢敬三が民俗調査に来た際、糸満漁夫の資料を借用して行ったが、それがいまだに返されていないという。そのなかに含まれていたと思われる糸満漁夫からの聞き書きに、「ユナガマンガーという人が、クモが網を張るのを見て漁網を考案した」という説話があったことを亀山慶一氏が書いている。この話は勝連町のアマワリカナーの伝説とよく似ており[31]、アマワリ伝説の変化形かもしれない。糸満にそうした言い伝えがもしあったとすればすこぶる興味深いので、なんとか探しだして見てみたいものである。

福井県

若狭（嶺南地方）でも、また越前（嶺北地方）でも、コガネグモの喧嘩遊びはかつてさかんに行なわれていた。水上勉さんの小説と随筆には、若狭の「ジョロウグモ（コガネグモの方言名）の喧嘩遊び」がくりかえし生き生きと描かれている。水上さんの講演（昭和三十九年）を再録した『くも恋いの記』には、興味深い体験談が熱っぽく語られている[181]。水上氏は九歳まで若狭ですごされたが、「村にくもの好きな子が大勢いて」、「学校から帰ってきますと、みんなやまへくも捕りに」入ったという。このクモは「背中に金筋が三本」あった。氏はこのクモが雨露をしのいで巣に「足をふんばって、へいげい」する姿を「勇敢」と見、「陽が照って背中が輝く姿はまた格別」といっている。とりわけ興味深いのは、二人以上で同じクモを見つけると、「早く見たものが、『みたっ』という。それによって捕獲の先取権が決まった」。これは鹿児島県加治木町のヤマコッ採集の習俗にある、「いっこん！」という掛け声とみごとに呼応している。水上氏の郷里は若狭本郷の岡田という集落とのことである。氏は小説『くも飼い』にも郷里のジョロウグモ（じつはコガネグモ）喧嘩遊びの体験をフィクション仕立てで微に入り細をうがって描写した。

若狭では三方五湖の周辺でも同じ遊びが行なわれていた。ところが三方町では、コガネグモの方言名は隠岐の一部や佐渡と同じくオニグモなのである。もと三方町立郷土資料館長、玉井常光さん（一九四二年生まれ）は小学五、六年生時代、三方町田井で、梅園に巣をかけているオニグモ（コガネグモの方言）を棒につけて捕らえ、横棒の両方から這わせて闘わせたという。男の子はたいていみんなやった遊びで、オニグモ（コガネグモ）は他のクモに比べると強いという感じをもっていたともいうのである。コガネグモをオニグモと呼ぶことは、玉井氏より若い世代にも知られていた（一九九八年十一月二十一日記録）。

敦賀半島では東海岸（土地では敦賀湾の西側という意味で西浦と呼んでいる）の、原子力発電所のある浦底で、かつてコガネグモの喧嘩遊びが行なわれていた。クモの種類、闘わせる方法は、西日本各地と同じだった。しかし、闘わせたクモの呼び名をこれまで確認できていない。

ところが敦賀半島の先端部近くに位置し、浦底と隣接する立石漁港では、土地の人々の記憶にクモの喧嘩遊びの体験はないようである。それどころか、クモの喧嘩は浦底の漁師はやっていたが立石ではやらなかった、と地付きの漁師は語っている（一九九八年九月二十五日記録）。立石と浦底では海産物の食習慣も異なり、浦底の漁師はアカニシを食べるが、立石ではアカニシを食べない、などともいう。敦賀半島の西側先端部に近い白木《しらき》（高速増殖炉もんじゅの立地する集落）にも、クモの喧嘩習俗はなかったらしい。白木には白城神社がまつられ、大昔に朝鮮半島新羅からの漂着民を先祖にもつ可能性が想像されている。

越前の海岸にもコガネグモの喧嘩遊びがあった。越前町でこれをジョローグモと呼び、闘わせた。越廼《こしの》村でも呼び名はジョローグモだが、ジョグモと呼ぶ人にも出会った。クモを闘わせる方法は西日本と同じく横棒を土俵とした。越廼村は福井の内陸部とちがって海洋性気候のためほとんど雪が降らない。神社の境内には亜熱帯性のカミヤツデが育っている。冬の平均気温は和歌山市とほぼ変わらず、コガネグモの棲息に適した風土なのである。

ちなみに越廼村には秋田の「なまはげ」に似た「あっぽっしゃ」という民俗行事が今も行なわれている。福井市の海岸部には同系の「あまめん」行事が残り、能登の「あまめはぎ」と酷似して、いずれも来訪神としての鬼行事である。これらはおそらく西から海流に乗りやって来た太古の習俗の名残であろう。鹿児島県下甑の「としどん」も同様で、これは大みそかの晩に現れる。

ところでコガネグモは福井市内陸部にもふつうに棲息するが、クモの喧嘩遊びがやられていたのは漁村部に限られたようである。

石川県

能登半島の中ほどに位置する石川県鹿島郡中島町で、コガネグモをオニグモと呼び、初夏に闘わせて遊んだという。このクモはまた、トラグモと呼ばれることもあったらしい。喧嘩の方法は、一匹のクモを他のクモの巣へのせる。一九八〇年ころまで行なわれていたという。またクモに糸を吐かせて、ヨーヨーのようにして遊んだ、と辰巳次郎氏がご教示くださった。

同じく能登半島の珠洲《すず》市界隈で、子どもたちの遊びの一種として、一九五五年ころまでクモの喧嘩が行なわれていた。浅田侑広氏によると、脚が長く黄色の線の入った大きいクモを、相手のクモの巣へたからせたが、多くの場合、巣の主のクモが勝ったようだとのことで、流行していたというほどのことはなく、子どものいたずら遊び程度だったという（一九八三年アンケート）。

新潟県

新潟では佐渡島にコガネグモの喧嘩遊びがあった。岩崎賢氏によれば、佐渡郡相川町で、黄色と黒の縞模様のホングモや、そのほかイナグモ（稲蜘蛛）、ワルグモ（悪蜘蛛）を闘わせたという。イナグモはナガコガネグモを指した。闘わせるクモは軒下などで飼い、餌をやって大きくした。横にした棒の上で闘わせ、相手を落とせば勝ちだが、自分の糸で相手を巻いてしまうこともあった。一九八三年のアンケート実施年に、「今もやられている」と書いてくださった。岩崎氏はそのクモを「綺麗で強い」と思ったという。二〇〇一年夏、岩崎氏からふたたびお便りをいただいたが、この遊びの時期は夏から秋とのことで、夏場のコガネグモ、秋のナガコガネグモとそれぞれのクモの成熟時期にも完全に合致する。山へ行きクモを捕ってきて家のまわりに巣を張らせ、トンボ、ハエなどの餌を与えて大きくし、隣近所の子どものクモと闘わせたという。からだの大きいもの、「手足が長く太い」ものが強かった。

刈羽郡では夏の終わり、一本の棒の上や、段ボール箱の中で蜘蛛相撲をした。闘わせたクモは主としてコガネグモ類であった。また、新潟市内で一九六二年ころまで、ハエトリグモを横棒の上で闘わせたという報知をかつて東理修作氏から受けたことを付記する。

太平洋沿岸のクモ喧嘩遊び

ナガコガネグモの喧嘩遊びが岩手県でも行なわれていたことは、後述するクモの喧嘩遊びの北限の章に記した。ここには大阪府から千葉県までの記録をかいつまんで記すが、茨城県にもコガネグモ系クモの喧嘩遊びがないではなかった。千葉県のネコハエトリ民俗の詳細については川名興氏の労作に敬意を表してここには多くを論じない。

大阪府

泉南郡岬町で、コガネグモをジョローグモと呼び、家の端で飼っては横棒に二匹を載せて闘わせた。飼育といい、土俵の横棒といい、西日本のコガネグモ喧嘩遊びの定形がよく伝えられていた。河内長野市でもジョローグモ（コガネグモ）を他のクモの巣へ投げ入れるというくずれた形でこの遊びが見られた。阪南市には、闘わせるコガネグモにトラグモ（虎蜘蛛）の名があった。

大阪府唯一の村である千早赤阪村では、コガネグモをハナグモ（花蜘蛛）と呼ぶ麗しい伝統があった。この名は貝原益軒の『大和本草』に記載があり、美しいコガネグモに最高の形容語を与えている[42]。今日の蜘蛛学上にいうカニグモ科のハナグモを指しているわけでないことはもちろんである。

和歌山県

南方熊楠が南紀（日高郡山地諸村と田辺町）のクモの喧嘩遊びを記録し、女郎蜘蛛の喧嘩を秋末の児童の遊びとしている。(183) 秋の終わりならクモ学上のジョローグモそのものを闘わせたことが考えられるが、南紀地方はコガネグモ合戦の分布地で、ジョローグモは一般に南紀におけるコガネグモもしくはナガコガネグモの方言名である。南方熊楠の見た喧嘩グモの正体はいったい何だったのだろうか。

クモのカラー写真を使った最近のアンケート調査で、和歌山県から面白い報告を得ている。東牟婁《むろ》郡に郷里をもつ谷幸子さんは、コガネグモをホオグモ、ナガコガネグモをジョローグモとお知らせくださった（ただし喧嘩遊びはホオグモのみ）し、日高郡の片山英三さんはジョローグモ（和名ナガコガネグモ）でも喧嘩遊びをしたという。東牟婁郡出身の藪中勇さんはジョログモ（和名コガネグモ）とテンテングモ（和名ナガコガネグモ）のどちらも喧嘩遊びに使ったことを知らせてくださった。こうして見ると、南紀地方の秋のクモ喧嘩遊びは、ナガコガネグモであった公算が大きいと思うのだ。

串本ではコガネグモをジョローグモ、またはカネグモと呼び、五〇センチほどの横棒の上で闘わせた。相手の糸に搦めとられるか、自分の糸でぶら下がって落ちた方が負けであった（石川喜久氏）。

由良町にはオスクロハエトリの雌を闘わせる独特の遊びがあった。日本蜘蛛学会の東條清さんがこの遊びを詳しく記録した。同氏によれば、オスクロハエトリ雌は由良町方言でキンパク、またはキンパコと呼ばれ、その喧嘩は夏の遊びで、雌を空き瓶に入れて飼い、ススキの葉の両端に二匹のクモをのせると両方から走り寄り、からみあい激しく闘うという。葉裏にまわるか糸を引いて落ちた方が負けである。雄にはクロキンという呼び名があった。笹にいるササキンが大きくて強く、腹の大きいドブキンやクロキン

和歌山県由良町でクモの喧嘩遊びに使われたオスクロハエトリ．雄（左）が雌（右）に求婚中．

オスクロハエトリの雌．ギンパクと呼んで闘わせたという（東條清氏が記録）．

オスクロハエトリの雄．雌雄間でみごとな性的二型性が見られる．

（雄）は弱かったという。

由良町の吉田元重さんによれば、初夏の田植えのころ、キンパコ（またはキンパク／オスクロハエトリの雌）をススキの葉に向かい合わせて闘わせたという。負けると下に落ち、また雄を闘わせることはなかった。昭和三十年ころまでやられていたとのことである。

この驚くべき遊びは三浦半島小網代《こあじろ》にも知られた。ただし私が現地で古老に聞いた話はややおぼろげで、クモの方言名の伝承はなかったのか、それとも途絶えてしまったかで、確認できなかった。

してみると横浜と千葉のネコハエトリの喧嘩も、従来考えていたように、房総半島でコガネグモ系クモ喧嘩遊びに刺激を受けて独立発生したものとばかりは考えにくくなる。ハエトリグモの喧嘩は自然界で容易に見られるクモのディスプレー行動の再現と見られるから、非常に古くから民間で気づかれ、あちこちで遊びに取り入れられたとしても少しも不思議ではない。私は従来、房総半島発生説にとらわれすぎていたようだ。

とくに和歌山由良町のオスクロハエトリ喧嘩遊びは主として雌を使い、横棒に準じるススキの葉にクモを這わせる点で、コガネグモ系遊びと連絡する。日本全国には同様のハエトリグモ遊びが他の地域にもあったかも知れず、調査を急ぎたいものである。

三重県

コガネグモの方言とクモの喧嘩遊び習俗は、志摩郡からそれぞれ複数の回答を得た（一九八三年アンケート）。コガネグモの呼称はジョローグモとヘイタイグモ。後者は闘わせる遊びに由来するものか。井爪良明氏は志摩郡磯辺町で、コガネグモを横にした棒の上で闘わせたというが、また相手のクモの巣にたからせることもあったという。負けたクモは棒から落ちる。飼育はしなかった。今はやられていない。コガネグモはきれいだ。

志摩郡阿児《あご》町安乗《あのり》・立神《たてがみ》・神明《しんめい》ではトタテグモの闘い、およびコガネグモ（方言名ジョロウグモ）を闘わせる習俗の報知を得た。ここにいうトタテグモの実態は今のところ不明であるが、箱の中で闘わせたという。また報知者のいうジョロウグモはその形態記述からコガネグモと信じられ、木の枝に二匹を乗せて対戦させたという。雌と雌をとってきて一本の枝にのせておくとなわばり争いをするともいう。一九六五年ころまでの遊びで、回答者はそのクモが気味悪かったそうである（一九八三年アンケート調査。大王町立船越中学校からの報知による)。

鈴鹿市国府町からも「ジョローグモ」(実態は不明)を闘わせたという知らせを受けた。糸で巻き上げられた方が負けという。その他ジグモを切腹させる遊びと、カバキコマチグモの巣を開ける遊びがあった。後者は遊びの名「いるかいないか」から察せられるように、中にクモが入っているかいないかを当てて興じた。「あてこの気持ち」と回答のはがきにあった。

鳥羽市の登志島《とうし》(答志町)ではコガネグモをマグモと呼び、夏の終わりに捕らえてきて飼い、三〇〜五〇センチの女竹にのせて闘わせたという。

阿児町安乗は江戸時代からつづく人形芝居で有名だが、この小さな漁村ではまた、コガネグモがチョウセングモと呼ばれている。闘わせ方は他に同じである。

愛知県

新城市や豊橋市から、ジグモの喧嘩の報を得た。新城市八名井では、小さいサークルを描いてその中で闘わせたという(昭和三十年ころまで)。これなどはコガネグモ系の遊びとは没交渉に、ジグモという虫への独自の興味から発生したものかもしれない。

静岡県

吉田町・浜岡町・相良町に、コガネグモ方言としてダイラグモがあった(一九八三年、増田富一氏)。これは四国西部・瀬戸内海西部沿岸の方言と一致する。また引佐《いなさ》郡三ケ日町にはダンジグモの名があった（一九八三年、内藤勝義氏）。いずれの地でも横にした棒の上に二匹のクモをのせて闘わせたが、また相手の巣に一方を投げ入れもした。落ちると負けだが、敗者は糸で巻かれてしまうこともある。増田氏の「きれい」に対して、内藤氏は「気味悪い」とクモから受ける印象が異なる。三ケ日町で一九七〇年ころまで（内藤氏）、吉田町・浜岡町・相良町では一九六〇年ころまで（増田氏）というから、戦後しばらくはこの遊びが行なわれていたことになる。

引佐郡下では方言名ジョローグモ。土俵は横にした棒の上。相手を糸で巻いてしまうと勝敗が決着（一九八三年、藤田具克氏）。田方郡土肥《とい》町でもジョローグモ。方法も同じだが、報知者の新間規生氏は闘わせたクモをきれいだという（一九八三年アンケート）。黒澤一郎氏は伊東市対島で一九七九年ころまでジョローグモ（コガネグモ）を闘わせたが、その方法がふるっていた。クモに糸を出させて、二匹をぶら下げて行なうか、または棒を横にした上でやったという。糸が切れて落ちた方を負けとする。ミカンの木などに多くいて、霜氷の結晶のような巣、とは円網にかけられた隠れ帯をいったものか（一九八三年一月二十一日）。

勝呂義衛氏は田方郡土肥町でジョロウグモ（コガネグモ）を飼ったといい、土俵はご多分に漏れず横にした棒であった。一九七一年ころまで行なわれていたといい、クモをかわいいと思った（一九八三年一月二十一日）。

伊豆半島南部では、コガネグモをジューローといい、ナガコガネグモをタジューローといった。ジューローはおそらく曾我兄弟仇討ちの故事に掛けて「十郎」の意味をもたせたものだろうが、ジョローグモの訛りの可能性が強い。タジューローは地上低いところに巣を張り水田の稲のあいだにも多いナガコガネグモの習性から「田にいるジューロー」の意で呼ばれた呼称と思われる。ナガコガネグモはまたダンジューローとも呼ばれた(一九八三年、西伊豆町仁科・西島捷一氏)。仁科では闘わせたクモはジューローとダンジューローの二種類だった。横にした棒の上で、糸を相手に巻きつけて動かなくなるまで闘わせた。

静岡県ではジグモの喧嘩もさかんだった。呼び名はジグモ・フクログモ。闘いの方法は、巣から出し、組みつかせ、相手から汁を出させた方が勝ち(一九八三年一月二十一日、大仁町・菊地昌武氏)。駿東郡清水町ではかつてジグモを手や箱の中で闘わせ、ひっくりかえった方が負けだった(一九八三年一月二十二日、神谷芳郎氏)。手で地面の上に向かい合わせて、噛まれた方が負け(静岡市井宮町)というのは那須野武夫氏からの報知(一九八三年二月三日)である。

静岡市田町で行なわれていた遊びとして、河原の土手の草の中で葉を丸めて巣をつくっているケンカグモを、横にした棒の上で闘わせ、落ちた方が負けだった(一九八三年一月二十五日、酒井豊昭氏)。クモの種類が何であったか不明であるが、酒井氏はそのクモをかわいいと思ったとのことである。

静岡県では伊豆半島などにコガネグモの喧嘩遊びが行なわれていたが、ジグモの喧嘩がさかんな地も多く、他のクモの喧嘩を並行して行なっていたという答えは少ない。

神奈川県

神奈川県は私の故郷であり、ネコハエトリ合戦(通称ホンチの喧嘩)というきわめて特異な習俗が横浜に長く盛行したのであるが、その事情は前述したのでここでは割愛し、コガネグモ合戦とその変容の問題に絞って記述する。

三浦半島の南部では、コガネグモはエドグモ、カネグモと呼ばれ、横棒の上で闘わせる習俗があった。エドグモの喧嘩は赤穂敞也氏が雑誌『遺伝』一九七八年六月号に記録している。[4] 相模湾岸の三浦市初声町三戸で漁業を営む山崎敏夫氏（一九三一年生まれ）の生き生きとした証言があり、川名興氏との共著『クモの合戦　虫の民俗誌』（一九八五年、未來社）に収めたが、その要点をかいつまんでここに採録してみよう。エドグモを笹の枝で捕ってきて庭木に放し、アオムシなどを餌に与える。喧嘩は笹の棒に二匹をつけてやらせる。落ちるか、糸で巻かれた方が負けだ。アシナガが強く、腹の太いコウタは弱かった（コウタは背中の意）。半島の先端部でも東京湾側の松輪では、コガネグモはカネグモと呼ばれ、喧嘩遊びに使われていた。闘いの方法は西日本の基本形と同じである。コガネグモ合戦は三崎にもあり、三浦半島南部にはこの習俗の思い出をもつ人々が今でも健在である。

だが三浦には他のクモを使った伝承喧嘩遊びもあり、コガネグモを含め、それらがクモの種類を違えてモザイク状に分布していた。三浦半島にはコガネグモのほか、カバキコマチグモ、ジグモ、ネコハエトリの喧嘩遊びがあった。カバキコマチグモはササグモ・アカグモ、ジグモはツチグモ、ネコハエトリは横浜に近い地域でホンチ、また葉山町の在でフンチ、横須賀市長井でオトコックモ（亜成体はオンナックモ）と呼ばれた。三浦ではコガネグモ合戦の伝承力が弱まり、他のクモの遊びに変容をとげたのであろう。ただし長井のオトコックモの喧嘩や葉山のフンチの喧嘩は、千葉の漁師が船で伝えたらしい。ホンチ箱の製作者・故加藤光太郎氏によると、横浜のホンチ遊びは木更津の漁師が東京湾を横断してもたらしたとのことであった。

千葉県

房総半島はネコハエトリの喧嘩の本場だった。半島のいたるところでそれが聞かれるし、呼称が各地で変化に富み、成体と幼体・亜成体、また雄と雌との呼び分けや、遊びをめぐる方法、容器、囃し言葉など、百花繚乱の民俗絵巻といえるほどのものが存在した。その事情は前出の『クモの合戦　虫の民俗誌』、ならびに川名興氏の「クモ合戦覚え書き(57)」に詳しい。ここではコガネグモ合戦との関わりを中心に、ネコハエトリ民俗をも簡略に述べる。

房総半島にもコガネグモが分布し、南部海岸の漁村を中心にコガネグモ合戦習俗が伝えられていた。ネコハエトリ合戦の陰にかくれてその証言の数はこれまで多くないが、瀬戸内海沿岸と共通のコガネグモ方言や、コガネグモの喧嘩遊びをめぐる伝承が聞かれる。

井桁重太郎氏は『勝浦こぼればなし』（一九八〇年）に、外房勝浦の方言としてダイショグモの名を記録したが(15)、川名興氏はこれを「ナガコガネグモの可能性がある」としている。このような随想からは正確な種の同定は困難であるが、ダイショグモは瀬戸内地方のコガネグモ方言、ダイラ、ダイジョー、ダイジュに相通じ、同系の語と考えてよかろう。

私の調査では、勝浦に近い御宿《おんじゆく》にも、コガネグモ方言としてのダイショが分布していた。御宿は海女《あま》の里であり、日本の近代化とともに首都圏有数の避暑地になった。この海辺を愛した挿絵画家・加藤正雄の作品を収める「月の砂漠記念館」が異色である。加藤正雄は童謡「月の砂漠」の作詞者であった。元館長の吉田寛氏は御宿でコガネグモをダイショと呼び、横にした棒の上で闘わせたという。

外房にはダイイロの名もあった。千葉県安房郡三芳村では、コガネグモ類はみなダイイロと呼ばれた。これと同じコガネグモ方言情報が大分県佐伯市から得られている。

勝浦市の鈴木栄さんはコガネグモをカミナリグモと呼ぶ。昭和四十五年ころまで、別のクモの巣へ入れて闘わせていたそうだ。またジグモを空き罐などに入れ喧嘩をさせたともいう。ジグモの喧嘩は東北地方からも知られる。

房総半島はネコハエトリ合戦の本場で、今でも浜の漁師がしけの日にこのクモの喧嘩を楽しんでいるかもしれない(マンガ家白土三平氏がかつて著書に報じたことがある(103))。

春に見られるネコハエトリ亜成体を房総でもババという。ババが脱皮して雄の成体になったものが横浜のホンチで、千葉では各地に多様な方言がある。代表的な呼び名をご紹介しよう(川名興氏と私の蒐集を総合して示す/富津市の例は川名氏による)。

カネグモ	房総にやや広域分布
カネコ	鋸南町保田など
カンキ	富津《ふっつ》市など
キッツイ	富津市金谷など
オト/オトゴト	南房・外房
ゴトー	南房
ゴトグモ	南房
フンチ	富津市
ホンガネ	やや広域分布

ホンギー　富津市
ホングモ　富津市
ホンチ　木更津、夷隅《いすみ》郡
ホント　市原、君津など

安房郡三芳村の吉野充さんによると、ネコハエトリ雄をゴトーと呼び、その飼育箱が売られていた。外箱から押し出し式で、中箱が四室に区切られていた。前脚が長くて腹部の細いクモが強かったという。この遊びは昭和四十年代までやられていた。同じく三芳村出身の平柳勇さんは、マッチ箱やゴトー箱の上でクモを闘わせたそうだ。クモは野バラの葉などを容器の中へ入れて飼った。お尻の赤いクモを「赤ゲッ」と呼んだ。白浜町の金井加津美さんもこのクモをオトと呼び、ババア（幼体）をマッチ箱に入れて暖め、一回目の脱皮をするとハグロ（女）になり、二回目の脱皮でキバスイ（男）になる。ハエを食べさせて育てた。バラやマツなど刺のある木にいるクモは強い。ケン（第一歩脚か）の強いクモが強い。ビワの葉の上でたたかい、「トコサントコサンヤッタヤッタヤッタ」と囃したという。館山市の酒井一郎さんはゴトと呼び、暖めるとババアからミズ（雌）、さらにミズからオト（雄）へと成長するという。マッチ箱の中に入れ、底をたたいて近づかせたそうだ。

千葉県山武郡大網ではネコハエトリをケンカグモと呼び、マッチ箱に入れて闘わせた（昭和五十年ころまで）。「リーリーリーリー」と言って囃したというのが面白い。大網白里町の隣町白子《しらこ》では二匹を棒の上にのせて闘わせた。コガネグモ系の習俗の残響を感じさせるこのやり方を、大網白里町生涯学習課よりご教示いただいた。

クモの喧嘩遊びの北限

最近のアンケート調査で、コガネグモ類を使ったクモの喧嘩遊びの分布域が従来考えていたより北方へ広がっていたことが分かってきた。宮城県牡鹿半島では、ナガコガネグモを捕らえて、別のクモの巣へ放し、闘わせたという。大きい巣にいるクモが強い。これは秋の遊びで、昭和五十七年（一九八二年）ころまで行なわれていた。つかまえて逃げようとするクモが出す糸を持って、ヨーヨーにして遊んだともいう（石森正一郎氏）。

これによってコガネグモ属の喧嘩遊びは牡鹿と佐渡の線まで伸びたと思っていたら、さらに北でもやられていたことを知った。岩手県上閉伊郡大槌町では、ナガコガネグモをケンカグモ（喧嘩蜘蛛）と呼ぶ。昭和三十年（一九五五年）ころまでの話だが、「細い木の棒の先に一匹のクモを先端まで登らせ、次に相手のクモを登らせて、木の先で待ちかまえている先グモと激しく取り組んでケンカをさせた」という（蛇口直吉さんより報知）。先端で激しく闘い、落ちた方が負けである。この場合、クモの種類がナガコガネグモのみであったのは、岩手県のこの地方にはコガネグモが生息していないからであろう。土俵の棒を垂直に立ててはいるが、この方法は西日本に広く分布する横棒の上のコガネグモの相撲とまさに紙一重であり、コガネグモ系クモ合戦習俗の北方版変化形と見ることができよう。クモの飼育はしなかったとのことだが、ケンカグモというきわめて端的な方言名でこのクモを呼んでいたことでもあり、蛇口氏のほかに、小林正寛さんからも昭和十五年（一九四〇年）ころまでの遊びとしてお知らせいただいた。棒の先につけたクモを相手のクモの巣へ侵入させて闘わせる方法もあったという。九戸郡大野村出身の佐々木介次さんはナガコガネグモをケンカシグモと呼び、木の枝を曲げて、それに巣ごと掬うようにして捕って飼ったという。「大きいのが強かった」。同郷の松橋栄さんもコガネグモとナガコガネグモをケンカグモと呼ぶ。気仙郡住田町ではナガコガネグモをジョローグモと呼び、枝に二匹を這わせて闘わせた。

日本海沿岸地方では、秋田県山本郡で、ナガコガネグモをドロボーグモと呼び、秋に闘わせて遊んだという人がある。強いクモは大きかった。「ハッシュ」と掛け声をかけて闘わせたというから、本格的なコガネグモ系クモ遊びが北方へ伝播したものであろう。これで岩手～秋田へと北限がまたのびてしまった。ナガコガネグモの分布するところ、どこまでもこの伝承遊びが広がる可能性はあったわけであるが、これまでナガコガネグモを調査の対象にしていなかったため、実態がつかめなかっただけである。

クモの種類を問わなければ、かつて北海道函館の記録が利用されたことがあった。ただしこれは何というクモを闘わせたのかがはっきりしない恨みが残る。

山形県東置賜郡で、ジグモをツチグモと呼び、昭和三十八年（一九六三年）ころまで闘わせたという人がいる。青森県北津軽郡には、カバキコマチグモを捕らえて闘わせる遊びがあった。「野原へ野イチゴなどをとりに行った帰りに、巣があればとってきた」（昭和八～十年／一九三三～五年ころまで）といい、中部から東北地方にかけて行なわれていたこのクモの巣を開ける遊びと連絡しているのが面白い。

クモのいるところどこでも、好奇心旺盛な子どもたちは捕らえて闘わせる遊びを思いつくことができたろうが、その心理的背景に西方から伝播したクモ習俗を想定してみるとき、これらの文化現象をはじめて合理的に解釈できると思われる。

沖縄のクモ民俗と伝承

一九八三年に私が行なった「蜘蛛の喧嘩遊びアンケート」(往復はがき)で、沖縄県から五通の注目すべき回答があった。そのうちの一通は差出人不明であったが、郵便局の消印は「沖縄石川」とあり、回答者の出身地は判然としないものの、以下に記す内容からも、沖縄県の情報と信じられる。五通の内容をまとめて文章化・紹介する。項目別に回答を求めたアンケートであったため、文章化に際してやや画一的表現とならざるをえなかったが、真意は伝ええたと思う。

・クーバー(クモの一般称)を闘わせて遊んだ。闘わせたクモの種類はオオジョロウグモで、原野および道路沿いの木の枝にいた。横にした棒の上で、あるいは相手のクモの巣にたからせて闘わせたりした。クモが糸を垂らして逃げた場合は負け。クモは気味が悪かった。今はもうやられていない(沖縄石川、昭和五十八年二月五日消印の返信はがき)。

・竹富町字黒島で、昭和二十一年ころまでクモの喧嘩が行なわれていた。黒と黄のクモで腹が小指くらい(筆者注/オオジョロウグモと推定される)。森林に直径一メートルの円形の網を張る。クモの名前は忘れた。地面に棒を立ててその上で闘わせ、相手が動けなくなると勝負がつく。そのクモを飼育した。おもちゃの一種と考えた(沖縄県八重山郡竹富町字上原、富里長敏氏)。

・島尻郡東風平《こちんだ》町で、昭和二十三年ころまで、チブサトゲグモやオオジョロウグモを闘わせた。チブサトゲグモは民家周辺の木に、オオジョロウグモは林のへりや中にいた。地面の上で闘わせ、逃げたのが負け。クモをかわいいと思った。クモの色・模様・形などは図鑑を見てください（沖縄県大里村字稲嶺、新垣安規氏）。

・具志頭中学校教頭（当時）大城先生によれば、チブサトゲグモを闘わせる遊びをしたという。クモは体長六ミリ前後で茶〜黒まで色彩変化に富み、かん木の枝、軒下などに円形の網を張る。闘いはクモの糸の上。糸の両端に中央に向けてクモをはなすと、中央でぶつかって喧嘩する。最初に地面に落ちた方が負け。地面でとっくみあいさせる場合もある。最初に逃げたのが負け（沖縄県玉城村、中村伝助氏）。

・本部《もとぶ》町でクーバアを闘わせた。角のある一センチ内外の茶色のクモだ（筆者注／返信はがきに描かれた図からチブサトゲグモと信じられる）。そのクモは屋敷内にいた。横にした棒の上で、両方から出発させて早く落下したものが負けである。昭和二十五年ころまでやられていただろうか。そのクモをかわいいと思った（島尻郡具志川村、謝花喜晃氏）。

このように、かつて沖縄にはたしかにクモ合戦が素朴な遊びとして存在したのであり、沖縄本島のみならず、八重山諸島の黒島にもそれがあったことが分かる。しかし一九八四〜五年にかけてクモ合戦に関する二書を刊行した当時、筆者は沖縄へ出向いてフィールドワークをするゆとりをもたなかった。爾来その欠を補う必要をつねに痛感していたので、このたびクモ習俗の聞き取りを行なった。一九九八年十一月三日から八日まで、および十二月十日から十七日まで沖縄県内に滞在し、石垣島、与那国島、宮古島、西表島、竹富島、波照間島、沖縄本島を調査した。結果を沖縄本島から先島へと順次述べる。

沖縄北部地方についていえば、伊是名島出身者が故郷でクモを闘わせたとの述懐がある。記録はまだ少ないものの、沖縄本島にクモを闘わせる習俗はけっして稀ではなかった。

漁師の投げ網は、クモが巣をかけ餌を捕らえる姿からヒントを得て発明されたとする伝承が、勝連城主・阿麻和利をめぐって、中頭郡勝連《かつれん》町で人口に膾炙《かいしゃ》し、同町では小学生たちもこの伝説を知悉《ちしつ》しているほどである。かつて亀山慶一氏が再三にわたり引用した島根県隠岐島前の糸満漁夫の聞き書きでは、伝説上の人物の名はユナガマンガアとされるが、これはアマワリの別名アマンジャナーか、もしくはアマワリ・カナ（阿麻和利加那）が訛ったものかも知れず、あるいは記録者の聞き違いの可能性も否定しきれないように思われる。このあまりにも著名なアマワリ伝承については章をあらためて詳述するとして、沖縄本島でのクモ合戦の記録をここにいささか追加しておきたい。

勝連町では大きいクモをマギークーバー、小さいクモをグナークーバーと呼ぶ。闘わせるマギークーバーはオオジョロウグモ、グナークーバーは主としてチブサトゲグモであったと信じられる。二匹のクモを地面に置いて対戦させ、先に逃げた方が負けであった（比嘉信政氏、一九四二年生まれ）。グナークーバーは刺の部分を手でつかまえた。トゲグモ類は腹部にクチクラが発達して硬く、突起の部分の摑みやすさを子どもたちは見逃さなかったのだ。

本島南部東海岸、知念半島の一角をなす島尻郡知念村でも、近年までクモを闘わせる遊びがさかんに行なわれていた。闘わせたクモはオオジョロウグモとチブサトゲグモだった。比嘉勇順氏（一九七二年生まれ）によると、チブサトゲグモは知念村ではガンガナーと呼ばれ、ガンガナーはあまり闘わなかったという。横にした棒の上に二匹のクモを這わせて、落ちたり糸に巻かれた方が負けである。比嘉氏は小学生時

阿麻和利は少年時代，クモに学んで漁網の編み方を創案したという．沖縄県勝連町の勝連城跡．

オオジョロウグモ雌．

チブサトゲグモ雌．沖縄ではこのクモを闘わせることがあった．右は拡大写真．

代にこの遊びをしたとのことで、二年ほど下の子たちまではこの遊びに興じていた。とすれば一九八〇年代中葉まではこれが行なわれていたことになろう。闘い遊びのほかに、ガンガナーの尻（糸疣）から出る糸を指に巻きつけて、「ヂィイカタマヤー」（血が固まる）といって遊んだそうである。クモの糸を指に固く巻いて鬱血させたわけである。また古謝景春氏（一九五五年生まれ）は、ガンガナーを手でつかまえ、糸をつかんでクモを下がらせ、クモが地面に着きそうになるとまた上がらせて遊んだという。

知念村の東方海上には、イザイホー神事を今に伝え、ノロの制が残る神話の島・久高島が浮かぶ。また知念村と南西に隣接する玉城《たまぐすく》村には、沖縄で稲が初めて植えられたと伝える「ウキンジュハインジュ」（受水走水）なる水田があり、琉球人の始祖アマミキヨがニライカナイ（海のかなたの理想国）から稲の種子をもたらし、人間に与えたと言い伝えている。上述のように、中村伝助氏が玉城村でのクモ合戦を証言されており、最古の神話伝説を守る自然のゆたかな南部地方にクモ合戦がさかんであったと信じられることは注目に値しよう。

また中部では具志川市出身で南大東島在住の奥間政文氏（一九三三年生まれ）が、クーバーを洗面器の中で闘わせたという。強いクモをツーバークーバーと呼んだが、ツーバーは強い者という意味である。

宮古島

久松漁港付近の久松商店で一九三九年生まれの婦人に聞いたことだが、白い袋をくわえたクモが家の中にいたら、外へ追い出すなと年寄りがいっていたという（種類はアシダカグモと信じられる）。これはなかなか耳寄りの話である。ところが久松公民館で三人の男性（一九二七、一九三二、一九四一年生まれ）にうかがったところ、白い袋をくわえたクモのいい伝えは聞いたことがないという。ここで知り合った川上登氏（一九四一年生まれ）の話では、草刈りに行き、小さい刺のあるクモがいると、二匹を別々の棒にのせ、クモは上へ登るので棒の先を合わせ、片方が落ちておしまいになったという。川上氏は「これは遊びというほどのものではない」といわれたが、クモの種類がチブサトゲグモと信じられること、しかも棒にたからせて闘わせたというのであるから、宮古島にクモ合戦習俗の存在したことを証していると思う。与那覇一郎氏（一九二七年生まれ）の話では、サトウキビ畑にはクモはいない。一番いるのは雑木の中。マンゴー園にいる。網にタバコを投げるとクモが来て、脚が焼けて逃げる。久松の漁師は沖縄本島の糸満で漁業を習ってきたといわれる。

次に城辺町出身のタクシー運転手、仲間光雄氏（一九四八年生まれ）によると、小袋をくわえたクモが家に入るとお金が入る、縁起がいい、金儲けにもいい、といわれているそうだ。これで久松の婦人の伝承が裏付けられた（宮古島のペンションジロー村の当主、砂川次郎氏もこの伝承をご存じであった）。話者のいうクモの大きさから、これらはすべてアシダカグモと考えられる。仲間さんはさらに続けて、バカグザ（サキシマトカゲ）はゼンソクの薬だ、焼くとオジサンという名の魚と似た味がしておいしい。四～六月に海辺の砂浜にいて、よく食べたものだが最近はとれない、と話がはずんだ。イナゴの尻をしぼって排泄物を出し、雑草の穂に刺してサトウキビを炊いた汁につけてから食べたともいう。クモの話をこうした小動物の習俗と重ね合わせてみると、島の民の素朴な自然観がほのぼのと浮かび上がってくる。

さて筆者は宮古島におけるフナムシの方言を何人かの人に尋ねてみた。それというのも、鹿児島県以北、千葉県、福井県あたりまで、フナムシの呼称をアマメと伝える土地が少なからずあって、黒潮に運ばれた生物名と推定していたからである。前述の久松では、フナムシは海辺にいるのはシーザズ（「岩のエビ」の意）、井戸にいるのは同じ虫でもカーザズと呼び、アマメとはいわなかった。しかしヤドカリの呼び名をアマムという。これはアマメとは紙一重である。ところで宮古島の北端、池間島では、フナムシはカタムサで、ちなみにゴキブリはビーヤだった。

石垣島

大浜在住の前津栄一氏（大正十五年生まれ）は長く小中学校の教職にあり、与那国島にも八年間在職した。先祖は江戸時代、明和の津波のあと波照間島から人頭税のため強制移住させられたとのことで、栄一氏は大浜へ来て七代目という。大浜でのクモの呼称はクブ。アシダカグモはヤクブ（家グモの意）である。ヤクブは白く丸っこい卵を腹に抱いて歩く。ハブと同じくらい毒をもっているから殺せ、かまれると大変、といわれる。クモを闘わせることは石垣にはなかったという。

筆者の思うに、毒蛇サキシマハブとヒメハブの棲息する石垣島では、餌として十分の大きさがあるアシダカグモを追ってハブが家の中に侵入するのを防ぐため、そのような伝承が成立したのではなかろうか。ハブのいない宮古島とは正反対の伝承が石垣島に伝わること自体、筆者の主唱する生態文化論から見てきわめて自然と思われ、興味深い。

前津氏によると、山へ入るとき、長い枝か鎌をもってクブの巣を払いながら進むとのことで、そのクブの大きさは三センチ以上、巣は木から木へ三メートルくらいと大きく、クブは巣の真ん中にいる。クブの糸はイトゥという。前津氏の所有する樹木園でそのクブを探してくださったが、はたしてオオジョロウグモであった。また林内にはハラビロスズミグモ、マルゴミグモの営巣する姿も見られた。

石垣島で話をうかがったその他の人たちからも、クモを闘わせる習俗の存在を確認できなかった。石垣島でゴキブリをトービラーと呼ぶこと、この島にも豊年祭につきものの綱引きがあることを付記しておく。

竹富島

西表《いりおもて》島大原在住の本盛之規氏（一九四二年生まれ）は、郷里の竹富島で子どものころクモを闘わせて遊んだという。クモの種類は鹿児島のクモ合戦と同じだといい（ただし現段階では和名不詳）、オニグモ（氏の語るオオジョロウグモ方言）でも闘わせたが、チブサトゲグモではやらなかった。木の枝で巣をからげて捕り、横にした棒の上で闘わせた。また、アシダカグモを竹富島ではコッタラと呼んだ。竹富島在住の一九三七年生まれの男性も、クモを闘わせる遊びを子どもたちはだれでもやっていたものだと証言された。

西表島

一九九〇年代の私の調査では、西表島の古い集落のうち、船浮と古見を訪ねたにとどまる。そのいずれにおいても、クモ合戦の体験談を聞くことはできなかったが、船浮（行政上は竹富町字西表）在住の井上文吉氏（一九二三年生まれ）の伝えるクモの利用法がすこぶる興味深い。同氏によれば、イエグモ（アシダカグモ）のかかえる袋（卵嚢）を開き、中にクモの子がいるのを潰して腫れ物の吸い出し薬にしたという。船浮は今や先祖代々からの住民は七〜八名を数えるのみ。祭りの維持、言葉の伝承を含めて、古い民俗は消滅の危機にあるといえよう。

古見の吉峯セツ氏（一九二四年生まれ）は、夜出るクモは殺すな、朝出るクモは殺せと伝える。フモ（クモ）を闘わせる遊びは古見で見たこともないというが、子どものころトゥンブ（トンボ）を焼いて胸の肉を食べて遊んだと述懐された。大きいチョウはグマハルパビル、小さいチョウはマイヤルパビル、と語られる古見の方言はすばらしかった。今では保護動物のヤンミャ（セマルハコガメ）も、かつてはゼンソクやマラリアの薬として食べていたという。沖縄にはトンボを薬用に食べる風習が広くあったと信じられるし、石垣市字石垣出身で西表島大原在住の高嶺正宏氏（一九三二年生まれ）も、五〇年ほど昔はアシダカグモの尻（腹部）を潰しておできに付け薬にしたと語られた。薬食一如の沖縄で、植物のみならず、クモをはじめさまざまな野生の小動物も広く薬用に供せられていた時代の名残が今でも記憶されている。

与那国島

台湾との距離がわずか一一一キロメートルで、日本最西端の与那国島には（沖縄の他の島々と同様）オオジョロウグモが普通に棲息するので、さぞかしクモの喧嘩遊びもさかんに行なわれていたかと期待したが、遠い昔は知らず、近代の与那国島でこの遊びは行なわれていなかったらしい。祖納《そない》在住の請舛秀雄氏（一九二一年生まれ）によると、与那国島でのクモの方言名はクブ。山には黄色い網を張るヤマクブ（オオジョロウグモ）がいるが、捕らえて闘わせることはなかった。そういう遊びは与那国にはないという。請舛氏はアシダカグモについて、卵嚢をかかえ歩く母グモの姿を認識しておられた。しかしアシダカグモをめぐる言い伝えは聞いたことがないという。ところで興味深いのは請舛氏にうかがったトンボの伝承である。トンボが夜家に入れば手紙が来るというではないか。小さいころ、トンボが家に入ると喜んだ。特にオニヤンマがよい。手紙が来るだけでなく、何かよいことがあるともいった。日本全国に広く分布する「クモが天井から降りると来客がある」という伝承と好一対である。与那国島では（クモではなく）トンボがよい知らせをもたらすのだ。別の人の話では、夜グモは縁起が悪い。殺したり逃がしたり。朝グモは縁起がいい。クモが網を張っていると壊さないという。またチョウが明かりに入ってくると明日よい知らせがある。トンボも同様で、トンボ（特にギンヤンマ）が一番縁起がよいとのこと。与那国ではガをハビルと呼ぶが、チョウとガを区別する方言はないようだ。

日本最西端の漁港久部良《くぶら》の漁師、小島寿和氏（一九四〇年生まれ）も、クモの伝承は聞いたことがないという。しかし夜トンボが明かりに来ると旅からのよい知らせや、よい贈り物が送られてくるといわれ、今でもたまにダマトトンボ（大和蜻蛉、オニヤンマ）が来ると、明日はいい便りがあるかなアと思うという。これはクモの習俗ではないが、上述のクモの伝承との対比の意味で記録にとどめておく。

与那国島には毒蛇のハブがいないことから、村人は安心して森林に入ることができたはずで、クモの採集はハブのいる島にくらべはるかに容易と思われるが、日本最大の造網性クモであるオオジョロウグモにまつわる伝承が聞かれなかったのは、むしろ奇異の感じを受けた。ちなみに与那国島には闘牛の伝統があり、常設の闘牛場において年間六回もそれが行なわれる。動物を闘わせることを好む気風は昔から存在したのである。また夏の豊年祭では隔年に綱引き行事が行なわれ、稲の豊凶を占う。

思いがけない副産物が、与那国島久部良に移住して七年というレストラン経営者夫妻から得られた。この店で見たアフリカの楽器コギリは木琴のようなものだが、刳りぬいたヒョウタンを共鳴箱として取り付けてある。その小穴にクモの卵嚢をひろげて張ってあったというのである。筆者が見たコギリはすでにクモの卵嚢がはがれてしまっていたが、こんなクモの糸の利用法は、これまで不明にして知らなかった。アフリカの楽器の愛好者にはよく知られていることなのであろう（二二九ページの写真参照）。

波照間島

南風見正夫氏（一九三三年生まれ）によると、三〜四月のあとクモを闘わせて遊んだという。種類はオオジョロウグモと信じられる。二匹を地上に置いて対戦させた。これは九州以北に広く分布するクモ合戦習俗の方法に比べて奇異に思われるかもしれぬが、東南アジアのクモ合戦では横にした棒を土俵にするとは限らず、容器の中や地上で闘わせることがふつうであったようで、八重山地方における地上のクモ合戦は、黒潮文化の要素として見るならむしろ自然のなりゆきということもできよう。

クモの話こそ多くを聞けなかったが、オーカン（フナムシ）を油で空揚げにするとおいしいといわれるのには一驚した。またムゴン（ヤシガニ）は半年冬眠し、二〜三月に出てくる。冬眠しているのを掘ってさぐりあてたり、夜間にクロキやアダンの実を食べにくるのをねらい、松明を灯して山中に捕りに入った、などと話題は尽きない。

宮里トヨ氏（一九一八年生まれ）の談では、大きなクモ（オオジョロウグモと信じられる）を手でつかんで尻（腹部）から糸を出させて遊んだという。波照間でクモに咬まれた者はいない、サソリをふんづけたことがある、トンボが群れて飛ぶと天気がくずれる、小さいチョウはイシャガハルパピルンタマと呼ぶなど、泉から湧くがごとくに島の麗しい民俗断片が宮里さんの口からとめどもなく飛び出す。

知念村でも聞かれたクモに糸を出させる遊びは、網を張るクモの特性をよく把握しており、沖縄の子どもたちの野生生物との親近関係を物語っている。

クモの喧嘩遊びの比較と意味

鹿児島県加治木町のクモ合戦は、近代の比較的早くから町の行事となり、それを意識的に支える人々の努力によって今日まで活況を呈してきた。だが行事化される以前にも、おそらくは海辺の集落で、伝承遊びとしてヤマコッ（コガネグモ）の闘いが行なわれていたものと私は考える。九州一円をはじめとして、本州中部にいたる海岸地方に戦前戦後まできわめて広くしかも没交渉に分布していたコガネグモの闘い遊びがそのことを証している。横棒の上でコガネグモを闘わせる習俗は、太平洋岸では房総半島まで、日本海岸では佐渡島にまで知られる（クモの闘いは北海道函館や青森県の記録もある）。土地によりクモを飼育し、強いクモの伝承もあり、方言から往古漁民の移動関係が推測される場合もある。

沖縄県では主としてオオジョロウグモ、チブサトゲグモを闘わせた。土俵は横にした棒のこともあれば、相手の巣に投げ入れたり、地上で対戦させることもあった。同県八重山諸島でも行なわれていたが、八重山に伝わる言語・習俗の中には多分に南アジア系と推察されるものがあり、タイ、フィリピン、マレーシア、中国のクモの闘い習俗と重ねあわせて見るとき、とりわけ八重山のクモの喧嘩遊びは黒潮文化の可能性を否定できない。だが少なくとも近代の八重山語ではクモはクブに近い発音をもち、和語の訛りと考えられる。宮良當壮著『八重山語彙』には石垣島白保のアン・パレー（網を張る者）を挙げており、これまた和語の訛りと考えられるものの、発想はアイヌ語でクモを意味するヤカラ・カムイ（網をつくる神）そ

の他の語と奇しくも符合する。(186)

鹿児島県以北のクモ合戦が、闘わせるクモはコガネグモ、方法は横棒の上とほぼ共通していた理由は、各地でこの遊びが独立的に発生したものではなく、漁民の移動にともなって伝播したことによるのであろう。その系譜のよって来る所以を知るべく、筆者は一九九九年一月三日より十一日まで、韓国のクモ研究者兪晟善氏の参加協力を得て、韓国南部海岸地方（慶尚南道の巨済島、統営市、慶尚北道の慶州市とその東海岸）の民俗調査を行なった。結果としてクモ合戦の分布を確認はできなかったものの、慶尚道のコガネグモ方言ワングミ、ナガコガネグモ方言シネングミおよびシルングミを知った。とりわけワングミは島根県隠岐ならびに新潟県佐渡のコガネグモ方言ホングモと酷似する。またクモを呼ぶ韓国標準語のコミ、同じく慶尚道方言のクミが日本標準語のクモ、九州方言のコブと同系の語であるとの確信を深めた。

コガネグモ系のクモ合戦は、九州の地を遠く離れるにつれて、いくつかの変化形を生んだ。伊豆半島南部では、水田に多いナガコガネグモをタジューローと呼び、コガネグモ（ジューロー）とともにクモ合戦遊びの対象とした。ハエトリグモ科のネコハエトリを闘わせたのは房総半島、横浜と三浦半島の一部で、房総・三浦には局地的にコガネグモ合戦も近代まで伝承されていたことから、闘わせるクモの種類が土地柄に即して入れ替わったものと考えられる。和歌山県にはオスクロハエトリの雌を闘わせた土地があった。三浦半島ではコガネグモ、ネコハエトリ、カバキコマチグモ、ジグモの合戦遊びがモザイク状に分布し、異彩を放っている。ジグモの喧嘩遊びは静岡県その他でさかんに行なわれていたが、ジグモには巣を引き抜く遊び、クモに切腹させる遊びが日本列島に広く流布している。

筆者はかつてクモを忌み嫌う日本人の心情を「土蜘蛛文化」論によって解釈し、これと対立するクモを敬愛する文化を「蜘蛛合戦文化」と名づけた。クモ合戦の伝統をもつ鹿児島県加治木町、高知県中村市をはじめ、近年クモ合戦を行事化した長崎・熊本まで含めても、今日この習俗の健在な土地はきわめて少ない。クモを愛する文化は今や気息えんえんである。ところで筆者の実施したクモの意識調査（小学生を対象としたアンケート）では、クモ合戦の町・加治木町の小学生にはクモが好きな児童の比率が他の土地より高く、クモを嫌う児童の比率が他の土地より低いとの結果を得た。

クモ合戦をもと漁民習俗とする仮説は民俗調査からの帰納推理によるものだったが、この遊びはコガネグモの分布するところ、必ずしも海岸部だけで行なわれていたわけではない。また、コガネグモの闘い習俗の時代的上限は、文献からは推定しえない。コガネグモ属のクモに対する並々ならぬ認識と思い入れは、弥生時代中期に比定される銅鐸の図に顕著に表れており、日本列島に稲作をもたらした人々を半農半漁生活者と考える立場に立脚すれば、クモ合戦を含め、コガネグモ属をめぐる諸習俗は遅くとも弥生式文化時代までには胚胎しえたであろう。

弥生よりさらに溯ってはるかなる縄文文化時代一万年に想いを馳せて見る。福井県鳥浜貝塚などの発掘が、定置網などによる高度の漁業の存在可能性をはるか数千年昔に溯らせてしまった(188)。麗しき自然民族たるアメリカインディアン諸部族の神話にクモとその網とが中心的な役割を演じていることや、なべての生あるものに神性を認めるアイヌ民族のユーカラ的世界観をも併せて想起するとき、狩猟漁撈採集民族の高度な精神性から、クモの喧嘩や、クモの薬としての利用を含む多様なクモ習俗が仮に弥生時代以前に発生していたとしても、少しも不自然ではないと筆者は痛感するのである。

では日本に最も広域的に分布するクモ合戦はなぜコガネグモの闘い遊びであったのだろうか。沖縄はさておき、中西部日本の海岸地方に棲息する大形の造網性クモのうち、最も顕著にめだち、しかも美しく感じられたのがコガネグモであったから、というだけでは十分の答えになるまい。往古日本列島へ渡来した民族がすでにコガネグモ属のクモに対する格段の愛着をもちあわせていたのか否か。クモ合戦の嚆矢の時代推定問題とともに、現時点でこれもまた一つの謎である。韓国南部におけるコガネグモ方言ワングミ、ナガコガネグモ方言シネングミは、問題解明への有力な鍵となる可能性があろう。

クモは生態系の中できわめて重要な一環をなす生物群である。にもかかわらず、現代日本人のクモ観は一般に極度に貧弱であり、物質文明時代に甦った「土蜘蛛文化」の呪縛を受けて、虚心にクモを見つめることもなく忌み嫌う風潮が世にはなはだしい。クモは美しく、その生活ぶりは奇跡に満ちている。「加治木町のくも合戦」参加者がこよなくクモを愛する事実は、人間の側のいわば現代の奇跡であり、地球環境危機時代の生き方を模索する今日の日本人に、将来にわたる自然とのつき合い方への有力な示唆を提示している。

対馬暖流に沿うクモの方言考

日本語のクモは、韓国語のコミと根を同じくする言葉であろうと私は確信している。両語の祖形を今すっきりと示すことはできないが、古代中国の、とくに揚子江流域に知られた「喜母」はまさか無縁ではなかろう。「喜母」はクモをおめでたい吉祥の虫と見ることの好例として引き合いに出されるのだが、呼び名であることと、「めでたい」というクモ観の双方ともに、民俗的な背景をもっていなければならないはずであろう。

「喜母」の熟語を大昔の中国人が私たちの音読み通りに「キボ」または「キモ」と発音したか否かは知るよしもないものの、日本標準語のクモも、韓国標準語のコミも、おそらくは揚子江方面から大昔に渡来した稲作民族がもたらしたものなのであろう。

九州地方では広くクモをコブと呼び、ところによってはコビ、コビコビなどと訛ることがある（例／屋久島の一湊）。九州方言のコビと韓国語のコミとは音韻的にほとんど一致する。であるとすれば、人の目につきやすい普通種のクモで韓日両国に分布する共通種に、酷似する名称（方言）をもつものがあっても少しも不自然とはいえまい。そこで私は韓国慶尚道のコガネグモ方言と日本のそれとを比較してみたら面白かろうと考えた。

日本におけるコガネグモの方言は、九州のキンコブ、ヤマコブ、シマコブ、テンコブ、ジョロコブ系や、瀬戸内海地方のダイラ、ダイリュー、ダイリョー、ダイジュ、ダイジョー系の語群が二大潮流をなすものとこれまで考えてきたのだが、これらのほかに、対馬暖流の洗う日本海（韓国名では東海）沿岸地方やその他いくつかの地に、ホングモ・オニグモ系方言が点々と残っていることを知った。ホングモ、オニグモはそれぞれに「本蜘蛛」「鬼蜘蛛」の意味を担うと考えられるが、発音だけに着目すればホングモ、オニグモは韓国慶尚道に伝承されるコガネグモ方言「ワングミ」（王蜘蛛）とまさに紙一重である。これらの語を口に出して繰り返し発音してみればだれにも疑う余地なく明らかになるであろう。試みにそれらをアルファベット表記してみることもこの議論の実証に有効だろう。

Wang-gumi　韓国慶尚南道、慶尚北道
Hong-gumo　島根県隠岐、新潟県佐渡
Oni-gumo　島根県隠岐、福井県三方郡・坂井郡、石川県鹿島郡、新潟県南魚沼郡、高知県高岡郡・長岡郡・幡多郡、愛媛県越智郡、広島県世羅郡、三重県志摩郡・度会郡・多気郡、愛知県南設楽郡、静岡県磐田郡、岐阜県益田郡

これらを私は偶然の酷似とは考えない。佐渡の一部でオニグモをワルグモ（悪蜘蛛）と呼んだというが、これまた韓国慶尚道のワングミとそっくりである。

一九九九年の正月、コガネグモと同属別種のナガコガネグモが、韓国慶尚北道の海岸部でシネングミと呼ばれることを現地での聞き取りで知って、私はいいようのない不可思議の感に打たれたものだ。これは佐渡のイナグモ（稲蜘蛛）と音韻的にきわめて近い。しかも日本語の古語にイネ（稲）をシネともいった

ことを知る身にはなおのことだった。

ここでいったんクモを離れ、トンボの方言に寄り道してみよう。トンボを韓国の標準語でチャムジャリという。これは佐渡島でのトンボの一般呼称、ダンブリ、ザンブリと酷似している。青森や秋田では今もトンボをダンブリ、ダブリと呼ぶ。佐渡と津軽は対馬海流によってつながっている。ところで韓国の済州島南部にはトンボの方言にパンブリがあった。「チャムジャリ対ダンブリ」ですら驚異的に似通っているというのに、済州島ではダンブリとほとんどちがわないパンブリがトンボだった。偶然論者はこれをしも気まぐれな一致と片づけることができるであろうか。

次に日本海沿岸地方のオニヤンマ方言を見てみよう。福井県から富山県にかけて、オニヤンマを馬にたとえる呼び名が点々と分布している（ただしヤンマ方言ウマトンボは広島にもあった）(160)。

ウマトンボ　福井市殿下町
オーマートンボ　石川県金沢市・石川郡
オンマ　福井県今庄町、石川県七尾市、富山県射水郡・東礪波郡
オンマトンボ　福井県美山町中手・今立町
（福井県武生市でギンヤンマをオンマトンボといった）
オンバトンボ　福井県松岡町上吉野・湯谷
シマウマトンボ　福井市河増町

ところで韓国では、大型のヤンマ類を動物の馬にたとえて、馬蜻蛉という意味の語で呼ぶというではな

いか。わが国では生きものの命名法として、大きいものを呼ぶときに馬を引き合いに出すこともあるが、牛にたとえられることもある。ちなみに中国では蜻蜓《せいてい》（大型のトンボ。ヤンマの一種であろう）を河南省開封の地で馬大頭と呼んだといわれる[110]。

馬にまつわる名をもつオニヤンマ方言が日本海沿岸にまとまって分布していることも、対馬暖流に沿った生物方言分布の好例と考えられる。

さらにまた、韓国にはウスバキトンボに「味噌蜻蛉」という意味の名がある。これに対して、わが国でも江戸時代にウスバキトンボを出雲（島根県）でミソトンボといい、加賀（石川県）でミソカイと呼んだことが小野蘭山の『本草綱目啓蒙』に記されているし、青森県津軽地方では今でもノシメトンボをミソダンブリ（味噌蜻蛉の意）と呼ぶ人がいる。

よく調べればこのような類例は枚挙にいとまがなくなるかもしれず、方言オニグモに見られるごとく、日本海沿岸以外の土地にもあちこちに伝承されているのかも分からない。とはいえ、私は右のささやかな発見を、韓民族と大和民族との（揚子江下流の先住民についてはまだ一度も実地に見聞したことがないけれども）悠久の太古における血肉のつながりを示す美しい実証として大切にしたいと思う。私は近ごろ自分の余生の短さを急速に自覚するようになって、この先の問題をどこまで自力で追えるものか、はなはだおぼつかなくなってきたのだが、残された短い生の証しとして、韓国と日本の虫の方言の一致が両民族の太古における深いつながりを示すというささやかな仮説を、生きてこの世に提出できることの幸せを思うのだ。

コガネグモの方言

ここにはコガネグモの方言、コガネグモとナガコガネグモ、チュウガタコガネグモの方言比較を五十音順に列記し、その分布地を従来知られた範囲内で記載する。同系統と思われる語であっても、あえて五十音順に排列し、ときに離れた位置に記してある。方言の系統分類と分布地図の作成は今後の課題としたい。一九九九年一月に調査した韓国方言も比較のため記載した。

コガネグモの方言表

方言名	分布地
アメリカグモ	島根県（『中国地方五県言語地図』）
ウシワカ	高知県室戸市佐喜浜・東洋町甲浦
ウシワカマル	高知県室戸市佐喜浜・東洋町甲浦
エイゴグモ	茨城県東茨城郡、群馬県碓氷郡松井田町、鳥取県東伯郡大山町
エイジグモ	東京都三宅島坪田
エックスグモ	東京都三宅島坪田

エドグモ　神奈川県三浦市初声町三戸
オーグモ　岡山県英田郡作東町
オーゴングモ　愛媛県南宇和郡一本松町
オジョロ　千葉県安房郡富浦町
オドリグモ　鳥取県東部（『中国地方五県言語地図』）
オニグモ　高知県高岡郡檮原町・長岡郡大豊町・幡多郡三原村、愛媛県越智郡生名村、広島県世羅郡甲山町、島根県隠岐郡、三重県志摩郡磯部町・度会郡度会町・多気郡多気町、愛知県南設楽郡鳳来町、静岡県磐田郡豊岡村、岐阜県益田郡下呂町、福井県三方郡三方町・美浜町・坂井郡芦原町、石川県鹿島郡中島町、新潟県南魚沼郡六日町
オマン　熊本市
カネグモ　高知県土佐町、和歌山県東牟婁郡串本町、神奈川県三浦市松輪
カネコブ　宮崎県児湯郡新富町
カミナリグモ　高知県須崎市上分
キグモ　兵庫県小野市
キンクモ　宮崎県児湯郡高鍋町
キングモ　和歌山県日高郡由良町
ギングモ　福井県丹生郡越廼村
キンコッ　鹿児島市・垂水市・曽於郡
キンコブ　熊本市・熊本県下益城郡、長崎県平戸市・壱岐郡、宮崎県宮崎市、佐賀県佐賀市・佐

賀郡富士町

ギングモ　香川県三豊郡山本町

ギンコブ　宮崎県（小林高校生物部調査）

キンジョロ　愛媛県今治市

ゲーラン　大分県津久見市無垢島（菊屋奈良義氏調査）

ケンカグモ　愛媛県北宇和郡、和歌山県北牟婁郡

ケンカシグモ　岩手県九戸郡大野村

ケンコブ　鹿児島県熊毛郡屋久町仲間

コガネグム　大分県西国東郡

サンバグモ　山口県、島根県東部（『中国地方五県言語地図』）

サンバソーグモ　島根県西部（『中国地方五県言語地図』）、新潟県長岡市、京都府竹野郡丹後町

ジシングモ　茨城県行方郡潮来町・那珂郡緒川村（注／ただし関東北部内陸から東北にかけてのジシングモは、ナガコガネグモかチュウガタコガネグモと推定される場合が多い）

ジノクボ　福井県吉田郡永平寺町

シマグモ　山口県大島郡東和町、茨城県東茨城郡茨城町

シマコブ　宮崎県、熊本県、長崎県

ジャーラグモ　鳥取県（『中国地方五県言語地図』）

ジューロー　静岡県賀茂郡南伊豆町・松崎町・西伊豆町仁科

ジューローグモ　静岡県賀茂郡河津町峰

ジュンサグモ　静岡県浜松市
ジョーオーグモ　新潟県佐渡郡赤泊町
ジョーグモ　山口県（『中国地方五県言語地図』）
ジョーラ　長崎県下県郡厳原町、大分県東国東郡、徳島県那賀郡鷲敷町・三好郡西祖谷山村
ジョーラン　大分市
ジョーラングモ　大分市
ジョーリグモ　山口県（『中国地方五県言語地図』）、愛媛県越智郡関前村（注／ゾウリの意〔船越清忠氏〕）
ジョールリグモ　島根県西部（『中国地方五県言語地図』）
ジョーレン　愛媛県南宇和郡西海町
ジョーレングモ　岡山県赤磐郡瀬戸町、岡山県（『中国地方五県言語地図』）
ジョーロ　岡山県浅口郡寄島町、長崎県下県郡豊玉町貝口
ジョーログモ　静岡県田方郡土肥町・賀茂郡賀茂町
ジョーロリグモ　山口県、広島県東部（『中国地方五県言語地図』）
ジョグモ　福井県越廼村（ジョローグモの名が一般的）
ジョラコブ　長崎県平戸市志々伎町
ジョロ　広島県（『中国地方五県言語地図』）
ジョロー　大分県西国東郡、和歌山県御坊市
ジョローグモ　長崎県長崎市・佐世保市、福岡県大牟田市・宗像郡、高知県高知市・中村市、愛媛県宇和島市、広島県東広島市・三次市、岡山県浅口郡、兵庫県宍粟郡、京都府宇治市、

和歌山県御坊市・東牟婁郡、三重県松阪市、岐阜県揖斐郡池田町白鳥、新潟県十日町市・佐渡郡、愛知県岡崎市、静岡県浜松市・熱海市・伊東市・引佐郡・加茂郡西伊豆町・田方郡伊豆長岡町、神奈川県横浜市、東京都八王子市、埼玉県飯能市、新潟県北魚沼郡

ジョログモ　宮崎県延岡市・児湯郡、長崎県大村市、大分県杵築郡、愛媛県西宇和郡・南宇和郡・宇和島市、和歌山県西牟婁郡

ジョロコブ　宮崎県延岡市

ジョロサン　大分県大野郡

ジラクモ　宮崎県児湯郡高鍋町

シリフリ　三重県北牟婁郡紀伊長島町三浦

ジログモ　大分県東国東郡

スジゴン　熊本県球磨郡五木村高野

ゾーリグモ　山口県（『中国地方五県言語地図』）

ターラン　大分県南海部郡鶴見町大島（菊屋奈良義氏調査）

ダイグモ　愛媛県白伯島・明浜

ダイジャグモ　山口県熊毛郡田布施町

ダイジュ　山口県熊毛郡祝島

ダイショ　千葉県夷隅郡

ダイジョー　山口県柳井市平郡島、広島県呉市内神町・安芸郡熊野町

ダイジョーグモ　広島県呉市弘長浜町
タイショーグモ　大分市、広島県呉市広町、山口、広島、島根（『中国地方五県言語地図』）、高知県宿毛市・三原村
ダイジョグモ　山口県（『中国地方五県言語地図』）
ダイジングモ　山口県厚狭郡山陽町、山口県（『中国地方五県言語地図』）、愛媛県喜多郡股川町茗荷谷
ダイダイグモ　広島県（『中国地方五県言語地図』）、静岡県周智郡森町森
ダイハリ　高知県三原村
ダイヤ　愛媛県宇和島市
ダイヤグモ　愛媛県宇和島市
ダイラ　高知県宿毛市・沖の島村母島・土佐清水市・幡多郡、愛媛県宇和地方、大分県南海部郡
ダイラグモ　愛媛県北宇和郡三間町、静岡県小笠郡浜岡町
ダイラングモ　静岡県周智郡森町森
ダイリュー　山口県大島郡屋代島久賀町
ダイリョー　山口県柳井市平郡島
ダイリョーグモ　山口県大島郡屋代島大島町
ダイロ　大分県佐伯市、千葉県安房郡三芳村
タグモ　島根県東部（『中国地方五県言語地図』）
タココブ　鹿児島県薩摩郡甑島

ダンゴグモ　島根県、広島県東部（『中国地方五県言語地図』）
ダンジグモ　静岡県引佐郡三ケ日町
ダンジュー　埼玉県入間郡毛呂山町（注／「ダンジュウロー（団十郎）グモ」の縮約形か。歌舞伎役者のクマドリに似ているから？〔吉川英治氏〕）
チョウセングモ　三重県志摩郡阿児町安乗
チンダイグモ　兵庫県神戸市西区神出、島根県（『中国地方五県言語地図』）、佐賀県鳥栖市
デーカングモ　千葉県富津市
デーラ　愛媛県三島・八幡浜
デーラン　大分県津久見市日代（菊屋奈良義氏調査）
デイラン　大分県津久見市保戸島（菊屋奈良義氏調査）
デラ　宮崎県延岡市妙見町
テンコブ　熊本県天草郡牛深、長崎市、大村市
テンジングモ　広島県（『中国地方五県言語地図』）
ドクグモ　香川県綾歌郡国分寺町
トノサマグモ　愛知県海部郡八開村、山口県（『中国地方五県言語地図』）
トラグモ　島根県隠岐郡島後（『中国地方五県言語地図』）、大阪府阪南市尾崎町・河内長野市加賀田町
ニシキグモ　高知県大正町北ノ川
ニホンクモ　福井県丹生郡清水町

ニホングモ	福岡県豊前市
ニュードーグモ	静岡県賀茂郡河津町峰
ハタオリグモ	香川県、江戸時代（栗本丹州『千虫譜』）
ハチマンタロー	高知県室戸市津呂
ハッタイ	高知県室戸市三津
ハナグモ	大阪府千早赤阪村、江戸時代（貝原益軒『大和本草』）
ブンガラ	茨城県水戸市常磐
ヘイケグモ	三重県阿山郡阿山町
ヘイタイグム	島根県太田市久利町
ヘイタイグモ	大分県大野郡・西国東郡、佐賀県鳥栖市、山口県山口市、愛媛県越智郡生名村、高知県大豊町、兵庫県姫路市・三木市・西脇市、大阪府河内地方、三重県志摩郡、愛知県豊橋市、神奈川県足柄上郡、東京都三宅島伊ケ谷
ヘイタイテンコブ	長崎市
ベイラン	大分県南海部郡上浦町浅海井（菊屋奈良義氏調査）
ベーラン	大分県南海部郡上浦町津井・夏井・浪太（菊屋奈良義氏調査）
ベッカッコウ	江戸（栗本丹州『千虫譜』）
ホオグモ	和歌山県東牟婁郡古座川町池野山
ホングモ	島根県隠岐郡、新潟県佐渡郡
マグモ	三重県鳥羽市答志町

夏の終わり，コガネグモのレンズ状卵嚢から子グモがいっせいに現れた．分散の日は近い．1996年8月，福井市で．

コガネグモの雄は円網をつくれないようだ．雌の巣へ行き交尾することだけが彼に残された仕事だからだろうか．

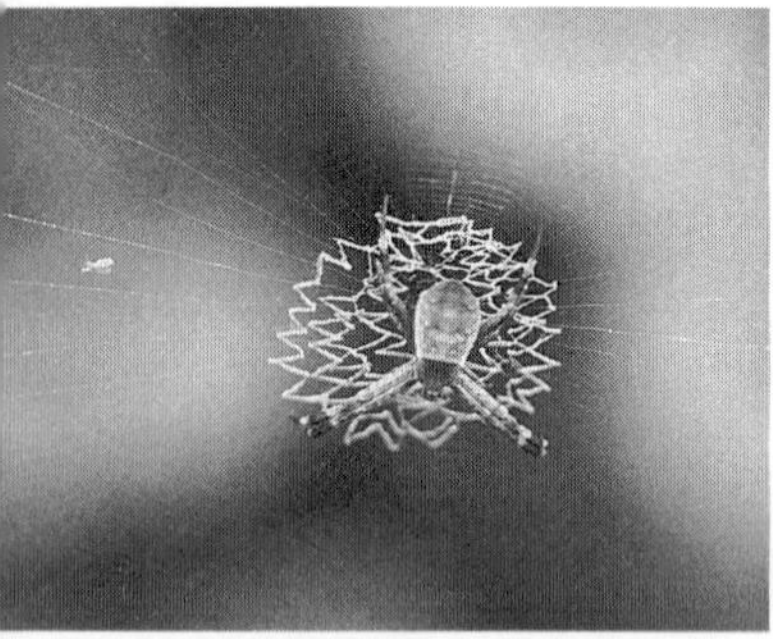

コガネグモの子どもはジグザグ円盤状の隠れ帯をつくる．

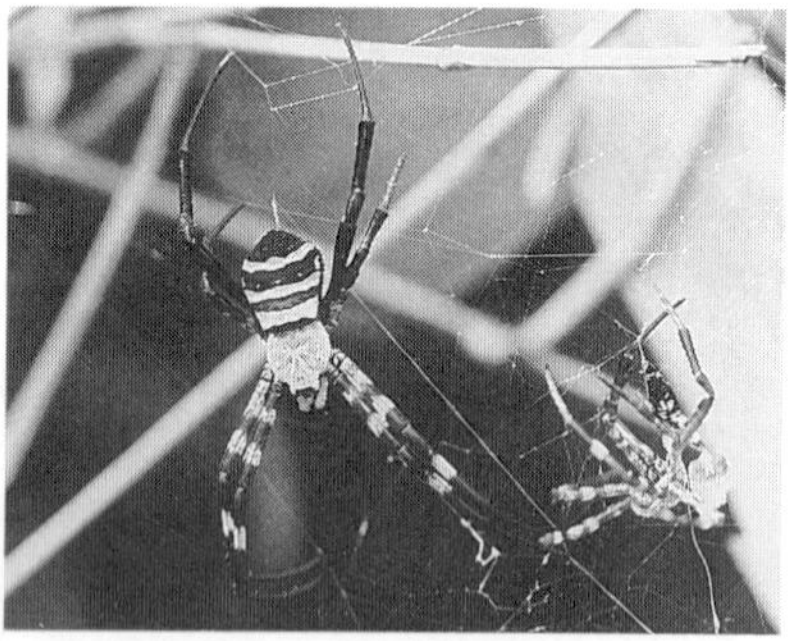

脱皮をしたコガネグモ雌．

本当のジョロウグモ．秋に成熟し，目の細かい馬蹄形円網を張る．円網の前後に立体状に糸をめぐらし，子どもたちにはつかまえにくいようだ．腹部側面の紅色も識別の目安となる．

ナガコガネグモの隠れ帯は縦一文字．低いところに巣を張るものが多く，農薬を使わなかった時代の水田にはおびただしい数が見られた．イナグモ（稲蜘蛛），タジュウロウ（田十郎）など，稲作と関連させた方言名がある．

ナガコガネグモ雌．左下に白く光るのはその巣に寄生したシロカネイソウロウグモ．

チュウガタコガネグモ雌．まだ幼体で網の中央に円盤状の隠れ帯をつくっている．

チュウガタコガネグモは初夏のクモだ．大きさはコガネグモにもおさおさ劣らない．方言で呼ばれる土地もあることが分かってきた．

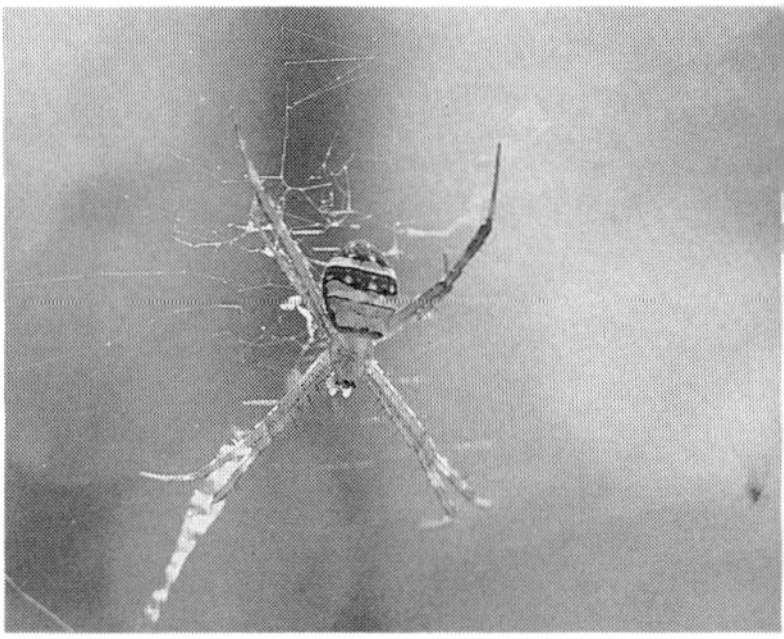

コガタコガネグモは秋のクモ．森林にすみ，比較的小さく，あまりめだたない．

マダラグモ　江戸時代（貝原益軒『大和本草』）、三重県名賀郡青山町柏尾
マンクブ　鹿児島県大島郡徳之島町徳和瀬（注／オオジョロウグモはヌシドゥマンクブ）
マンジューグモ　東京都三宅島神着
ミコグモ　島根県（『中国地方五県言語地図』）
ミヤグモ　島根県（『中国地方五県言語地図』）
ミヤマグモ　島根県、鳥取県（『中国地方五県言語地図』）
メヤグモ　島根県（『中国地方五県言語地図』）
メヤマグモ　島根県東部（『中国地方五県言語地図』）
ヤイトグモ　鳥取県（『中国地方五県言語地図』）
ヤネコッ　鹿児島県出水郡野田町
ヤマグモ　島根県隠岐郡島後
ヤマコッ　鹿児島県姶良郡・曾於郡・鹿児島市
ヤマコッドン　長崎県南松浦郡奈良尾町
ヤマコビ　鹿児島県熊毛郡上屋久町一湊
ヤマコブ　宮崎県日南市、熊本県本渡市・八代市・北諸県郡、長崎市・長崎県西彼杵郡・南高来郡、鹿児島県熊毛郡屋久町
ヤマコンブ　長崎県西彼杵郡
ヤマゼンコブ　鹿児島県薩摩郡甑島
ヤマンケン　鹿児島県川辺郡川辺町、曾於郡大隅町

ヤマンコッ	鹿児島県曽於郡末吉町
ヤンカイ	鹿児島県種子島
ヤンコッ	鹿児島県曽於郡大崎町
ヤンチ	熊本市
ヤンマー	長崎県式見村
ユーカクグモ	島根県西部（『中国地方五県言語地図』）
ユーダチグモ	長野県上伊那郡中川村、新潟県南魚沼郡大和町
ライジョ	広島県安芸郡音戸町
ラジオグモ	広島県呉市弘長浜町
リングモ	福井県遠敷郡名田庄村
ワングミ	韓国慶尚南道巨済市・統営市・慶尚北道慶州市・慶州東海岸

コガネグモとナガコガネグモの方言比較

コガネグモの方言	ナガコガネグモの方言	伝承地
オジョロ	イネオジョロ	千葉県安房郡富浦町
オジョログモ	ジシングモ	山梨県北巨摩郡大泉村
オニグモ	キオニグモ	三重県度会郡度会町
オニグモ	スジグモ	静岡県磐田郡豊岡村

カミナリグモ	ジョローグモ	茨城県北相馬郡利根町
カミナリグモ	カミナリグモ	千葉県勝浦市
キンコブ	ヤマコブ	熊本市水前寺町
キンコブ	キンコブ	佐賀県東松浦郡北波多村
コガネクブ	カミサマクブ	岩手県釜石市
シマイ	シマイ	熊本県八代郡泉村
シマイサン	キンカサン	熊本県八代郡泉村
シマゴン	コメゴン	熊本県球磨郡五木村高野
ジューロー	タジューロー	静岡県賀茂郡南伊豆町
ジューロー	ダンジューロー	静岡県賀茂郡西伊豆町
ジョーラ	チョウセンジョーラ	長崎県下県郡厳原町・上県郡上県町
ジョーログモ	タンジョ	静岡県賀茂郡賀茂町
ジョローグモ	ジョローグモ	新潟県北魚沼郡
ジョログモ	イネジョロ	和歌山県東牟婁郡平井
ジョログモ	カナジョロ	和歌山県東牟婁郡古座川町
ジョログモ	カンジョロ	和歌山県日高郡南部川町
ジョログモ	カワグモ	愛媛県宇和島市下波村
ジョログモ	キンジョログモ	和歌山県西牟婁郡中辺路町
ジョログモ	コシナガジョログモ	高知県香美郡物部村

ジョログモ	シマグモ	和歌山県西牟婁郡上富田町
ジョログモ	テンテングモ	和歌山県東牟婁郡本宮町
ジョローグモ	テンジンジョロー	広島県豊田郡木江町
ジョロコブ	キンコブ	宮崎県東臼杵郡北方町
ダイジョーグモ	ジョローグモ	広島県呉市広町
ダイラ	オニダイラ	愛媛県北宇和郡吉田町
ダイロ	ダイロ	千葉県安房郡三芳村
デーレ／ドンデン／デーラグモ	ジョローグモ	宮崎県東臼杵郡北浦町
トノサン	セイヨウトノサン	愛媛県越智郡波方町
ヘイケグモ	ゲンジグモ	三重県阿山郡阿山町
ヘイタイグモ	ジョローグモ	大分県西国東郡大田村、三重県熊野市
ヘイタイグモ	ヘイタイグモ	神奈川県高座郡寒川町
ホオグモ	ジョローグモ	和歌山県東牟婁郡古座川町
ホングモ	イナグモ	新潟県佐渡郡金井町
ホングモ	タグモ	島根県隠岐郡西郷町
ホンテサン	キンカサン	熊本県八代郡泉村
マダラグモ	マダラグモ	三重県名賀郡青山町柏尾
ヤマコッ	キンコッ	鹿児島県垂水市など

ヤマコブ	キンコブ	宮崎県日南市、熊本県球磨郡
ヤマコブ	ヤマコブ	鹿児島県熊毛郡屋久町麦生
ユーダチグモ	ユーダチグモ	長野県上伊那郡中川村、新潟県南魚沼郡大和町
―	オジョログモ	長野県諏訪市
―	ジョローグモ	長野県南安曇郡掘金村
―	ドロボーグモ	秋田県山本郡山本町
―	ペンペングモ	福島県南会津郡田島町長野
―	ケンカグモ	岩手県上閉伊郡大槌町
ワングミ	シネングミ	韓国慶尚北道慶州東海岸
ワングミ	シルングミ	韓国慶尚北道慶州市

コガネグモとチュウガタコガネグモの方言比較

コガネグモの方言	チュウガタコガネグモの方言	地名
カミナリグモ	カミナリグモ	千葉県勝浦市
キンジョーラ	テナガジョーラ	福岡県糸島郡志摩町
ジノクボ	ヤマジノクボ	福井県吉田郡永平寺町
ジョーラ	タコム	長崎県上県郡上県町
ジョログモ	キモングモ	和歌山県西牟婁郡上富田町

ダイロ
ヤマコッドン
ヤマコッ
ユーダチグモ

ダイロ
ヤマコッドン
タゴグモ
ユーダチグモ

千葉県安房郡三芳村
長崎県南松浦郡奈良尾町
鹿児島県姶良郡加治木町
新潟県南魚沼郡大和町

海外のクモ合戦とクモ習俗

クモを闘わせること自体は、世界のあちこちに知られる。一九九八年夏の日本蜘蛛学会第三〇回大会にともなって初めて行なわれたプレシンポジウム「クモの民俗と文化」では、パネラーの講演のあと、アメリカでもクモの闘いを見たという参加者に出会ったし、海外でハエトリグモの喧嘩遊びを目撃したという人もいたが、詳細は不明である。これまでクモ合戦は学問的研究の対象とされることがほとんどなかったためか、世界各地での記録の集積は皆無に近い。諸家の遊びの研究書にも、コオロギ合戦はしばしば見えるがクモ合戦への言及はきわめて少なく、今後の調査に期待しなければならない。

東南アジア

ヒルヤードによると、「クモを闘わせる競技は、南アフリカ、マレーシア、フィリピンなど多くの国」にあるという。フィリピンではこの競技をサボン・グ・ガガンバ（ガガンバはフィリピン語でクモを指す）といい、闘わせるクモは六〜七月と十二〜一月に集めるという。高値で売れるという緑色のガガンバン・サギングを著者はバナナ・スパイダーと英訳しているが、バナナ・スパイダーといえば普通はアシダカグモの英語名である。しかしフィリピンで闘わせるというバナナ・スパイダーをまだ筆者は目撃しておらず、どのようなクモかを知らない。この競技は上面がガラスの箱の中や、ココナッツの葉の上で行なわれるといい、相手を糸で包んだ方が勝ちともいう。とすればこの闘いには少なくとも円網を張る何かの種が使われている可能性があろう。ココナッツの葉の土俵は、日本のクモ合戦の横棒の土俵に通じるものを感じる。クモを飼い、闘蜘蛛の祭りの三日前からトンボを特別食として与え、闘いには金銭が賭けられる[228]。

フィリピンにおけるクモ合戦の模様を伝えるものとしては、川名興氏の聞き書きがある。一九八五年、千葉市の海外訓練協会で、訓練を受けていたアンジェロ氏ほか二名のフィリピン人が語ったところによると、マニラで一フィートくらいの棒を横にして上に二匹のクモをのせ、闘わせたという。嚙まれるか、棒から落ちるか、糸で巻かれると負けになる。この勝負にはお金を賭ける。十歳くらいの子どものころにやったという。この競技は今もフィリピンで行なわれているようで、ヒルヤードの記述とも符合する。

川名氏はタイとマレーシアでのクモ合戦の聞き書きも記録している。筆者も神奈川県大和市の外国人定住促進センターで、マレーシア人からクモの闘いの話を聞いたことがある。

中国

中国のクモ合戦は、現代の聞き書きではないが、十六世紀末から十七世紀初頭と推定される文献に見える。袁宏道著『袁宏道箋校』に綴られた「クモの戦い」を、磯田光・川名興の両氏が日本蜘蛛学会機関誌『ATYPUS』九二号に「中国のクモ合戦」として報じた[18]。闘わせるクモは壁のかげや作業台の下にいて、網は数本の縦糸のみで横糸がなく、脚のやや長い小グモだといい、各人数匹ずつ窓の間で養ったともいう。餌には蠅や大蟻を与えた。雌グモの母性本能を利用して卵嚢からまだ出ない別のクモの子を養育させることや、強いクモを体色で判断したり、個体ごとに「黒い虎」「鷹の爪」「べっこう腹」「喜娘」などの呼び名をつけたりと、微に入り細をうがった記述には一驚せざるをえない。ただしクモ相撲の土俵についての言及がないのが惜しまれる。勝負はなぐりあい、糸でしばり、相手が死んではじめてやめた。著者の友人がこの遊びをはじめたといい、伝承遊びとは一線を画したものとしている。

韓国

韓国の南部地方、とりわけ慶尚道に属する諸地域は、日本民族の出自を考究する上できわめて重要な位置にある。釜山・対馬間はわずかに四〇数キロメートルを隔てるのみで、晴れた日には互いの陸影を望むことができる。約一万二〇〇〇年前まで日本は朝鮮半島と陸続きであったと推定されるから、のちに縄文文化人となるべき多くの人々が陸路移住してきたと考えられよう。海峡の出現後も、縄文時代を通じて漂着民、ならびに意識的渡来者は十分ありえたと思われるが、下って紀元前四〇〇年頃からの日本弥生文化は、朝鮮半島から船または筏によって渡来した人々がもたらした蓋然性が大きい。中国揚子江下流域からの渡来説もあるが、朝鮮半島を抜きにして日本の弥生文化は語れまい。そこでクモ合戦も朝鮮半島から渡来したか否かの検討が必要になる。ここに注目すべきは韓日両国語におけるクモの呼び名の酷似である。

クモを現代韓国語でコミという。九州方言のコブ、屋久島に知られるコビを併せて比較すると、韓国語コミに対して日本語のクモ・コブ・コビは音韻的にすこぶる近縁と考えられる。日本に最も近い韓国慶尚道におけるクモの方言と、同地方の過去現在にクモ合戦遊びが存在したか否かを実地調査する必要を痛感した所以である。

一九九九年、韓国利川市在住のクモ研究者、兪最善氏とともに一月三、四日の二日間、共同で調査に当たり、その後は筆者単独で聞き取り調査を行なった。

一月四日、慶尚南道・巨済島（コジェド）の農村（二集落）で、道で出会った夫人たちにコガネグモ、ナガコガネグモ、チュウガタコガネグモの拡大原色写真を見せて質問したところ、クモの呼び名はクミ、コガネグモはワングミとの答えを得た。ただしクモを闘わせる遊びはしたことがないという。兪氏はワングミ（王蜘蛛）を「大きいクモ」の意と説明してくれた。

同日午後、巨済島を離れて統営（トンヨン）に向かう。この地は約四〇〇年昔、豊臣秀吉の朝鮮侵略に抗して水軍を指揮し、秀吉軍を撃退した韓国救国の英雄・イスンシン（李舜臣）将軍にゆかりの古戦場により広く知られている。丘の上から日本の方角を睥睨《へいげい》するイスンシン将軍像を参拝した帰途、夕暮れの統営漁港で中年の漁師夫人に話を聞いた。コガネグモの呼び名はここでもワングミであったが、この夫人の語るには、コガネグモの腹部に穴をうがち、その内容物を絞り出して腫れ物の患部に塗るという。生きた

粉青沙器線刻蜘蛛文扁壺（李朝時代）．長野県須坂市・田中本家博物館所蔵．

韓国救国の英雄イスンシン（李舜臣）将軍像．400年前，豊臣秀吉の侵略軍を撃退した．トンヨン（統営）の海を見下ろす公園で．この町で漁師の夫人に生きたワングミ（コガネグモの慶尚南道方言）を腫れものの薬にしたことを聞いた．

コガネグモの内臓と体液を膏薬にするのである。しかし夫人はクモを闘わせる遊びは知らないとのことであった。以上は兪氏と夫人との対話により、兪氏の通訳で知ることができた。

兪氏と別れてのち、一月五日、慶尚北道慶州東部海岸の文武大王海中陵近くで、海産物を売る夫人（漁民の家族と信じられた）に質問した。この夫人の語るには、コガネグモの呼び名はワングミ、またナガコガネグモはシネングミと呼ぶとのことであった。チュウガタコガネグモの写真を見せると、そのクモは知らないという。クモを闘わせる遊びもしたことがないが、ワングミの腹をおさえて糸を引き出して遊んだとも教えてくれた。日本語の達者な慶州のタクシー運転手氏（当時六十八歳／男性）によると、コガネグモはワングミだが、ナガコガネグモはシルングミと呼ぶとのことで、シルンは黄色の意味だという。

今回の韓国での民俗調査によって得られたクモに関する情報は以上ですべてであり、クモを闘わせて遊んだという証言は得られなかった。しかし今回の調査で知ることのできたコガネグモの慶尚道方言ワングミは、島根県隠岐のコガネグモ方言ホングモならびにオニグモと音韻的に紙一重であり、慶尚道におけるクモの一般称クミもまた、日本語のクモとほとんど一致する。隠岐の地で近年までクモを闘わせる習俗がきわめて盛んに行なわれていたことを思いあわせると、コガネグモ合戦は韓国南部から、漁民によってコガネグモの呼称とともに同島へもたらされたかもしれず、少なくともその可能性を安易に否定はできまいと思われる。またコガネグモ方言としてのホングモは新潟県佐渡にも伝承されている。佐渡にはナガコガネグモの呼称にイナグモがあったが、この名は慶尚北道におけるナガコガネグモ方言としてのシネングミ、シルングミにきわめて近い。同じく佐渡のワルグモ（オニグモ）も、元来は慶尚道のワングミに由来する語であった可能性を考慮に入れたいところである。

慶尚北道のナガコガネグモ方言シネングミ・シルングミは、日本の地で転訛して漢名の女郎蜘蛛に引き寄せられることがなかったであろうか。コガネグモをわが国の方言でジョローグモと呼ぶ地の少なからざるを思うとき、ふと疑問が頭をもたげた。韓国でクモの種に即した方言調査が今後綿密に行なわれるなら、こうした問題への解決の糸口が与えられるかもしれない。

さて兪氏の文献調査によると、クモを意味する韓半島方言には次のような語がある。

コム、キミ、コモ、カミ、カメ（ただし日本式カナ表記では韓国音を正確に再現できない）

上記の方言例で「コム」の分布は広く韓半島北部より南部に及び、慶尚道も含まれる。これらを総合すると、日本語のクモ（標準語）とコブ（九州方言）とは、いずれも往古の朝鮮語と近縁であることが推定されよう。また慶州東海岸の漁民がコガネグモ・ナガコガネグモを明確に識別して独自の名で呼び、同じく慶尚南道・統営の漁民が生きたコガネグモを薬用に供する伝統を今に伝えている事実は、韓民族のクモに対する関心度の並々ならぬ高さを示しており、韓国でのクモ合戦習俗こそ未確認だが、韓日両国民が古来クモ観を共有してきたことを暗示している。生きたクモを外用薬に用いる例は、前述のように沖縄県八重山郡西表島、石垣島の習俗として新たに確認しえたところであり、また福井県敦賀市在住の高田幸一氏によると、故郷の石川県津幡町で、クモの糸を怪我をしたときの血止めに用いたという（一九九八年十二月二十五日記録）。小西正泰氏（「食用・薬用としてのクモ」）によると、クモを膏薬とし、またクモの糸を止血に使うことは西洋にも知られ[76]、明の李時珍の『本草綱目』にもクモの薬効が説かれており、韓国や日本で民間薬として昔からクモが利用されてきた習俗の背景には、多分に中国本草の影響があったかと考えられよう。

軒端のオニグモ

家の周辺に大きな垂直円網をつくるオニグモは、日本の子どもたちに最も親しまれたクモのひとつであろう。夕方に網を張り、朝には律義に網をたたむ。ただし西国のオニグモは毎朝これを精励するが、東国に生まれた諸君は網を何日ももたせて張り替えの手間を省くという。気温のちがいが行動の変異を生んだのか、それとも他の要因の帰結か知らない。クモは網をたたむとき、旧糸を食べて体内にとりこみ、タンパク資源を無駄にしない知恵者である。

少年時代、夏休みが来るたびごとに、軒端のオニグモの巣を竹棒につけた針金の輪にからめとり、セミを捕った。粘着力の強いクモの巣にセミが自由をうばわれ、ニイニイゼミなど面白いようにとれたが、図体の大きいミンミンゼミは小児の力量を越えていた。クモの網（正しくは円網の横糸）の粘着力を利用した捕虫網の工夫は、日本全国あちこちに知られる。

オニグモのからだは黒灰色で、お世辞にも綺麗とは呼べなかったが、悠揚せまらざる動作が実直な老職人の風情で好もしかった。

子どものころからオニグモと名をわきまえていたから、他の呼び方を知らない。「鬼蜘蛛」の意と思うが、韓国南部、慶尚道のコガネグモ方言「ワングミ（王蜘蛛）」と音韻的に紙一重だ（コガネグモ方言としてのオニグモには別章で触れる）。旧著『虫と遊ぶ　虫の方言誌』にも多少論じたから、ここには最近の蒐

アブラゼミを網に捕らえたオニグモ．
東京都町田市小山田の多摩丘陵で．

集成果をもりこんだ表をお目にかけることにしよう。

オニグモの方言表

イエグモ	北海道
イシコブ	熊本県球磨郡湯前町
ウマクモ	岩手県九戸郡大野村
オーグモ	三重県松阪市
オニクボ	秋田県仙北郡角館町
カミナリグモ	岐阜県
ガメクボ	福井県吉田郡永平寺町
クログモ	岡山県邑久郡長船町
ジシングモ	長野県東筑摩郡麻績村
ジョログモ	愛媛県越智郡生名村
ダイハチグモ	東京都町田市野津田町
ダイジャグモ	愛知県岡崎市・新城市
ダンゴグモ	兵庫県赤穂郡、広島県双三郡
デロ	熊本県上益城郡
テンコブ	長崎県西彼杵郡

ドロボーグモ	東京都町田市、山口県厚狭郡
ニュードーグモ	福岡県
ヌスタロコブ	宮崎県日南市
ヌストコブ	熊本県八代郡泉村
ヌストコッ	鹿児島県
ヌスドコッ	鹿児島県曾於郡
ヌストコブ	熊本県八代市
ヌスドコブ	熊本県上益城郡
ヌスビトグモ	岐阜県加茂郡
ヌヌマカ（網を張るクモ）	沖縄県国頭郡大宜味町
バングモ	熊本県球磨郡須恵町、広島県安芸郡熊野町
バンバグモ	神奈川県三浦市初声町三戸
ミヤグモ	島根県出雲市
ヤツアシ	高知県吾川郡
ヤッデコッ	鹿児島県（アシダカグモをこの名で呼ぶ地が多い）
ヤマクボ	秋田県仙北郡角館町
ヤマグボ	秋田県仙北郡角館町
ヤマグモ	岩手県、新潟県
ヤマコブ	長崎県

ユウダチグモ　　長野県
ヨイグモ　　宮崎県東臼杵郡北浦町
ヨグモ　　愛媛県北宇和郡、山口県大島郡東和村
ワルグモ　　新潟県佐渡郡

家にすむアシダカグモ

家にすむ大グモといえばアシダカグモが代表的だが、アシダカグモが棲息しないやや北方の地では、コアシダカグモが屋内にすみつくことがしばしばある。福井県敦賀市中池見湿地で、この生物多様性に富んだ湿原を守ろうと活動している自然保護団体・中池見湿地トラストが、買い取った地に小屋を建てたら大グモがすみついた。湿地周囲の崖のほこらを根城とするコアシダカグモであった。

多くのクモの寿命は一年であるが、アシダカグモは長生きで、おとなになるのに何年もかかるし、飼育下では十年も生きることがある。

アシダカグモは、ゴキブリ・キラーとして知られている。アシダカグモにも当然、子供時代があるのだけれども、小さいうちは小さいゴキブリを食べている。ゴキブリを駆除するために殺虫剤を撒いてクモまで殺すのは愚かきわまる。徘徊性大型種のアシダカグモや、部屋の隅に巣をつくるオオヒメグモを駆除さえしなければ、クモたちが適当にゴキブリを食べてくれて、さしものゴキちゃんとても、そうそう増えるものではない。

沖縄県宮古島では、家にすむアシダカグモを大切にする伝統がある。卵の袋でもかかえていようものなら、縁起がよいから家の外へ出すなという。

イエグモ（アシダカグモ）の卵嚢をつぶしてデキモノの薬にしたのは西表島船浮の古老の話。そんな利

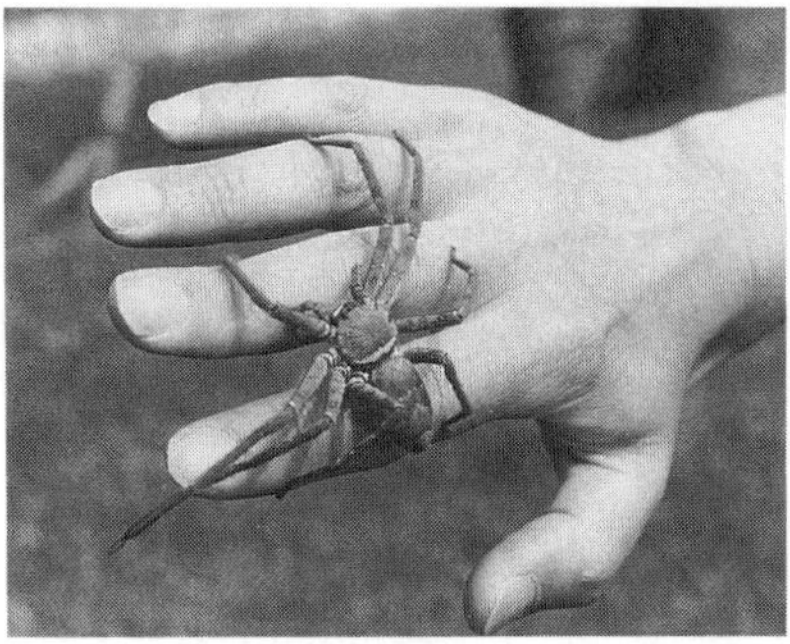

アシダカグモ雌．霜田知慶氏撮影．

用法は今ではめったに聞かれないが、「タイコグモ（何の種か不明）の袋を患部に張ると吸い出す」（大分県）とか、「イエグモの腹を押し出し紙に貼って膏薬に代用する」（沖縄県国頭郡）などの用法が鈴木棠三『日本俗信辞典　動・植物篇』に採録されている。[11]

アシダカグモの方言表

アシナガ	宮崎県児湯郡高鍋町
イエーキクーバー	沖縄県国頭郡本部町
イエグム	静岡県加茂郡西伊豆町
イエグモ	沖縄県国東郡・八重山郡西表島、宮崎県東臼杵郡北浦町、徳島県那賀郡鷲敷町、高知県香美郡物部村、和歌山県東牟婁郡古座川町・西牟婁郡上富田町・日高郡由良町、三重県熊野市新鹿町・北牟婁郡海山町
オーグモ	香川県高松市、茨城県東茨城郡茨城町
オニグモ	三重県熊野市新鹿町
カシグモ	広島県世羅郡甲山町（菓子のビスケットのにおい／新谷隆之氏）

グモ	大分県佐伯市（注／コガネグモはダイロ）
コッタラ	沖縄県八重山郡竹富島
コブグモ	佐賀県東松浦郡鎮西町
センチャグモ	和歌山県東牟婁郡古座川町
タワラグモ	宮崎県東臼杵郡北浦町
テンコブ	長崎県西彼杵郡・南高来郡
ヌスビトグモ	静岡県浜松市
ハエトリグモ	愛媛県北宇和郡広見町
ハシリグモ	香川県三豊郡財田町
ヤサガリクブ	鹿児島県大島郡笠利村
ヤツデコブ	鹿児島県
ヤッデコッ	鹿児島県
ヤツネコブ	鹿児島県
ユーレーコブ	長崎県諫早市
ヨグモ	広島県豊田郡木江町
ヨロコブ	長崎県西彼杵郡

森の仙人ザトウムシ

糸のように細くて長い八本の脚の屈曲が、そろりそろりと地を行き、樹幹を這う。そのまんなかに、豆粒のようなからだがあるにはあるのだが、どこが顔だか、いずれが尻か、さっぱりわけが分からない。たいていは薄暗い森や林にいて、声もたてず、飛ぶ羽もなく、もの静かで消え入りそうなたたずまいだ。そんな生きものがザトウムシ、といったら「ああ、あれか」と思い出してもいただけようか。

漢字で書くなら、座頭虫。日本中世史で、ザトウは商工業や芸能集団の座頭《ざがしら》をいった。転じて盲目の琵琶法師。さらに転じて、歌や語りと按摩をなりわいにした人々の代名詞となった。昭和の大衆の喝采を博した勝新太郎主演の映画「座頭市」ものが記憶に新しい。

クモに似てクモにあらず。クモ類とはたしかに近縁なのだが、からだの仕組みも生活の様式も非常にちがう。クモは頭胸部と腹部のあいだが細くくびれるが、ザトウムシは全身ずん胴でくびれず、腹部の体節がはっきりしている。目は二個で、漫画にでも登場しそうなユーモラスな顔立ち。それに何よりも、ザトウムシには糸を出す器官がない。クモの雄は触肢の先に精子貯蔵器をもち、いったんそのなかに精子を移して、しかるのち雌の性器に触肢を挿入して交尾をはたすが、ザトウムシはそのような精子貯蔵器をもたない。クモは生きた虫を直接に襲ったり、網の罠にかけたりして食べるが、ザトウムシは奇襲も待ち伏せも罠かけもせず、小動物の死骸の食卓でおとなしく食事する。而《しこ》うしてクモは……はたまたザトウムシは

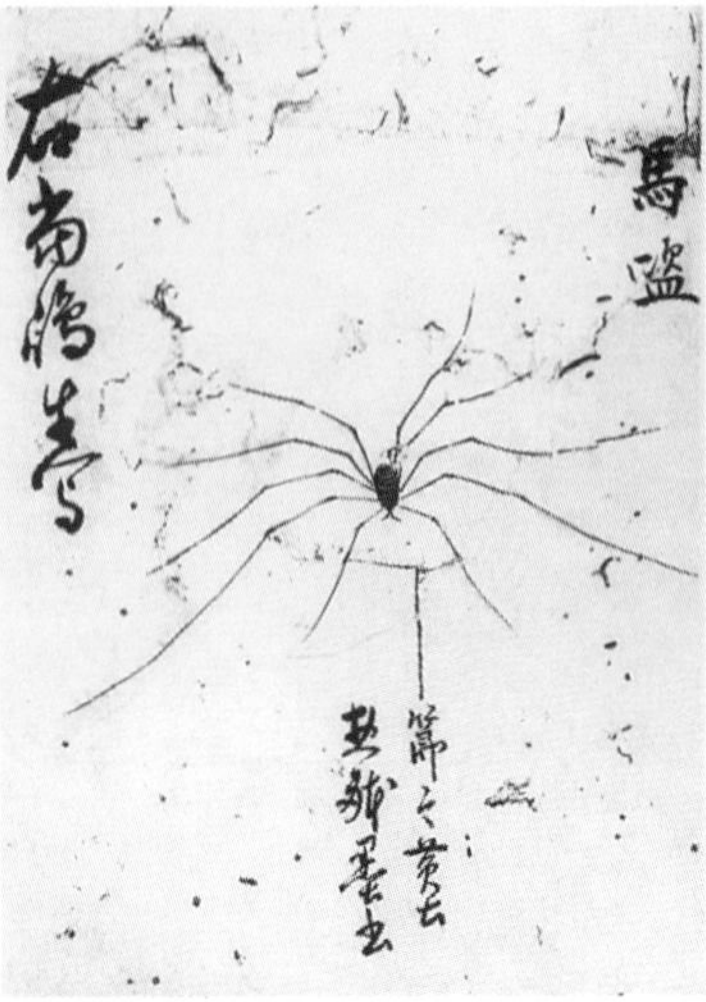

ザトウムシの一種．草を刈らせる模擬遊びや，多彩な方言が明らかになりはじめた．

江戸時代に描かれたザトウムシ．「長門国産物之内江戸被差登候地下図正控」より．山口県文書館書蔵．

……いやはや！　要するにクモはザトウムシではなく、ザトウムシはクモではなく、しかしどちらもクモ綱（旧名／蜘蛛形綱）に属し、かたやクモ目を、こなたザトウムシ目をと、対等に張り合ってどんなもんだと威張っている。われらはもっとザトウムシを尊敬しなければいかん。

「森の仙人ザトウムシ」、とむかし思いつきで何かに書いた覚えがある。ところが世の中は広いもので、ザトウムシの悠揚迫らざる挙措ふるまいを仙人にたとえた方言があったのだ。これはうれしい驚きだった。

英語圏世界では、この一群の小動物を「ダディ・ロングレッグズ（足長とうさん）」と呼ぶ。ウェブスターの傑作小説『足ながおじさん』は、せいたかのっぽの男性主人公をザトウムシに見立てたあだ名であったのだろう。英語ではガガンボも同じ名で呼ぶことがあるから、どちらに譬えられたのか、必ずしも明らかでないが。ところが日本のザトウムシ方言に、アシナガグモとか、アシナガというものがあって、洋の東西で発想が完全に一致しているのが面白い。ガガンボの方も土地によりアシナガカ（足長蚊）、アシナガトンボ（足長蜻蛉）などと呼ばれることがあり、またカノハハ（蚊の母）、カノオバサン（蚊のおばさん）ともいうが、おっとこれは脱線。

ザトウムシは江戸時代に早くも立派に描かれて、人間様から名前ももらっていた。その名は長門（山口県）で「馬盗人」。命名の心意は杳《よう》として不明だ。

柴田亮俊さんにうかがったのだが、福井県鯖江市で、ザトウムシをコメフミと呼んだという。意味は「米踏み」だろうか。不思議な名である。

これまでに集まったザトウムシの方言は表を見ていただくとして、現代に生まれた新しきニックネーム、「森の仙人」をみなさまにご愛称いただければ光栄である。

ザトウムシの方言表

アシオリテギテギ	岩手県下閉伊郡田野畑村
アシダカクボ	岩手県遠野市土淵町
アシナガ	秋田県仙北郡角館町
アシナガクボ	秋田県仙北郡田沢湖町
アシナガグモ	青森県下北郡川内町、岩手県上閉伊郡宮守村、宮城県牡鹿郡牡鹿町・牡鹿郡女川町・玉造郡鳴子町・本吉郡志津川町、埼玉県比企郡都幾川村、群馬県吾妻郡草津町・碓氷郡松井田町、長野県上伊那郡中川村・木曾郡開田村、新潟県南魚沼郡大和町、鳥取県西伯郡中山町、広島県呉市、長崎県北松浦郡鷹島町

アスナガ	宮城県牡鹿郡牡鹿町
イトグモ	三重県阿山郡阿山町
イトグモモドキ	和歌山県西牟婁郡上富田町
イネカリクモ	岩手県九戸郡大野村（ザトウムシの遊び――イネカリクモの足を取って、虫が動くのにあわせ「草を刈れ刈れ」と囃した〔松橋栄氏〕）
イネカリグモ	岩手県上閉伊郡大槌町
ウマヌスビト	山口県（長門国／江戸時代）
カゴツクリ	徳島県那賀郡木沢村
カゴツクリムシ	徳島県那賀郡木沢村
クサカリグモ	山梨県南都留郡鳴沢村
コーブ（クモもコーブ）	鹿児島県熊毛郡屋久町
コメツキ	和歌山県東牟婁郡北山村
コメツケアワスケ	千葉県勝浦市
コメフミ	福井県鯖江市
ザト	新潟県佐渡郡真野町
ザトーグモ	神奈川県足柄上郡松田町
ザドムシ	山形県東置賜郡川西町
センニングモ	岐阜県益田郡下呂町
センニンムシ	栃木県上都賀郡粟野町

タカアシグモ	埼玉県秩父郡皆野町
トケイ	徳島県三好郡西祖谷山村
トケイコブ	熊本県球磨郡五木村高野
ハタオリ	山梨県北巨摩郡須玉町
メクラグモ	和歌山県東牟婁郡古座川町、兵庫県西脇市、静岡県田方郡韮山町、長野県諏訪市
メッコグモ	岩手県釜石市甲子町
ユーレーグモ	和歌山県日高郡由良町、奈良県（子供）

ジグモの遊び

つーれろ　つれろ
赤いまんまやるから
つーれろ　つれろ

神奈川県足柄上郡松田町に伝わるフクログモ（ジグモ）捕りのわらべ唄で、巣の袋をそろそろと注意深く引っぱり上げながら唄ったものである（竹内清氏より報知）。クモ一匹つかまえるのに、赤飯をやるよとおだてている。ふるさとの長閑《のどか》さとともに、麗しい詩心と童心が横溢しているではないか。だが捕ったフクログモは「二匹を寄せて」闘わせたという。これは静岡や山形をはじめ、日本のあちこちで行なわれていたジグモ系クモ合戦のほんの一例である。

ジグモは半地中性の細い閉じた袋をつくってその地下にすむ。その上半分は地上に出て、樹木や塀などに密着している。クモはふだん地表下の袋のなかにいるが、獲物の虫が袋にふれて振動を感じると、電光石火のすばやさで袋の内側から獲物に牙を突き立てる。首尾よく虫を捕らえられれば、あとは巣に引きずりこんでゆっくりお食事だ。

ジグモは光った黒褐色の頭胸部と脚をもち、腹部はビロード状の暗褐色で、なかなか美しいクモである。

ジグモの巣．洗って伸ばし，傷口に貼ったという人もいる．

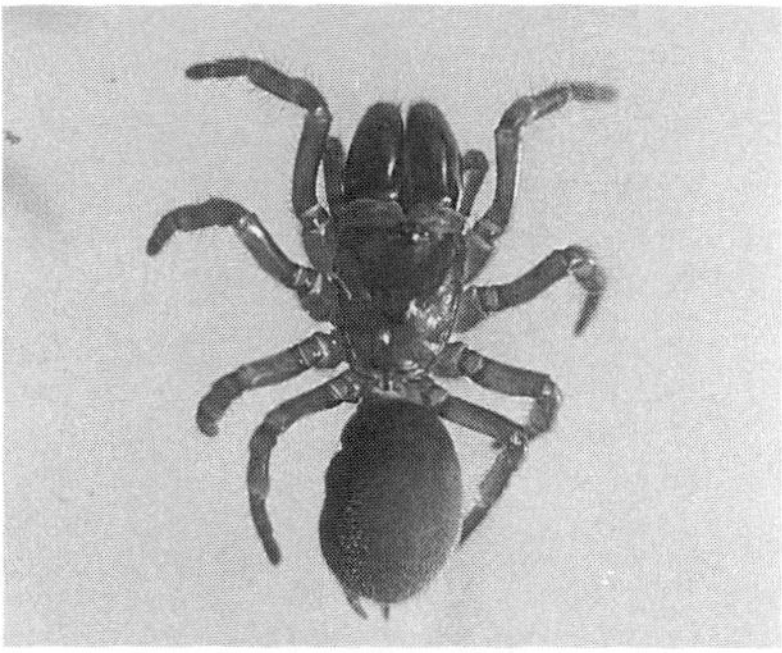

巣から引き出したジグモ．頭胸が黒っぽいチョコレート色に光る美しいクモである．雄は自分の巣を出て雌の巣へ求婚に出かける．

二本の牙が上下方向に動くのは、トタテグモなどと同じく、原始的なからだのしくみといわれる。

ジグモはコガネグモとともに、日本の子どもたちに最も親しまれたクモの双璧である。

このクモを捕らえるには細心の注意力を要し、巣をクモごと引き抜くのは容易な技ではない。そこでジグモの巣を地面から引き出す遊びが成立し、それにともなうわらべ唄が発達した。だがわらべ唄などなくとも、ジグモを地下の巣からとり出すこと自体が子どもたちの楽しみで、大きいジグモを捕る競争をした（群馬県吾妻郡）。

ジグモのとなえ唄の例をあげると、鹿児島県出水《いずみ》郡野田町で、「ジュジュムシ、ジュジュムシ、うしと（後ろ）からジジドンとババドンがうてごらっど（追って来られるよ）」と唄ったという（橋本紘爾氏）。愛知県豊川市当古町の伝承では、「ジーグモつれよ、切れるとお前のお母さん死んじゃうぞ」といった（酒井斌至氏）。そういいながらゆっくりと慎重に巣を引き抜いたのである。類例は枚挙にいとまのないほど多いが、土地ごとに独特の情緒をたたえ、ユーモラスな表現が花開いている。北原白秋編『日本伝承童謡集成 第二巻 天体気象・動植物唄篇』(以下、単に白秋としたのは同書からの引用)には多くのジグモ唄が収録されている。(62)

・カンペ、カンペカンペ、馬へ乗って出て来い(千葉/白秋)
カンペは腹きり勘平の意で、忠臣蔵六段目、早野勘平であろう。後述のジグモに切腹させる遊びによる命名である。

・土蜘蛛、土蜘蛛、下は火事だから上さあがれ(茨城/白秋)
茨城県にはこのとなえ唄に由来するシタカジムシという方言も知られる。

・乳こんぼ、乳こんぼ、乳のんで大きくなれ(茨城/白秋)
「乳こんぼ」はツチグモ(これもジグモの方言)の訛りであろう。

・ちんちん蜘蛛、ちんちん蜘蛛、下に火事があるから天井へあがれ(群馬/白秋)
「ちんちん蜘蛛」もツチグモの訛りと思われる。

・蜘蛛、蜘蛛、おいらんおばさん、成田へ行くから、袋かせ、袋かせ(千葉/白秋)
「おいらんおばさん」はジグモの愛称であろう。

・腹切りもんも、小豆飯《まんま》食せっから、すっぽんと抜けろ(宮城/白秋)
この唄はクモの呼び名が「ハラキリモンモ」だから、ジグモの唄と解釈できるが、「小豆まんま」は宮城でススキの葉などを折り曲げてつくられたカバキコマチグモの巣を開ける遊びの呼称を連想させる。

・お山のごんぼ、お茶のみさ、あがれ（福島／白秋）
「ごんぼ」がジグモの呼び名である。
・じもさま、じもさま、お茶飲みおいで（長野／白秋）
「じもさま」と敬称をつけてジグモを呼んでいるが、単にジモと呼ぶ土地もある。

クモの喧嘩遊びの対象に、ジグモが選ばれた土地もあった。静岡県富士宮市では、子どもたちが二匹のジグモを茶碗のなかで闘わせて遊んだ。山形県東置賜郡でも、ツチグモ（ジグモ）を闘わせることがあったし、神奈川県鎌倉市山ノ内でジグモをトントンカミサマと呼び、昭和三十年頃まで子どもたちがマッチ箱のなかで闘わせていた（高橋貞二氏）。千葉県勝浦市では、ジグモの大きな袋状の巣をみつけ、色の濃い大きい個体をさがし、組ませて遊んだ（昭和三十年ごろまで）。とくに囃し言葉はなかったが、「それ行け」「やっつけろ」などと声を出した（鈴木藤蔵氏）。ジグモの喧嘩遊びは東日本に広く散在し、内陸部でも行なわれていた。今のところクモの本体と伝承地のはっきりしている分布北限は山形だが、もっと北方でも行なわれていた可能性があると思う。

ジグモ習俗でもっとも分布の広いものは、クモの腰を無理に曲げて牙で腹を咬ませ、故意に切腹させるという残忍な遊びだった。この遊びにもとづいた方言が各地にあり、ハラキリカンペー、ハラキリグモ、サムライグモ、ブシ、ゲンジグモ、トノサマグモなどと呼ばれた。封建時代の社会意識が反映して、歴史的に見れば興味深いが、私はきらいだ。

長野県の上條廣志氏は故郷松本市でのジグモをジモと呼ぶ。ジグモを捕るとき、「ジモ、ジモ、下が火事だから出てこい」といってジグモの袋を引き上げたという。また捕らえたジグモの胴をもって「ジモ、ジモ、腹切れ」というと、ジグモは自分の前足をさかんに動かし、腹部を自分の前足の爪で切ってしまう、とお知らせくださった。

神奈川県津久井郡のジグモ方言オコシンサン、徳島県小松島市のサンバイサン、鹿児島県姶良郡のサイノムシなどは民間信仰をもとにした呼称と信じられる。さらに長尾勇によれば、カミナリグモ（新潟）、オカンダチグモ（茨城）、ゴロゴロムシ（岩手）、テンジングモ（神奈川）などは農民の雷信仰にもとづくという。

次に掲げるジグモの方言表は、私の集めた一次資料に加え、長尾勇（略称／長尾[136]）、更科公護（同／更科[99]）、北原白秋[62]の調査結果により補強してある。

ジグモの方言表

アナグモ	長崎県北松浦郡
アマホロホロ	三重県多気郡多気町
オイランオバサン	千葉（白秋）
オカンダチグモ	茨城県猿島郡（長尾）
オコシンサマ	茨城県西茨城郡友部町
オコシンサン	神奈川県津久井郡（長尾）
オコジンサン	茨城県東茨城郡
オコロシンサマ	茨城県（更科）

カミナリグモ　新潟県中頸城郡（長尾）
カンペ　宮城県本吉郡志津川町（わらべ唄――カンペ、カンペ、のんづけろ。日なたのカンペ、のんづけろ（山内郁氏））
カンペー　千葉県安房郡、関東南部、長野県
グジモリ　愛媛県喜多郡肱川町茗荷谷
ゴロゴロムシ　岩手県宮古市（長尾）
ゴンボ　福島（白秋）
ゴンボゴンボ　茨城県（更科）
サイノムシ　鹿児島県姶良郡（長尾）
サムライ　埼玉県狭山市、神奈川県津久井郡（『全国方言辞典』）
サンバイサン　徳島県小松島市（長尾）
ジクンボ　静岡県磐田郡龍山村
シタカジムシ　茨城県（更科）
ジモ　長野県松本市
ジモグリ　長野県東筑摩郡麻績村
ジュジュムシ　鹿児島県出水郡野田町
ズーボンボ　茨城県つくば市
ゼンブクロ　千葉県市原市（『全国方言辞典補遺』）
タケグモ　宮崎県東臼杵郡北浦町

タロー　岩手（白秋）
チチクロタンポポ　三重県北牟婁郡海山町
チチコンボ　茨城（白秋）
チンチングモ　群馬（白秋）
ツチグモ　山形県東置賜郡川西町（遊び――ツチグモを闘わせて遊んだ。大きいものが強かった。昭和三十八年ころまで。喧嘩をさせて遊ぶ子供はあまりいなかった〔藤田宥宣氏〕）、徳島県美馬郡、三重県度会郡（ほか伝承地多し）
ツルコンベー　茨城県新治郡
ツルベ　福島県伊達郡国見町
デーカン　千葉県市原市（わらべ唄――デーカン、デーカン、馬に乗って、牛に乗って、出て来い、出て来い〔と唄いながら巣をそーっと引き抜いた／末吉公子氏調査〕）
デデンゴ　和歌山県（更科）
テンジングモ　神奈川県高座郡（長尾）
トットサン　神奈川県小田原市下曾我
ドロコブ　熊本県球磨郡須恵村
トントンカミサマ　神奈川県鎌倉市山ノ内
ネージンコブ　熊本県球磨郡上村
ネッキリグモ　千葉県君津市
ネンビキジョ　福岡（白秋）（わらべ唄――ネンビキジョ、ネンビキジョ、地の下、火事、火事〔白

秋〕）
ハタキリ　静岡県賀茂郡賀茂村
ハラキリカンペー　埼玉県日高市
ハラキリクモ　静岡県富士市
ハラキリグモ　茨城県北相馬郡利根町（わらべ唄――縁の下火事だ　天井サ上がれ／はらきりカンピョー　腹切ってみせろ〔芦原修二氏〕）
長野県木曽郡
ハラキリムシ　宮城（白秋）
ハラキリモンモ　宮城（白秋）
フクログモ　神奈川県足柄上郡松田町
ミミゴ　和歌山県（更科）
ムカシノサムライ　静岡県（『全国方言辞典』）
ヤマノコトコト　茨城県（更科）

その他のクモ遊び

クモの遊びで全国的にいちばんふつうに行なわれていたのは、クモの巣の粘る性質を利用した虫捕りであろう。竹竿の先を割り広げて他の一本の枝とのあいだに三角形の空間をつくり、オニグモ、コガネグモなどの円網をからげとる。それをもってセミ捕りの道具にした。竿の先に針金の輪をとりつけてもよかった。各地で聞かれる子どもの遊びである。

クモを闘わせる遊びは、関東中部から西に多く、日本ではコガネグモの喧嘩を主流とする。だが奄美大島以北に広く行なわれたコガネグモ合戦のほかに、横浜・房総でネコハエトリ、静岡県その他でジグモ、和歌山県の一部や三浦半島で局地的にオスクロハエトリを使い、三浦半島南端部ではカバキコマチグモを用いた習俗があった。

円網を張るコガネグモ科のクモ遊びには、二匹を闘わせる以外にも、各地で自然に思いつかれても不思議でない素朴な遊びがありえた。沖縄県知念村で、チブサトゲグモをぶらさげていつまでも糸を出させ、糸の先を指に巻きつけて、指先に鬱血するのを「血ィかたまやー」（血がかたまる）といって興じたという。これとよく似た遊びに、宮城県牡鹿郡で、巣にいるナガコガネグモをつかまえ、逃げようとするクモが出す糸をもってヨーヨーにしていた（石森正一郎氏）というし、能登半島（石川県鹿島郡）にも、クモに糸を吐かせてヨーヨーにする子たちがいた（辰巳次郎氏）。福島県南会津郡田島町では、ナガコガネグモをペン

我が子を守るカバキコマチグモの雌．子グモはやがて母親を食べてしまう．

チマキに似たカバキコマチグモ雌の巣（産室）．「まま炊け」などと唄いながら開き，中の卵を食べる子どもたちもいたのである．

ペングモと呼んで、その巣にさわり、クモが巣を揺らすのを楽しんだ（星和雄氏）。埼玉県飯能市の嶋田順一氏（日本蜘蛛学会）は、先年ナガコガネグモの方言をジシングモと教えてくださった。このクモの網揺すり行動によるたくみな命名である。この方言から、ナガコガネグモの巣をつついてクモの網揺すり行動を誘う児童らの胸のときめきが伝わってくる。

さて記録はけっして多くないが、カバキコマチグモの巣（産室）を開いて、中に卵塊が産みつけられているか否かを見たり、また卵の発生段階により、白飯、小豆飯などと囃し、またそれを実際に食べる遊びがあった。

カバキコマチグモは、夏季にススキなどの葉を折り曲げ、チマキのように巻いて営巣する。とくに雌グモの営む産室は大きく顕著であり、子どもたちの関心を喚び起こした。手指で産室を開いて、中にクモの卵があるかないかを見ることが遊びになっていた。新潟県出身の長谷川春二氏は、幼少時代、このクモの巣を開くとき、

トットコまんま、たけたかな、トットコトのトッ

といい、中に卵があると、本当のご飯かと思って食べたという。この遊びが偶発的なものでない証言が、愛知出身の人から得られた。愛知県西春日井郡西枇杷島《びわしま》町小田井出身の伊藤操さんは、

クモさん、クモさん、まんまたけよ

と節をつけて歌い、葉を三角に巻いた巣の中の卵を食べたという（一九九八年九月七日、三重大学大学院生の令嬢の談）。まわりの子どもたちもこのクモの卵を食べていたそうで、特殊な例外的事実ではなく、これまで記録されなかった三河の素朴な伝承遊びの一つと考えられる。愛知県豊橋市三ノ輪町では、

まんま炊け、まんま炊け

とくりかえし囃しながらこのクモが巣をつくっている葉を開き、中にいるのが卵か幼虫かを見たという（鈴木友之氏）。同じく南設楽《しだら》郡作手村でも、子どものころ、ヘイタイサン（カバキコマチグモ）の巣を開き、中の卵を食べたという人の証言がある。

カバキコマチグモの産室と卵をめぐる遊びは、多くの土地にその遊びが伝えられていた可能性がある。岩手県上閉伊郡宮守村で、葉を巻いたカバキコマチグモの卵嚢がクモノコノス（蜘蛛の子の巣）と呼ばれていたというのも、子どもたちの遊びを通してこの虫が認識されていた証拠であろう（阿部隆雄氏報知）。単にこのクモが巣をつくっている葉を破り、中のクモの子を散らして遊んだという新潟県南魚沼郡からの報知も、右の一連の伝承遊戯につながるものであろう。

北原白秋は前出の『日本伝承童謡集成』第二巻に、上記二例と同じ遊びにともなうものと信じられる唱え唄を記録した。(62)

蜘蛛、くぼ、飯炊け、くぼ、くぼ、飯炊け（岩手／白秋）
小豆飯《あずきまんま》炊ぁげ、白い飯炊ぁげ（宮城／白秋）
クモ、くも、ばんげ抱いて寝っから、朝まんま炊げよ（福島／白秋）
くぼ、くぼ、飯《まま》たけ、飯《まま》たかねば銭くれね（山形／白秋）
婆《ばあば》、婆《ばあば》、爺《じじ》山さ行って、薪《たきもの》とって来っから、早く起ぎて飯《まんま》炊いて置《おう》げ（宮城／白秋）
蜘蛛、蜘蛛、飯を煮ろ（長野／白秋）

最近のアンケート調査から、宮城県牡鹿郡女川町のカバキコマチグモ習俗「小豆まんま」を知った（遠藤進氏による）。同じく宮城県宮城郡松島町出身の三崎一夫氏は、このクモの巣を開いて「ママ炊け」と唱え、卵の多少を占ったという。

さらに秋田県仙北郡神岡町では、

クボクボ、赤《あ》げママ炊《た》げ　白《し》れママ炊《た》げ（佐々木昭元氏）

と唄ったといい、「たげ」のかわりに「かしげ」ともいった。平鹿《ひらか》郡平鹿町でも、

クモさん、クモさん、ママ炊《かし》げ（柿崎洋悦氏）

と囃したという。

茨城県北相馬郡には、このわらべ唄に本邦未記録の傑作がある。

くもくも、坊さん来たから、米一升炊け（芦原修二氏からの報知）

芦原氏のいう「クモの卵占い」のときの唱え唄であったことだろう。

この遊びを記憶にとどめている人はまだまだおられるであろうし、こう見てくると、各地でそれぞれ独自に発生した遊びとは考えにくい。ましてカバキコマチグモに咬まれたときの苦痛を考えればなおのことである。

カバキコマチグモ雌の産室は、見れば見るほどチマキに似てい、ススキなど単子葉植物の葉を巧みに折り曲げてつづった巣を開いてみたくなるのは、稲作民族の子どもたちにとってはまことに自然の情というべきであったにちがいない。北原白秋が苦心して集めたわらべ唄の中に、この遊びの無自覚的な記録が含まれていたのは幸いだったし、この遊びの最古の記録ともなった。近年では日本蜘蛛学会の福島琳人さんが、秋田県を中心にその貴重なわらべ唄を集め、著書に紹介しているのが注目に値しよう(165)。

II

土蜘蛛文化論

クモという言葉

古くクモの語をまともに論じたのは新井白石だった。その著『東雅』の説は土蜘蛛を国神の意と解し、カミ→クマ、カミ→クモへの転訛を想定したけだし卓見で、しかのみならず朝鮮語彙を視野に入れた点でも、江戸時代の当時としては他の追随を許さぬものがあった。(7)

『東雅』巻二十（蟲豸第二十）にいわく、『日向国風土記』に、天孫降臨のとき高千穂二上の峰に兄弟の土蜘蛛がいたと見えるが、ツチグモとは国つ神のことで、二上というのも兄弟二神の意らしいと。古語のクマもクモもカミが転じたものであって、また朝鮮語でクモをクムというのが今日まで遺存しているのかもしれないともいう。また同じく古語にクモをササガニというのは、ササは小形の意で、小さくて蟹に似ているからそういうのだ、とこれが新井白石の考えたクモの語源論であった。なお彼は『倭名鈔』により中国の『爾雅』ほかを孫引きして、蠨蛸一名蟢子を小蜘蛛で脚の長いものと源順《みなもとのしたごう》説を踏襲した。

一九三二年、柳田國男は雑誌『方言』に「蜘蛛及び蜘蛛の巣」を発表し、クモを指す語の地方性を問題とした。彼は方言語彙の広域的な分布に着目し、元来クモの語は長野・山梨とこれらに隣接する一府（＝東京都）三県、および近畿に近い中国地方四県のみに限られていたという説をなした。そうしてクモを「グモ」と呼ぶ地帯（和歌山、三重、愛知、静岡）、さらには「クボ」地帯（東北六県や新潟、北陸など）を大きく括って見せる。九州方言のコブと対比して、日本海・東北のクボを方言周圏論の古語遺存地帯に位置づけようとする試みと読む者には解釈できる。「クボは兎に角に所謂裏日本の方面に於て、久しく九州のコブと手を繋いで居たらしい」（柳田論文より引用）とは、彼のような天才にして初めて喝破しえた大胆な仮説であろう。柳田は「バ行が前であり、マ行が後の改革であった」と記して、グモ、クモよりもクボ、コブの方が古い起源をもつ語であろうことを暗示した。(199)

下って一九七一年に柳沢善吉は東亜蜘蛛学会（日本蜘蛛学会の旧名）機関誌『ATYPUS』掲載論文「クモの語源・語義について」の中でクモの語源説を紹介した。(198) 新井白石『東雅』の説のほか、柴田武のコブ古語説（コブ→クボ→クモと音韻変化したとする）にも注目している。

だが柳沢論文の過半は安田徳太郎によるレプチャ語と日本語の対照表をもって構成されている。安田はレプチャ語でクモの一種を指すというツン・グリュンを、九州のクモ方言テンコブ、キンコブ、シマコブ（いずれもコガネグモ類を指すことが多い）や、八丈島方言というトン・ジャルメ、茨城での土グモ（ジグモ？）方言というツル・コンベーなど夥しいクモ方言の祖形語に比定している。さらにレプチャ語のサ・ナ・サ・グリョン（大きな黒いクモ）は、古代日本におけるクモの異名ササガニ（ただし初出はササガネであるが）の祖形とも主張する。

安田説の当否を検証することには大きな困難があるものの、レプチャ語をはじめ、アジアの少数民族のクモ語彙の蒐集と比較考証が、未知の大きな鉱脈であることは確かだろう。

「中国唐代のクモ占い」の章でも言及するが、日本語のクモは揚子江中流・荊州の喜子（＝喜母）と同系であろう。また韓国語のコミとも近しいに相違ない。クモがアジアで孤立した単語である筈がないのは私には当然のことと思われる。

諸橋『大漢和』に蜘蛛を覗く

蜘蛛は「チチュ」と読むらしい。よろずの古代漢籍にその語を求めるなどわが任にあらざれば、諸橋先生の『大漢和辭典』でまにあわせようとはちと虫のいい話であるが。

蜘も蛛も、一字でクモを意味するとのことだが、蜘蛛とつづけて「誅するを知る」義と王安石の『字説』にあるという。クモが獲物をたくみに必殺し餌食にするのを誅するといったものだろう。関尹子、『三極』に、聖人は蜂を師として君臣を立て、蜘蛛を師として網罟（漁網）を立てるといっているそうだ。クモの網と漁網との酷似は中国でも早くから注目されていた、というよりも、人間はクモの網つくりを見て漁網の製法を創案したのだと信じられていた証拠だろう。つぎに『易林』には「蜘蛛作網、以伺行旅」とあって、クモが網を張る様子から旅の安否を占ったと読める。

つづいて蜘蛛の熟語である。『金楼子』に「蜘蛛隠」の話が見える。楚の国に龔舎という人がいた。初めて楚王のもとに就職して、未央宮に宿直したあくる朝、栗のような赤い大グモがいたるところに網を掛けていた。ところがこの網に触れては死ぬ虫がいる。そやつがもがいてもけっして逃れられないのだ。舎はほとほと嘆いて、わが人生もこの餌食の虫のようなものだ、自分が宦官として仕える王宮は蜘蛛の網と変わらない。どうして長く止まることがあろうかといって、さっさと冠を壁に掛け、辞職してしまった。当時の人びとはこれをあざけり笑って、舎のやつは「蜘蛛の隠」だと噂して興じたというのである。してみると今も世間にいう「雲隠れ」とは、もと「蜘蛛隠れ」が本義であったのではなかろうか。少なくとも日本の国語辞典が「雲隠れ」のみを見出し語にし、「蜘蛛隠れ」を等閑に付して顧みないのは片手落ちと思われる。

さてむかし中国には「蜘蛛珠」という思想があったらしい。クモの玉とはそも何物ぞ。諸橋先生は「くもの腹から出た玉」と定義している。『癸辛雑識』に、福建省の村の小家に婦人がいて、麻布を織ってなりわいとしていた。夜ごとに麻を水瓶の水に浸していたが、ある日見ると瓶の水がすっかり涸れているではないか。瓶に罅《ひび》でもあって水漏れしているというわけでもないのに、水を満たしても数日にわたって水が干あがる。不思議なことだと怪しんだ婦人がひそかに見張りをつづけていると、真夜中にはたして一物がやって来、瓶に入って水をごくごく飲んでいるからサア驚いた。しかもである。その身は月のごとくに明るくすきとおって、光が部屋中を照らしていた。子細に観察すると、件のものは一匹の白い蜘蛛にほかならず、その大きさは五斗の柳籠ほどもあったという。気丈な婦人は急いで大きな鶏籠をもってきて白蜘蛛にかぶせる。しかも彼女はそれのみにとどまらず、クモの腹を割いてみたところ、中から弾丸ほどの玉が得られ、部屋中を明るく照らしたという一席。このストーリーの秀抜さは、変化譚《へんげ》としての凄みをはらみながらも、クモを竜にも匹敵する神秘的で霊妙な存在に高めている点にあろう。クモが体内に玉を宿すという話を伝える文献はこれひとつではなく、『埤雅』には「魚の珠は眼にあり、鮫の珠は皮にあり、鼈の珠は足にあり、蜘蛛の珠は腹にあり」といっているそうだ。クモの腹に玉があるとの想像は、アシダカグモなどが頭胸部の下に抱える丸く美しい卵嚢の観察から敷延されたものでもあろうか。福建省の婦人がクモの腹からとりだしたという珠玉をどのように活用したかは知らぬが、クモが吉祥の虫であるとの麗しい俗信が生んだ説話にちがいあるまいと私は思う(この話は中平清氏も自著に紹介している(141))。

銅鐸のクモ――弥生時代のクモと祈り

銅鐸は、弥生時代の日本で大量につくられた青銅製の打楽器であり、なんらかの祭祀に用いられた儀礼の具と考える人が多いようだ。その起源は、古代の中国・朝鮮半島に見られる青銅製の鐸であろう。弥生時代中期には高さ二〇センチ前後の小型の銅鐸がつくられていたが、やがて大型化して、高さ四〇～五〇センチから、大は一メートル三〇センチにまで達するものも現れた。これまでは関西地方から出土した例が多いけれども、四国、九州地方からも知られている。

私は紀元前六世紀に比定される中国春秋時代の青銅製打楽器、「編鐘」を東京国立博物館で行なわれた中国国宝展で見たが、大きさの順に二六個をならべ、打ち鳴らして旋律をかなでられるようにつくられている。同博物館で、復元された編鐘の演奏を聴いたこともある。中国政府から派遣された音楽家集団によるそのときの演奏から、編鐘の音色の美しさにたちまち魅了されてしまった。

日本の銅鐸がそうした音楽に用いられたという証拠はない。集落から孤立した山や谷で少数が出土することの多い銅鐸は、じつは用途がいまだに謎に包まれている。ただ祭器であったとする点でだけ、おおかたの合意が形成されているにすぎない。

銅鐸には浮き彫りの線画が描かれているものが多い。袈《け》裟襷《さだすき》文、流水文、渦巻き文、斜め格子文といった幾何学文様があり、また多分に抽象化された動物や、人や家などの絵も知られる。弓矢で鹿を射る人、臼を杵でつく人物像のように、労働の光景を巧みに表現したものもある。住居の絵では、かけられた長い梯子の表現から、当時きわめて床の高い高床式建築の存在したことが推定される。それは徳之島に現存する高床の倉のようなものだったのだろうか。

銅鐸に描かれたさまざまな線画のうち、動物の絵の面白さはひとしおである。鹿、猪、水鳥、亀（スッポンの可能性もある）、蛙、イモリ（サンショウウオかもしれず、トカゲ、ヤモリの可能性もあろう）、トンボ、カマキリ、そうしてクモの絵が見られる。クモではなく昆虫のアメンボだという論者もいるが、私はクモ説をとる。その理由は追い追い述べるとしよう。

さてクモが描かれた銅鐸は、私たちの知りうるかぎりでは二種類がある。その一は東京国立博物館（以下「東博」と略記する）所蔵の「伝香川県出土銅鐸」（国宝）である。上野公園の東博を訪れたら、新築ほやほやの平成館一階、考古学の部屋の入り口近くに、弥生時代を代表するシンボリックな造形作品としてこのクモを描いた銅鐸が展示されていた。しかし博物館というところはときどき模様替えをするから、お目当てのものに一度で出会えた私は幸運というべきかもしれぬ。ともかくこの銅鐸は、クモが描かれているという珍らしさを別としても、日本人の精神史を探る上で画期的に重要な遺品にちがいない。

その二は神戸市立博物館（以下神戸博と記す）所蔵の「国宝桜ケ丘銅鐸・銅戈」の一部をなすもの（「桜ケ丘四号銅鐸」、および「桜ケ丘五号銅鐸」）であり、兵庫県神戸市灘区桜ケ丘遺跡（ただし発見後の命名）において一九六四年に発掘されたものである。[70] この方は神戸博を訪れればいつでもまじかに鑑賞することができる。

これら三つの銅鐸のうち、東博のものはクモが八脚に表現され、神戸博のものはクモが四脚に表現されている。いずれもからだから直線的に突きでた脚は、アルファベットのX字状に展開しており、コガネグ

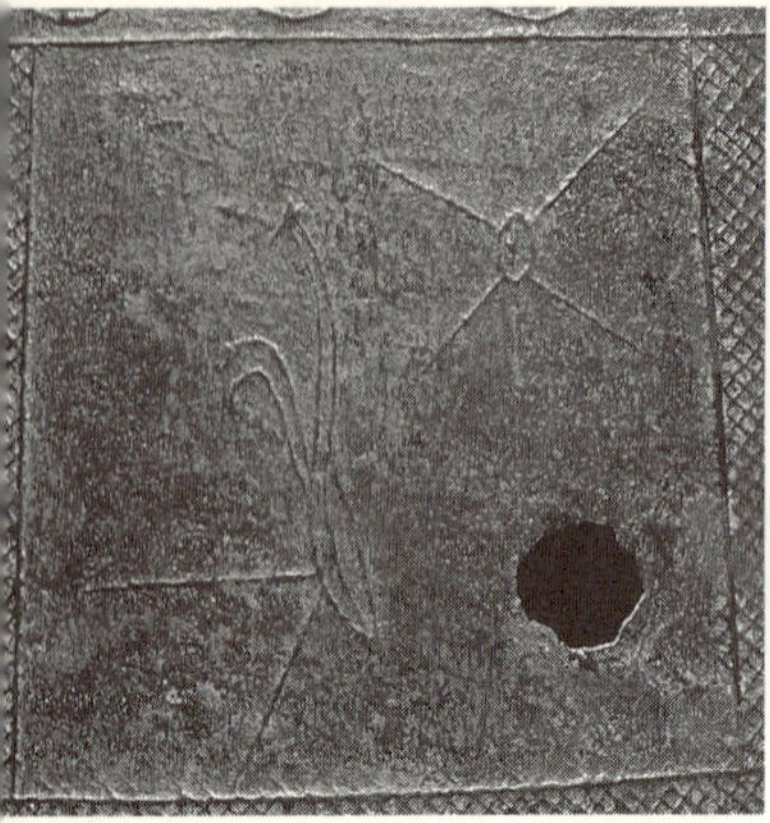

銅鐸に描かれたクモ・その2．国宝桜ケ丘4号銅鐸より．神戸市立博物館所蔵．

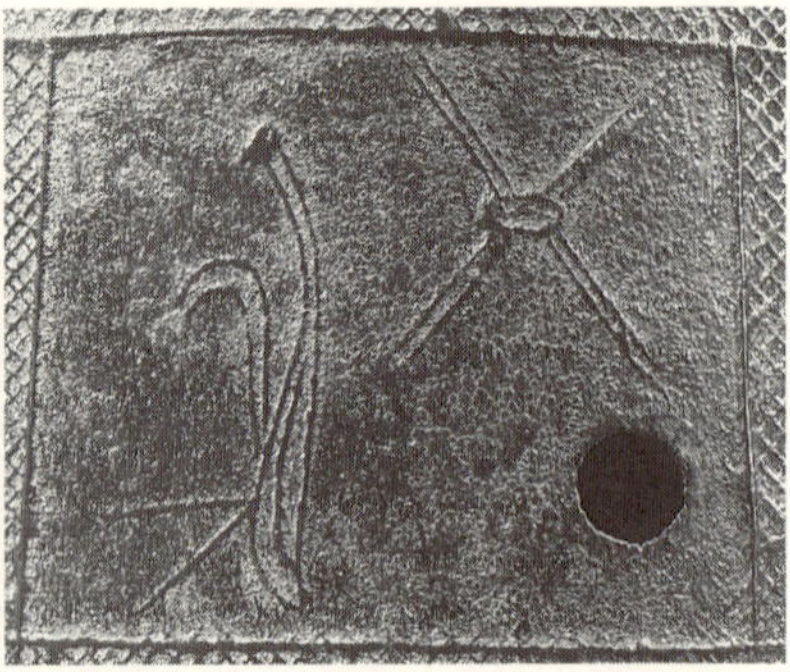

銅鐸に描かれたクモ・その1．国宝伝香川県出土銅鐸より．東京国立博物館所蔵．

銅鐸に描かれたクモ・その4．国宝桜ケ丘5号銅鐸より．神戸市立博物館所蔵．

銅鐸に描かれたクモ・その3．国宝桜ケ丘4号銅鐸より．神戸市立博物館所蔵．

モ属のクモが円網の上に定位しているときの姿勢と瓜二つである。からだはほぼ楕円形を呈し、私はこれらをはじめて見たとき、「あ、ナガコガネグモだな」とひとりごちたほどである。

まずは東博所蔵の国宝、「伝香川県出土銅鐸」（弥生時代後期、高さ四二・八センチ）から観察してみることにしよう。この銅鐸は、細かい斜め格子文で埋めつくされた袈裟襷文によって、両面にそれぞれ六区画の絵画空間がつくられており、動物と、人物と、建築の線刻画を浮き彫り状に鋳出して見事である。説明の便宜上、クモの描かれた面をA面、他の面をB面と呼ぶことにする。A面は右上から下へ「クモ（一匹）、カマキリ（一匹）」の区画、「魚（二匹）、サギ（ツルかもしれない／二羽）」の区画、「弓をもつ人、犬（五頭）、イノシシ（一頭）」の区画、左上から下へ「トンボ（一匹）」の区画、「魚、亀またはスッポン（一匹）」の区画、「亀またはスッポン（一匹）、イモリまたはサンショウウオ（一匹）」の区画に分かれる。

B面は右上から下へ「トンボ（一匹）」の区画、「弓に矢をつがえる人（一人）、標的の鹿（一頭）」の区画、「高床式の建物（穀倉か）」の区画、左上から下へ「イモリまたはサンショウウオ（一匹）」の区画、「I型の道具をもって座る姿勢の人（一人）」の区画、「臼を杵でつく人（二人）」の区画に分かれる。

これら十二区画に描かれた動物の種類の選び方にはある傾向が看取される。鹿とイノシシは当時の重要な日常食、蛋白資源であったことであろう。それ以外は、細長い四つ脚の動物をイモリ、もしくはサンショウウオと仮定すれば、水田とかかわりの深い動物と見ることができる。カマキリとクモは、現代の感覚からすれば水田と結びつけにくいと思われる向きもあろうが、二千年むかしの水田とそれをとりまく自然界を心に描いてみなければならない。とりわけカマキリは古来「祈る虫」として、象徴的に見られていた可能性があり、もちろん水田やその界隈に今でもごくふつうに見いだされる。圃場整備が完了し周囲に野生の空間が隣接しない水田では話にならぬが、たとえば私が一九九五年来、観察をつづけている福井県敦賀市の中池見湿地（休耕田に由来し、動植物が奇跡的に豊富な泥炭湿地）では、カマキリは水辺にごくあたりまえに見られる。

クモは八脚を二本ずつそろえてX字状にのばし、コガネグモ属が円網の上に静止した姿勢を的確に把握した卓抜の表現である。

カマキリと同じ区画に表現されたこのクモを、斎藤忠・吉川逸治の『原色日本の美術　1　原始美術』ではアメンボとしている(96)が、私はアメンボ説をとらない。八本脚の虫をアメンボと解釈するのはアメンボもクモも知らない人の憶説である。たしかにアメンボは水面にX字状に脚をひろげるが、文字通りのXで、脚を二本ずつそろえはしない。弥生人の高度な文化教養水準を考えるなら、かれらのクモ認識が自然離れのいちじるしい現代人よりすぐれていたとしても少しもおかしくはないのである。

このクモは、長めの楕円形をしたからだつきから、一見してたちどころにナガコガネグモと同定できる。銅鐸の図の的確さを信頼するならば、それが最も無理のない解釈に思われる。また、ナガコガネグモが現代においても水田に非常に多く見られること、夏秋にめだち、稲の収穫シーズンに成熟するナガコガネグモの黄金色の姿の美、さらにはナガコガネグモの方言に、島根県隠岐の「タグモ（田蜘蛛）」、静岡県南伊豆の「タジュウロウ（田十郎）」、千葉県房総半島の「イネオジョロ（稲お女郎）」、新潟県佐渡の「イナグモ（稲蜘蛛）」、熊本五木村の「コメゴン（米蜘蛛＝ゴンは九州におけるクモの一般称コブの訛りか）」といった名があることを見ても、大昔の人々が水田のナガコガネグモをそれと認識して絵に描いたことは、むしろ至当とすら私には思われるのである。

大昔の人々は、水田に棲息するナガコガネグモをよく観察し、もちろんよく知っていたのだ。そうしてナガコガネグモは、豊作の象徴として、呪術的な意味を担わされていた可能性が高いと私は思う。だからこそ銅鐸に描いたのだろう。田植えどきから盛夏にめだつコガネグモと、夏の終わりから収穫時に全盛期を迎えるナガコガネグモの美しい姿は、弥生文化人の心をとらえて離さなかっただろう。ナガコガネグモの色彩があざやかな黄色を呈し、稲の穂並みの金色とピタリ符合することは、さぞかし呪術性を高めたことであろう。

この銅鐸の絵の同一区画にカマキリが描かれていることも、原始呪術と無縁とは考えにくい。カマキリもまた、なんらかの意味で弥生時代農民の祈りを象徴していただろう（関東から九州に分布するカマキリ方言に、オガミムシ・オガミタロー系の語がある）。

クモと同じ区画のカマキリは、立ち上がったような姿に描かれている。その理由は必ずしも明らかではないが、クモは横向きに描かれているし、ひとつ跳んだ最下段の区画の四足獣（犬であろう）の向きにも地平から九〇度のずれが見られるから、作者は描きこめる空間の事情にあわせて自由闊達に構図を決めたものと思われる。

カマキリは、のちに論じる神戸博の桜ケ丘四号銅鐸においても、脚を四本に表現したクモ（アメンボ説もあるが私は採用しない）と同じ区画に、東博所蔵の伝香川県出土銅鐸と非常によく似た意匠と構図で表現されている。また桜ケ丘五号銅鐸には、クモ、カマキリ、カエルを組み合わせた図柄がある。このように、クモとカマキリを組み合わせた図柄が弥生時代の銅鐸に三例も見られるからには、そこになんらかの意味を読みたくなるのは自然の情であろう。カエルは近代まで日本の民間でさかんに食用に供されていた。そんなことから、これらの銅鐸の図を食用動物の表現と考えれば、カマキリやクモも食べていたのかという議論も出かねないが、私は必ずしもそうとばかりはいえないと思う。おそらく銅鐸に描かれたクモとカマキリは、稲作をめぐる原始呪術と関係があったのではなかろうか。

このクモがもしコガネグモなら、コガネグモは六月ころからめだちはじめるから、むかしの田植え時と出現の季節が一致し、豊作予祝にいかにも似つかわしい。もしナガコガネグモであるなら、晩夏から秋の実りの季節に成熟してすこぶる活躍はなはだしいナガコガネグモは、これまた稲の収穫と結びつけられても少しも不思議ではない。ましてナガコガネグモは腹部の黄色がめだち、稲の実りの色と一致するという点で、連想がはたらきやすかったことであろう。この見方の根拠は、銅鐸の絵の適確さと、ナガコガネグモに与えられたいくつかの方言名、それにこのクモと水田との生態的な結びつきという三つの有力な要因の存在にある。

伝香川県出土銅鐸には、トンボとイモリ（またはサンショウウオ）の絵が両面にある。イモリ（またはサンショウウオ）は食べられていたのだろう。トンボは――沖縄県で赤いトンボを食べた話を二例聞いたし、トンボはかつて食用にも薬用にもされていたことが知られているが、トンボに霊性を認めて稲田の守り神とする原始信仰も、さかのぼれば途方もなく古いものと思える。仮に食べられていたにもせよ、トンボを田の神とする説をここでは採ろう（アカトンボを田の神と呼ぶことは江戸時代の記録にもある）。

亀（またはスッポン）も、鹿・猪や魚とならんで貴重な食用資源であったろう。けれども食べることと霊性とは、先史民族の心においてけっして矛盾するものではない。高度の農耕段階に達していた弥生人であっても、生きとし生けるものに神の姿を見る（今では遠くはるかに忘れ去られた）自然人のゆたかな心情はもちあわせていたのではなかったろうか。

つぎに神戸博所蔵の桜ケ丘四、五号銅鐸を詳しく見てみよう。この二つの銅鐸は、袈裟襷文（四号銅鐸ではそれに連続渦巻き文をまじえる）によって仕切られた絵の区画が、A面、B面ともに四区画である。まず四号銅鐸のA面右上から順に記述する。A面右上の絵は、「魚をくわえたサギまたはツル（一羽）、魚

(三匹)」。右下の区画には「弓をもつ人(一人)、鹿」。この人の片手は鹿の頭にふれている。A面左上の区画は「イノシシのような動物(三頭)、クモ(一匹)」。この動物三頭は獣ではなく田植えをする人との説もあるが、顔が地面(または水面)に接するほど低く、からだのうしろに尾状の突起がみられることから、やはり獣を表したものだろう。左下の区画には「I字形の道具をもつ人物(一人)」が描かれる。

桜ケ丘四号B面の右上は「クモ(一匹)、カマキリ(一匹)」。クモの脚をX字状四本に描いたのは、二本一組にのばした脚を一本に見立てて省略表現したものと思われる。これについては福本伸夫氏がかつて東亜蜘蛛学会機関誌『ATYPUS』に「銅鐸のクモ」なる一文を寄せ、八脚のクモを四脚に表現したことを「すばらしきデフォルメ」と評した(46)。しかし笠井昌昭氏らはこれをクモではなくアメンボとしている(163)(164)。同右下は「亀またはスッポン(一匹)」。B面左上は「トンボ(一匹)」。同左下は「イモリまたはサンショウウオ(二匹)」である。

神戸博桜ケ丘五号銅鐸のA面右上の区画は、前述したごとく「カエル(一匹)、カマキリ(一匹)、クモ(一匹)」の組み合わせである。同右下は「鹿(一頭)、弓をもつ人(一人)」。弓をもつ人の片手は鹿の角をにぎっている。つぎにA面左上は「ヘビ(二匹)、カエル(二匹)」が明らかに認められるものの、他は摩滅して何だかよくわからない(棒をもつ人物であったかもしれない)。同左下は「人物(三人)」だが、まんなかの人が片手に棒をもち、片手を他の人の頭へあてているように見える。頭をさわられている人は両腕をあげて図上で手を組んでいるように見える。

桜ケ丘五号B面右上の区画は「トンボ(二匹)、イモリまたはサンショウウオ(一匹)」であるが、小さく描かれたトンボは翼が短く、急な各度で頭を下へ向けている。これらの銅鐸に共通の表現様式からいえばトンボそのものだが、頭部と翼が離れ、腹にややふくらみがある点で他のトンボと印象が異なる。同右下の区画は「臼を杵でつく人物（二人）」である。抽象画といえるが非常に生き生きと描かれ、画家としての技量はきわめて高度である。B面左上の区画は「I字形の道具をもつ人物（一人）、魚（二匹）」。この人物は四号銅鐸A面の絵の鏡像のように描かれている。同左下は「魚をくわえたサギまたはツル（一羽）、亀またはスッポン（一匹）」である。

これらの図を見比べるとき、東博の伝香川県出土銅鐸の絵と、神戸博の桜ケ丘四、五銅鐸の絵とが驚くほどよく似ていることをだれしも認めぬわけにはいかないだろう。トンボ、カマキリ、亀またはスッポン、イモリまたはサンショウウオ、サギまたはツルのどれをとっても瓜二つである。クモも足の数の表現法こそちがえ、ほとんど同じといってもよい。人物にいたっては、逆三角形ひとつづきの胸と腹が二重の線で衣服を表す方法や、臼を杵でつく人々の構図、I字形の道具をもつ人が腰を浮かせて膝を折り曲げたさまなど、同じ作者の手になる製作時期の接近した作品と思われてならない。もしそうでないとしたら、このような表現法が弥生後期のある時期の絵画様式として人々に受け入れられていたとでもいおうか。可能性としては同一作者、または同じ工房の産物と考えるのが自然であろう。

今これらの銅鐸三個の寸法を比較してみると、東博所蔵の伝香川県出土銅鐸は高さ四二・八センチ、神戸博所蔵の桜ケ丘四号銅鐸は四二・二センチ、同五号銅鐸は三九・四センチとほとんど一致してしまう。装飾様式の袈裟襷文、連続渦巻き文ともに酷似しており、両者が遠隔の地で異なる時代にたがいに没交渉に創り出されたものと考えることを許さない。

これらの銅鐸の作者たち（一人ですべてをつくったとは考えにくい）は、水辺（水田）とその界隈に暮らす小動物に深い関心を抱いていた。しかもその自然観は特殊個人的なものではなく、集団によって共有されていたにちがいない。

これらの銅鐸に描かれたクモには、半農半漁の弥生文化人たちにとって、豊作、もしくは大漁（猟）祈願の意味がこめられていたのではなかったろうか。クモと隣りあうカマキリの絵（前脚の鎌がしなやかな曲線を描いているところがご愛嬌だが）も、なんらかの原始呪術（原始信仰）とかかわりがあったと私は推定するものだ。カマキリは祈る姿のほかに、鎌で獲物を襲う勇猛さから、危険から身を守る護身の象徴と考えられていたかもしれない。みずからの体内から分泌する糸で網を張り、かすみ網とも見まがう罠で獲物をたくみにとらえるクモの姿から、往古人類が漁網のつくりかたを学んだとする説は、沖縄県勝連町の「阿麻和利（アマワリ）伝説」にみごとに結実しているが、じつはこの説話をまつまでもなく、太古の自然民族にとってはきわめて理にかなった思考法であったと私は思う。原始人類の直立二足歩行、ならびに《前足から手へ》の解放による大脳皮質の発達が、人間をとりまく自然界の観察とその模倣に早くから道を開いたと信じられるからである。

土蜘蛛論

筆者はかつてクモ合戦に関する二書を公刊するにあたり、クモを敬愛する伝統文化を「蜘蛛合戦文化」と呼び、クモを邪悪な存在として畏怖しまた忌み嫌う心的傾向の淵源を古代征服民族の思想に求めて「土蜘蛛文化」と名づけた。その時点において筆者の研究の中心課題はクモ合戦の民俗調査にこそあり、土蜘蛛文化論の展開は、文献渉猟も十分とはいえず、すこぶる簡略にして脆弱たることを免れえなかった。そこで本書ではその欠を補い、わが国古代の文献上、土蜘蛛の意味するところをあらためて論じてみたい。ただし鎌倉時代以降に顕著となる土蜘蛛の変容についてはここでは略説にとどめた。

『日本書紀』允恭天皇の記事に見える衣通郎姫《そとおりのいらつめ》の歌をクモ善玉論とすれば、『古事記』『日本書紀』ならびに『風土記』の土蜘蛛説話は文献上、クモ悪玉論の最古の例であろう。

『古事記』中巻、神武天皇の条に、

尾生《あ》る土雲八十建《やそたける》其の室に在りて待ちいなる……（元漢文）

とある。八十建《やそたける》は数多の勇猛果敢な人の意という。舞台は今日の奈良県桜井市忍坂とされる。土雲（土蜘蛛）族は室（竪穴住居の意であろう）に住み、神武の軍勢に抵抗しようと待ち構えていた。神武は策略を用い、八十建らに饗応して油断させ、歌を合図に土蜘蛛族を斬り殺した。敗者として登美毘古《とみびこ》、兄師木《えしき》、弟《おと》師木《しき》の名が記されており、これらは土蜘蛛族の指導者の名と考えられる。皇室を正義とし、服属を拒否する豪族と配下の原住民をくるめて土蜘蛛と蔑称したことがこれにより知られる。荒ぶる神（土着の豪族）たちを言向《ことむ》け平和《やわ》し、伏《まつろ》わぬ人らを退けはらって、神武は天下を平定した。

『日本書紀』では、高尾張邑の身短く手足の長い侏儒に似た土蜘蛛を、神武はカズラを結んだ網で覆い、皆殺しにした。葛城の地名の由来譚である。ここに土蜘蛛の身体的特徴をことさら簡潔に描写しているのは、神武の軍勢から見て、土蜘蛛族が異民族であったことを有力に暗示する。

類話は『風土記』にもくりかえし語られている。『風土記』における土蜘蛛の解釈については、横尾文子氏のすぐれた考察がある。横尾氏は『肥前国風土記』にゆかりの地を実地踏査することを通じて、「土蜘蛛ロード」なる新概念に到達した(203)。

さて『常陸国風土記』には、茨城郡《うばらきのこおり》の由来譚として、古老の言葉を借り、土ムロを掘って住まう「ツチクモ」別名「ヤツカハギ」のことを記している（以下、岩波書店刊、日本古典文学大系『風土記』より引用）。

古老のいへらく、昔、国巣《くず》俗の語に都知久母《つちくも》、又、夜都賀波岐《やつかはぎ》といふ山の佐伯《さへき》、野の佐伯ありき。普《あまね》く土窟《つちむろ》を掘り置きて、常に穴に住み、人来れば窟に入りて竄《かく》り、其の人去れば更《また》郊に出でて遊ぶ。狼の性、梟の情にして、鼠に窺《ひそか》ひ、掠め盗みて、招《お》き慰《こしら》へらるることなく、彌《いよいよ》、風俗を阻《へだ》てき。此の時、大臣《おほのおみ》の族《やから》黒坂命、出で遊べる時を伺候《うかが》ひて、茨棘《うばら》を穴の内に施《い》れ、即《やが》て騎の兵を縦《はな》ちて、急に逐《お》ひ迫めしめき。佐伯等、常の如土窟に走り歸り、盡《ことごと》に茨棘に繋《かか》りて、衝《つ》き害疾《そこな》はれて死に散《あら》けき。故、茨棘を取りて、県《あがた》の名に着けき……

ツチクモは邪悪にして盗みの性があり、野外へ出て遊んでいるすきに黒坂命が茨棘を穴に入れ、騎兵に追わせたところ、穴に逃げ帰ったツチクモたちは茨棘にかかって死んだという。この記述によれば、土蜘蛛は単に豪族の頭のみを指した語とは考えにくい。黒坂命は穴居生活者であった先住民を殺傷したものと読める。

『肥前国風土記』では、景行天皇が豊前宇佐行宮《あんぐう》で神代直に捕縛させた土蜘蛛は、速来津姫という女性だった。有力な荒ぶる神、すなわち地方豪族の女性指導者か、もしくは豪族の娘であったかと信じられる。

これら『風土記』の記述から知られるように、古代日本における土蜘蛛は、日本列島に統一政権が成立する過程で敗れていった豪族（すなわち先住民族）と規定できよう。土蜘蛛族を統率した者たちを豪族と呼ぶにしろ、豪族の支配下にあった多数の竪穴住居民たちを無視して土蜘蛛は語れない。錦三郎氏は白柳秀湖の「土蜘蛛ネグリート説」を引いて、土蜘蛛を「異種族のような気もする」と述べている。(146)

ところで土蜘蛛は、時代を大きく跳び越えて、のちに妖怪変化と化す。そのはじまりの年代は詳らかでないが、鎌倉時代後期、『源平盛衰記』で源頼光が斬った法師は四尺もある大蜘蛛だった。南北朝時代に比定される『土蜘蛛草紙絵巻』（東京国立博物館所蔵）においては、哺乳動物の顔をした六脚の畜生を源頼光と渡辺綱が退治する設定で、畜生の正体はクモであった。しかもこのクモの体内からは多数の死人の首が出てくる。片手をはがすと「七八のこどもの勢いなるに蛛（クモ）いくらといふことを知らず走り騒いだ」という。正義の英雄が邪悪な土蜘蛛を滅ぼすという古代説話の比喩的な設定は、このように後世とめどもない誇張を生み、妖怪としての土蜘蛛説話が人口に膾炙しはじめる。クモの妖怪変化は、平安時代に

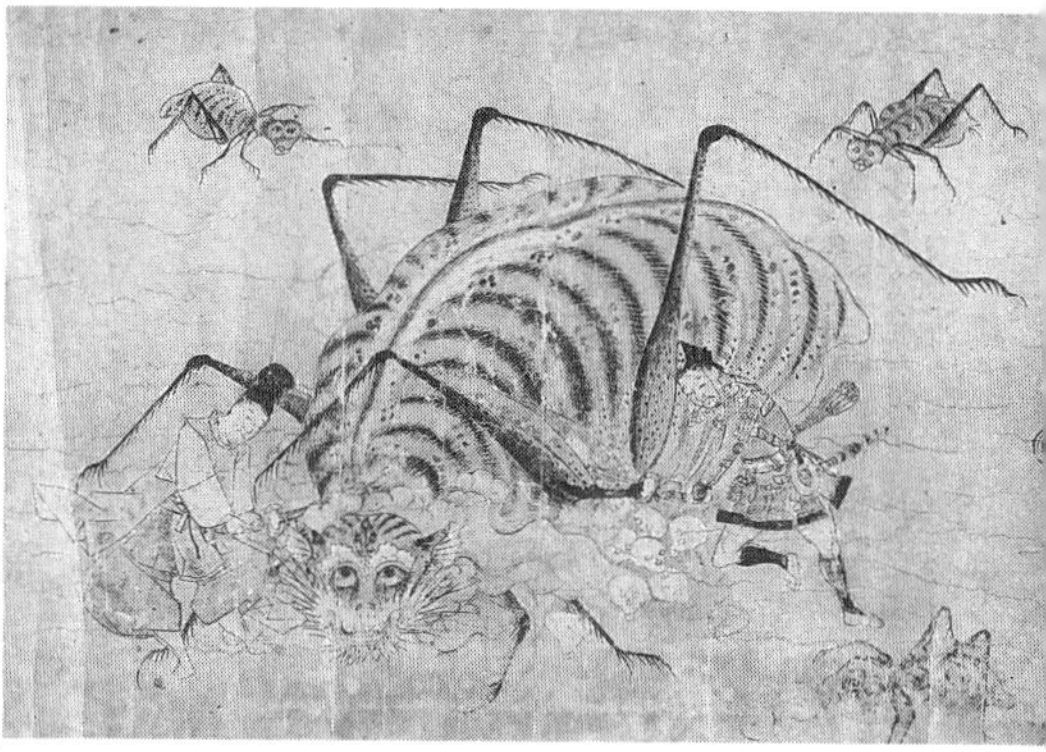

『土蜘蛛草紙絵巻』東京国立博物館所蔵．

長唄「蜘蛛拍子舞」の表紙に描かれたクモの円網．1927年，松屋呉服店発行．

クモを描いた珍しい凧．©有限会社凧っ平（静岡県駿東郡小山町須走112-356）．

壬生狂言の土蜘蛛．壬生寺発行の絵はがきより．

はすでに流布していた鬼をはじめとする妖怪譚に触発・加速されもしたであろう。江戸時代の怪談にもクモの妖怪が登場する。

能の「土蜘蛛」（作者不詳）は『源平盛衰記』の脚色であるが、劇的表現により妖しい美しさを得て、観客に悪玉としてのクモをいっそう印象づけたに相違ない。頼光の枕頭に出現した僧は追われて七尺の大蜘蛛の正体を現し、純白千筋の糸を繰り出し投げかける。

京都・壬生《みぶ》寺の壬生狂言は珍しくも台詞のない無言劇で、その人気演目のひとつに「土蜘蛛」があり、他に例を見ないほど多量のクモの糸を撒くことで知られる。糸のきれはしは病魔除け金運のまじないになるとて観衆が拾って持ち帰るのも奇しき伝統である。[267]

浄瑠璃では近松門左衛門作「関八州繋馬」に土蜘蛛が登場し、のち歌舞伎の演目に多大の影響を与えた。常盤津の所作事「蜘蛛糸梓弦」では、江戸市村座初演の明和二年（一七六五年）、九代目市村羽左衛門が土蜘蛛の変化の三役を早変わりで見せた。その後つくられた長唄「我背子恋合槌」（通称「蜘蛛拍子舞」）には、葛城山の女郎蜘蛛の精・妻菊の登場に新機軸が見られる。「我背子が来べき宵なりささ蟹の蜘蛛の振舞兼ねて知る我身の上ぞやるせなや葛城山に年を経し世にも名を知る女郎蜘」が、斧鉞打ち立てて樹木をなぎ倒し、「池の水音どうどう」と、「天地反って逆のぼり高天くだけて落」ちるさまはまことに凄まじく、民間に伝えられる蜘蛛淵伝説を彷彿させるものがある。[173]

ともあれ、クモを邪悪とする土蜘蛛文化の系譜は、かくして天孫族の日本平定物語に端を発した。今日、クモを忌み嫌う人々の心情の拠って来る所以が、歴史の延長上の深層心理に存することをこそ認識すべきであろう。

『今昔物語集』・『古今著聞集』のクモ

平安時代末期に編纂された『今昔物語集』は、一部の巻を欠くとはいえ、じつに七〇〇話を越える短編物語を集成した仏教説話集である。多様な出典から編まれた本集には僧侶の話が多く、また鬼などの登場する怪談や、世俗の説話も収められている。動物の語られる説話は比較的少なく、主役・脇役を含めての登場動物は、狐、牛、野猪、狗、猿、狼、鷲、鷹、蛇、鰐、鯉、蝦蟇、蜂、蜘蛛などわずかな例を数えるにすぎない。それらのうち、狐は杉の木や人妻に化けて人をたぶらかし、妖怪としての属性をすでに発揮している。しかしクモの登場する唯一の話では、正しい観察の結果を述べたものとはいえないにしろ、クモが擬人化も妖怪化もされずにありのままの生物として扱われており、平安末期における日本の古代的なクモ観の一端を窺い知ることができる。以下にその「蜂、蜘蛛に怨を報ぜんとする語」(巻二十九第三十七話)を翻案して掲げよう(小学館版「日本古典文学全集」によるが、翻案は筆者による)。

今は昔、藤原道長の栄華をつくした法成寺(今日では現存しない)の軒先に、一匹のクモが円網をかけた。網を構成する一本のクモの糸が、長く引かれて東の池のハスの葉にまで達していた。見た人が「はるか遠くまで糸を引いたものだなあ」と感心して呟いていると、そこへ大形の蜂が一匹飛来して、網のまわりを飛ぶうちに、糸に羽をとられてしまった。そのときどこから出て来たものか、クモが糸を伝ってさっと現れ、蜂をぐるぐる巻きにしてしまった。その様子をお堂をあずかる法師が見とがめて、蜂が死に瀕しているのをあわれに思い、木ではたき落としてやったところ、ハチは地上に落下したけれども、翼を糸で巻かれたまま飛ぶこともできない状態であった。そこであずかりの法師は木でハチのからだをおさえて、翼に絡みつくむ糸をとってやると、ハチは飛び去って行った。

一両日後に大形のハチが一匹、ふたたびやって来て、お堂の軒でぶんぶんと唸って飛んだ。それにつづき、どこから来たとも知れぬ同種のハチ二〜三〇〇匹がクモの巣のあったあたりに飛びついて、軒垂木《たるき》のあいだなどに件のクモを探したが、そのときクモは見えなかった。ハチはしばらくして軒から引かれている糸をたよりに東の池へ行き、糸の端が付着したハスの葉にとまってブンブンと大騒ぎしていたっけが、クモが見当たらないので一時間ほどたつとあきらめてみんな行ってしまった。

そのときお堂をあずかる法師はこのさまを見て不審に思ったが、これはまあ、先日クモの網にかかって糸で巻かれたハチのやつが、大勢仲間を引きつれて敵討ちをしようとクモを探していたのだな、クモのやつはそれと察してどこかへ隠れてしまったのだろう、そうひとりで納得して、ハチが飛び去ったあとで網の近くへ行ってみたところ、クモの姿が見えない。そこで池に行ってクモの糸が付着したハスの葉をのぞいて見ると、ハスの葉は一面にハチの針で刺されていた。

ところでクモはそのハスの葉の裏にもいず、糸を伝って水際に避難していたのだった。ハスの葉が裏を見せて垂れ、さまざまな他の草も繁っていたから、クモはその中に隠れて、ハチは仇を見つけられなかったのだろう。

法師はそれを見てこのように判断し、帰ってから人に語り伝えた。このことから察するのに、知恵ある人間でさえそんなことは思いもよらぬものである。ハチが仲間を呼び集めてきて報復をしようというのはいかにもありそうである。獣がみんなお互いに仇を討ちあうのはありふれたことだ。しかしクモが、ハチが自分を討ちに来ることを予想して、こうしてこそ助かると思い、破天荒の着想で隠れて助かったということは、めったにあることではない。だからクモはハチよりもはるかに叡知に富んですぐれている。お堂をあずかる法師がこのように語り伝えたということである。

この話を一読してまず驚くのは、クモが知恵者として称えられていることと、描写が淡々として冷静で、二種の虫、クモとハチとを先入観によって潤色していないことである。ストーリーの骨格をなす出来事が本当にあったとは信じられない。もちろん創作物語にちがいないのだが、この話から浮かぶハチ像とクモ像は、きわめて自然のそれに近い印象である。とくにお堂の軒に張られたクモの円網の一端が東の池のハスの葉まで伸びているという描写には作者の観察眼が窺われ、ハチがクモの巣に捕らえられるや、「いどこ(いづこ)よりか出来けむ、蜘蛛、い(網)に伝ひて」突然に現れるという表現は科学的に見てさらに秀逸である。大きなハチが何の種類であったかはまったく不分明だが、思うにこのクモはコガネグモ科の中でも「切れ網」という円網の一種をつくる種類で、クモ自身はふだん網の中心部に占位せず、一本の通信糸を主網の外へ引いて、巣の外で獲物のかかるのを待つタイプの種であったように思われる。その通信糸の先のシェルターから、網にかかったハチめがけて跳び出してきたのにちがいない。このクモがはたして今日何という和名で呼ばれるクモかは別にして、そのように読める文章を綴った作者はなかなかただ者とは思えない。荒唐無稽な例え話も少なくない『今昔物語集』ではあるが、こうした視点から生態文化論的に見直してみる必要もありそうに思う。

さて説話集といえば、時代は鎌倉へ下るが橘成季編『古今著聞集』（建長六年／一二五四年成立）がある。その中に描かれたクモも、家の内外に見られる等身大の野生生物以外のものではない（現代語訳は筆者）。

禁中に笙の笛を吹ける者がいないので、さきの筑前の守兼俊のもとへ、汝昇殿をゆるすとの沙汰があった。しかしどれくらい吹けるか、腕前のほどを試すとて、面接試験を受けさせられることになった。出頭すると、お妃さまが笙の笛をくださって、それを吹かされたが、注意もせずに吹きはじめたところ、管の中に平蜘蛛がいて、喉にのみこんでしまった。むせかえって目を白黒、大騒ぎを演じたので、帝も居並ぶ群臣も、腸を断つほどに笑いころげたのであった。

笑い話風の小話ではあるが、作者はクモの名を特定して平蜘蛛といっている。今日のヒラタグモを連想したくなる名前だが、笙の笛の筒の中にすんでいたか、またはその中にもぐっていたクモということだから、他の種であったかもしれない。むろんこれだけの記述では種の同定などおぼつかない。だが肝心なのは、このクモは笑いの対象にされていながら、少しも恐れられたり気味悪がられたりしていないということだ。作者にクモへの偏見が窺われない点で、おおどかなクモ文学としてきわめて秀逸である。

食わず女房——クモの民話

クモの民話のなかで、日本列島にもっとも広く語り伝えられているのは、「食わず女房」、もしくは「蜘蛛女房」、ときに「口無し女房」の名で知られる話であろう。山中の淵や滝にまつわる「賢淵」(「蜘蛛淵」)伝説と好一対をなす説話である。「賢淵」伝説が特定の小さな土地にしばられて伝承されるのに対して、昔話「食わず女房」の方は、はなはだ融通無碍であるように見えるが、じつはどこにも共通する類型の制約のなかで、各地に微妙な語り口の変化を生じている。

「食わず女房」は、一種の妖怪譚であり、主人公は女に化けたクモ(ときに山姥、鬼)である。この民話が列島の西から東へと伝播した経路を想定するとき、鬼山姥より、蜘蛛の化身の話の方が古型をとどめるもののように思われるかもしれない。しかし、古代自然民族にとっては、クモを美しく崇高な、また縁起のよい存在と見る生命観こそが支配的であったように思われる。食わず女房は頭の鉢に大穴をもち、そこから大飯を食らうのであるから、天然のクモの姿とはあまりに遠い。だがこの議論は、少し先走りすぎているようだ。全国に流布する「食わず女房」話の梗概をまず語り、つぎにいくつかの具体例によってこの説話の本質をさぐってみることにしたい。

むかしあるけちん坊な独身男が、絶対に飯を食べない女を女房にしたいものだと願っていた。そこへ一人の女があらわれて、「あたしはけっしてご飯を食べませんから、あんたの嫁にしてつかあさい」と奇妙なことをいう。民話のおかしみと凄みとが、冒頭から面目躍如と輝いているではないか。日常の世界なら、そんな男がいるはずもないし、もしいたとして、いざ希望どおりの女が出現しても、一瞬ギョッと立ちすくみ、びびらなければならないはずであろう。ところが男はホクホクと、はじめから妖の世界を暗示する女をそれとも知らず嫁御に迎え入れて、めでたく夫婦になる。

男はそとへ働きに出るが、ほどもなく家の米がにわかに激減していることに気づく。コリャおかしいと思って、ある日仕事に行くふりをして、天井からひそかに女の行状を監視していると、女房は夫のいぬうちに、飯を炊いては握り、握っては頭の鉢に投げいれて、猛然と大飯を食らっていた。すわ化け物だ。男が天井から転げ落ちなかったことこそ奇跡でなくしてなんであったろう。

男は何食わぬ顔して「家にもどり」、「おまえさんは家にゃあもういらん。離縁しよう」と切り出す。すると女房は、「ハイ、出て行きますが、出るについては、大きな桶をひとつ、作ってつかあさい」とシオシオ、ぬけぬけいうのである。桶とはなかなか難物だ。それを作れるのは高度の腕をもった職人であろうと思うのだが、男は桶を作ってやる。

ものを食わなかったはずの女房は、前夫を大桶のなかに押し込めて、それを担ぎ、怒濤の勢いで山へ走る。男は生きた心地もないが……。

ここで物語は、日本列島の西国と、東国とで、俄然ちがった展開を見せる。まずは西日本版の「食わず女房」。――相手は妖怪だ。このままどこまでも連れて行かれては、命がいくつあっても足りない。そのうち道に大枝が張り出しているのを見つけ、男は枝にとりついて、辛くも桶から脱出し、女の正体を突き止めようとあとをつける。

女は山の巣へ帰りつき、「夕食」に逃げられたことをようやく知って、じだんだ踏むがあとの祭りだ。

うごめく一族の子蜘蛛たちに、「今夜は蜘蛛の姿でよ、男を捕らえに行くからに、待っておれや」と餓鬼どもをなぐさめる。男はそれを聞き、わななきながら帰宅した。夜になった。囲炉裏の自在鉤を伝って、小さなクモがスルスルと降りて来た。男は油断なくクモを捕らえて、火に投げ込み、殺してしまった。

夜家に出るクモは、ヨクモ来たといって、その姿がたとえ親に似ていても殺せ、ということわざが、こうしてできたのだと伝える。土地により、古老によって、右のとおりに語られるわけではないのだが、ざっとこのような筋立ての民話である。

つぎに東日本版だが、男は桶に入れられ担がれて行くうちに、ショウブ（菖蒲）とヨモギ（蓬）の繁みを見つけ、そこへ飛び込んでわが身を隠す。妖女はやっきとなって「餌」さがしにかかるが、菖蒲の霊力、蓬の霊力は妖怪のわざに勝り、男をふたたび捕らえることをえない。端午の節句に、蓬と菖蒲を家の軒につるす習いは、こうして始められたというのである。

「食わず女房」ばなしには、小動物のクモのほか、ところによっては山姥や、鬼の例があるにしても、物語が飛躍的に展開する「本格昔話」にこれほど劇的な形態においてクモが中心的役割をはたす説話は、他に希有であり、クモの説話としてこそ面白さも十二分に発揚するのである。

この話の要素としては、新婦がむさぼり食らう米の飯、男が担ぎ出される桶もきわめて重要である。米はいつの時代にも貴重なものだが、握り飯を頭の鉢に投げこむ凄絶な女房の挙措が、農民の質素な暮らしにともなう価値観を翻弄するところにこの物語の第一の山場がある。

聞き手の子どもたちは、話のはじまる矢先から、結末を知って炉端にすわっているのである。つまり食わず女房がじつはクモであることは、（山姥型でも鬼型でもない、ほかならぬ蜘蛛型昔話として語られた土地にあっては）いわば周知の約束ごとのようなものだった。そのことは、物語の聞き手にとって、話の精彩をいっそう加えこそすれ、ゆめゆめ深い興味をそぎはしない。くりかえし語られるたびに、初発の恐ろしさが蘇る。

この説話のいくつかの微妙な変化型を見てみよう。

女は奥山を七さこ（七谷）、七おばね（七峰）越え、家へ帰って、夫の蜘蛛に「七年目のびえんけば（さしみを食うなら）」といって樽のなかを見ると、もぬけの空である。このクモの夫婦は、ヤマコブ（山蜘蛛の意で、コガネグモの方言）であったとも、ヌヒトコブ（盗人蜘蛛の意）であったともいう（鹿児島県下甑村手打、小川つるさん談。荒木博之編『甑島の昔話』(8)）。

岩倉市郎編『甑島昔話集』に、同じく下甑村手打の話として、飯を食わない女を求めてもいない男のもとへ、飯を食わないと約束もせぬ「綺麗な女」が来て、押し掛け女房となる類話がある。(268)嫁入り後二、三月たつと、女は握り飯をぼんのくぼに入れては食っていると噂がたつ。男がなじると、女は「正体を見られたは残念」といってヌシトコブ（盗人蜘蛛）の姿をあらわし、囲炉裏の自在鉤から天井へのぼり、「歳の夜（大晦日）の報復」を予告する。男は隣家の鍛冶屋に「一本は右捻り一本は左捻り、一本は一分長く一本は一分短」い火箸をつくってもらい、「歳の夜」に、「どんな小さいコブ（蜘蛛）が自在鉤から降りて来ても、長い方の火箸で殺せ」と教えられて、自在を伝い降りる「ごみ」かと見まがうクモを火箸の長い方の一本で殺したところ、座敷いっぱいもある大ヌシトコブだった。この話は、火箸を右捻り、左捻りにつくることの由来譚とされているのが変わっている。

クモの伝説

わが国の歴史上、最古のクモ伝承は『古事記』および『日本書紀』に現れている。その一は土蜘蛛をめぐるもの（前述）、その二は来客の予兆としてのクモである。

『日本書紀』巻十三、允恭天皇の記事に、皇后の妹・弟姫の逸話が見える。姫は容姿端麗で、衣通郎姫《そとおりのいらつめ》と人が呼んだ。帝は姫を藤原の別殿に住まわせ通っていた。八年二月、帝の来訪を知らずして姫の歌った「我が背子が来べき宵なりささがねの蜘蛛の行ない今宵しるしも」は、当時の人々がクモの行動によって来訪者を予見した思想を反映している。

ただしこの歌には、中国伝来の教養が反映しているものと考えられる。中国古代の字書『爾雅』では、クモが人の衣に着くと親しい客が来て喜ばしいことがあるとされ、隋代の仏教書『摩訶止観』にも、下がり蜘蛛を瑞兆としている。征服民族であった古代天皇家は、中国の書物に依拠した精神生活を送っていたと考えられ、衣通郎姫の歌も民衆のあいだに伝えられた習俗の反映ではあるまい。しかしこの中国式教養はその後日本の地にひろまり、「下がりグモは来客の予兆」とする俗信が近代にまで生き残った。片岡佐太郎氏の記録(48)した青森県下北半島の旅館に伝えられた俗信はその典型的な一例で、朝天井から降りてくるクモをお客さんグモと呼び、神棚に灯明をともして放し、拝んだという。

クモを吉兆とする思想は中国に長く伝わり、中国の日常生活に用いられる吉祥図案に、円網からクモが糸をひいて下がる「喜従天降」図や「天中集瑞」図があって、いずれも文具や絵に使われるという。[146]

日本の伝説に現れるクモとして最も顕著なものは、沖縄県中頭《なかがみ》郡勝連《かつれん》町に伝わる、勝連城主・阿麻和利（アマワリ）にまつわる故事であろう。阿麻和利は歴史上の人物で、幼名をカナー（加那）といったらしい。十五世紀、勝連城主・茂知附按司を攻め滅ぼし、さらに中城城の按司・護佐丸を攻略したが、妻モモトフミアガリ（尚泰久王の娘）と通じていた鬼大城の謀略により殺害され、モモトフミアガリは鬼大城に嫁した。

阿麻和利伝説は多様に言い伝えられているが、筆者が勝連城のふもとで聞いた父子相伝の話は次のようなものであった。アマワリはノロの子で、ノロは結婚を認められていなかったため洞窟に捨てられた。その後クモが網を張るのを見て投げ網を考案し、民衆に与えた。鉄製の鍬をはじめて作り、また楽器の三線を発明したのもアマワリという。かくして民衆の絶大な支持を得、アマワリは勝連城主にのしあがった。この話を語られた父親の子息もアマワリ伝説を知悉しており、自分はまだ独身だが子どもたちには語って聞かせると述懐した。ちなみにこの父子は勝連町の人ではなく、伊是名《いぜな》島出身とのことであった。

遠藤庄治編『かつれんの民話』にも三例が記録されている。その一（伊礼真一氏談）によれば、アマワリは屋良のアマンジャナーといわれ、竹やぶに捨てられ、七歳まで立って歩けなかったが、クモが巣を作っているのを見て発奮し、寝起きができるようになった。クモの網を参考にして「魚を捕るチチューミ網を作り出したのは、阿麻和利だという」。その二（上門亀寿氏談）では、阿麻和利はクモがあの枝からこの枝と巣を作っているのを見て、「ああ、こんなにして網作って魚捕ったら、人のためになるなあ」と投網《とあみ》を作り出した。その三（伊礼キミ氏談）では、「阿麻和利は自分のお墓を造り、そこでクモが巣を作るのを見て、魚捕りの網を考えだした」という。[31]

絵本『かっちんカナー』（文／津波敏子，絵／仲地のぶひで）より．

この説話は沖縄県下に広く知られていると思われるが、とりわけ勝連町では小学生たちもよく知っている。『かっちんカナー』（かっちんは勝連の通称）という絵本が出ており、町内の全児童に配布されているという(127)。民衆を助けた郷土の英雄は、苦難の時代を自力で克服し、発明の才にも恵まれ、理想的な人物像として語りつがれている。

亀山慶一氏は一九五三年に『食わず女房——蜘蛛考序』を公表し、「漁業神としての蜘蛛」の章に三例を挙げた(50)。上記勝連民話との関連例から紹介すると、

> 沖縄にユナガマンガアという人（沖縄の伝説で有名な人）がいたが、非常に身体が弱いのでクブ（蜘蛛）がやねかいて縄をとってさしてあった。ユナガマンガアは蜘蛛が縄をとっているのを見て海の魚を網の中に取ったらよいと考えて、それからナギ網（投網）を拵えた。沖縄の網はナギ網から始まったように語

っている。（「隠岐島前における糸満漁夫の聞書」二一一頁）

とある。ここにいうユナガマンガーがどんな人物かは明らかでないが、アマワリカナー（安麻和利加那）もしくはアマンジャナーの訛りではなかろうか。

亀山氏による引用の第二は「大村村郷記」「鯨組のこと」にあるという「按ずるに深沢家代々口碑に儀太夫夏日蜘蛛の巣に蟬の懸りしを見て始めて網取の術を工夫す云々」であるが、こうして見るとクモの網から漁網を着想したという伝承は、かつてはあちこちに散在していたかもしれない。亀山氏自身の聞き取りという山口県平郡島《へいぐん》におけるクモの漁業神説話は前述した。筆者が一九八三年に平郡島を訪問した際、前述の境吉之丞氏の談によると、朝クモを見るとその日災難にあう、夜グモには、足や手を出して寝るとかぶられる（かじられる）という言い伝えがあるとのことで、クモはあまり縁起のよいものではないと語られた。

日本の民間にはクモを水神とする伝説がある。滝壺や淵と結びつけて語られるのは、水にもぐるクモの存在を知る人々があったことを暗示する。かつて神奈川県丹沢山麓で、アオグロハシリグモが谷川に潜水する事実に一男子中学生が気づき、驚嘆のあまり筆者に知らせてくれたことがあった。またある年、川崎市麻生区黒川の小川にもぐった卵嚢を抱えるアオグロハシリグモを発見したのは、散歩中の小学低学年児であった。これらから容易に察せられるごとく、今日よりも民衆が身のまわりの野生生物とはるかに近しい関係を保っていた時代には、クモと水界との結びつきはきわめて密接と考えられたことであろう。

蜘蛛淵、女郎淵、おとろし淵または賢淵と呼ばれる地がある。伊豆半島、浄蓮の滝伝説では、山仕事帰りの農夫与一が滝のかたわらで休んでいると、女郎蜘蛛が足に糸をかけるので、不審に思ってその糸をはずし、切り株に移したところ、切り株は大音声とともに滝壺へ引きこまれる。後年になって、与一の跡継ぎ与左衛門が同じ滝壺に斧を落としたとき、美女が現れて斧を返してくれるが、その話を誰にも語るなと口止めされる。与左衛門は約束を破り、迂闊にも美女の話をして命を失う。女は女郎蜘蛛の精であった。類話は東北から九州にまで点々と分布するが、清少納言『枕草子』十七段に、

淵はかしこ淵、いかなる底のこころを見てさる名を付けけむとをかし。

とあることからもこの伝説の古さが知られる。(113) 足にかけられたクモの糸をはずして切り株に移すと、切り株が強大な力で根こそぎにされ、いずこからか「賢い、賢い」という声が聞こえるのが「賢淵」の名のある所以であるが、清少納言はこのいわれを知らなかったのであろう。クモ合戦を呪術や信仰と結びつける直接の証拠は発見されていないが、クモを崇敬する心情が人類に遍在した時代を想定するとき、クモ合戦遊びの背景にクモに対する賛仰と愛着の精神を読みとることを牽強付会と一蹴することはできまいと思うのである。

クモの妖怪

私は子どものころからハエトリグモと戯れて育ち、長じてからはクモの喧嘩遊びの民俗を研究してきたせいか、クモは姿の凜々しく美しい生物と思っている。だからクモを醜い化け物に仕立てあげた妖怪譚がきらいである。

クモの妖怪話は、錦三郎著『飛行蜘蛛』に集められているから、関心のある向きはぜひ同書を参照されたい(146)。私自身も参考のためいくらか独自に集めてはいるが、多々弁じる気になれない。とはいえクモの文化研究者として片手落ちの誇りを免れるため、若干の妖怪話をご紹介しておこう。ここでは今日誰にでも入手可能な、または図書館で閲覧できそうな書物に限定していることをお断りしておく。

『曾呂利《そろり》物語』に「足高蜘蛛の変化《へんげ》の事」と題する話がある。ある山里の夕月夜に、齢六十ほどの鉄漿《おはぐろ》をつけた女が栗の木の叉にいて、うすい髪を振り乱しては男に笑いかけるので、気味悪くなって男は家に帰り、就寝してうとうとするとくだんの女がまた現れた。刀で斬ると化け物は逃げて行ったが、あとに大グモの脚が残り、男は死んでいたという。

また『御伽婢子《おとぎぼうこ》』には「蛛の鏡」とて、越中礪波《となみ》山の大グモが語られている。深山幽谷に丸い大きな鏡があり、それにひかれて行った商人は一声叫んでクモの餌食になる。商人は大きな黒いクモにとりつかれ、蚕の繭のように糸で包まれていた。妻子と召使いの三人でそのクモを退治したが、クモは車輪のように大きく、焼いたら臭い匂いが山谷に満ちた。このクモは鏡に化けて人をたぶらかしたものであった。人に化けたクモを斬り殺す話は、『太平記』の土蜘蛛以来のおきまりのモチーフであって、鏡に化けたのはかえって新しみが感じられる。しかし妖怪変化はクモばかりでなくさまざまな生物に起こっているし、どれを読んでもこけおどしで同工異曲のようだ。

『新御伽婢子』所収の一話に「古蛛怪異」なる奇談が見える。今日の岐阜県本巣郡に蟄居する浪人に、臆病者の下人がいた。この下人が主人の命で夕刻遣いに出て、松原の大榎の下を通りかかったとき、榎から「黒くて丸くて一尺」ほどのものが「つるつると」降りてきたかと思うと、それが身の丈七尺の目のない色白の女になって立ちはだかった。ショックで男は俯《うつぶ》せに倒れて気絶してしまう。捜しにきた主人が介抱して連れ帰ろうとすると、下人の腹の下ですさまじく大きい蜘蛛が息絶えていた。「化生すみて人を取る」といわれていた蜘蛛の妖怪なのであった(以上三話は高田衛編『江戸怪談集 中/下』による)[116]。

日本のクモ妖怪話は多分に中国古典の影響を受けているらしい。『西遊記』で三蔵法師を捕食しようとした七人の美女(?)は臍に出糸器官をもち、一旦は網でスーパーモンキー孫悟空をがんじがらめにするが、彼女らは七匹のクモの妖精だった。上述の『御伽婢子』所収「蛛の鏡」は中国の『諾皐記』の翻案という(実吉達郎『中国妖怪人物事典』[97])。実吉氏は同書に『夷堅志』の青グモによる毒殺譚をも紹介している。

クモの妖怪は今も元気だ。アメリカ映画「吸血原子蜘蛛」(一九五八年、Earth vs the Spider)では化けグモは高さ九メートル、重さ五〇トンとビル並みである。DDTにもめげずロック音楽で蘇生し、結末は感電死。邦画「怪獣島の決戦・ゴジラの息子」(一九六八年、東宝)のクモンガ(高さ一二メートル)はアメリカ映画の向こうを張ったか。クモンガは放射能事故による突然変異体で、地から湧き、糸を巧みに使うクモだった。

朝のクモと夜のクモ

日本全国にきわめて広く分布するクモの言い伝えに、「朝グモ・夜グモ」にまつわる俗信がある。一般的にいえば、朝にクモが下がると「客が来る」「よいことがある」「お金が入る」「縁起がよい」「福の神」「鬼に似ていても殺すな」と朝のクモを大切にし、ときには神様のように崇める傾向が見られる。これに対して、夜のクモは「泥棒の前ぶれ」「貧乏になる」「不吉だ」「親に似ていても殺せ」「尻を焼け」など、夜グモを忌む土地がすこぶる多い。それらは鈴木棠三が『日本俗信辞典 動・植物編』に集大成したが(111)、最新のアンケート結果にもとづき新たな視点から記録しなおしてみたい。「朝のクモ・夜のクモ」と一対に表現される場合がすこぶる多いが、片方のみの言い伝えもある。吉凶が朝夕（夜）で逆転している土地も多く、朝夕ともにクモを吉と見る例も少なからず集められた。クモを絶対悪の存在と見る伝承はほとんど見いだされなかった。末尾にクモのふるまいによる天気占いの伝承も付記する。

朝グモは吉、夜グモは凶

・朝のクモは縁起がよいので殺すな。夜のクモは縁起が悪いので殺せ（宮崎県東臼杵郡北浦町）
・夜にクモを見ると不吉なことが起きる（宮崎県宮崎市瓜生野）

・朝のクモは喜ぶといい殺してはいけないが、夜のクモは殺せ（長崎県下県郡豊玉町）
・朝のうちに下がってきたクモは縁起がよい。夕グモは縁起が悪いので親に似ていても殺せ（大分県西国東郡）
・夜に出てくるクモは縁起が悪いといって殺していた（熊本県阿蘇郡南小国町）
・夜のクモは殺せ（佐賀県鳥栖市、神奈川県逗子市）
・朝コブは喜ぶ、夜コブは殺せ（佐賀県佐賀郡富士町）
・朝コブが天井から下がってきたらツクラ（懐）に入れろ（佐賀県佐賀郡富士町）
・朝のクモは縁起がいいので懐に入れる。夜のクモは退治する（鳥取県西伯郡大山町）
・朝のクモは縁起がいいので懐に入れた（群馬県利根郡水上町）
・朝のクモは懐に入れよ。夜のクモは親に似ていても殺せ（徳島県三好郡西祖谷山村）
・朝コブは喜ぶ。朝クモを見ると縁起がいい（佐賀県佐賀郡富士町）
・朝グモは殺すな（愛媛県宇和島市）
・朝のクモは縁起がよい。夜のクモは縁起が悪い（愛媛県南宇和郡城辺町、島根県仁多郡横田町、神奈川県足柄上郡中井町、山梨県北巨摩郡大泉村）
・朝のクモは殺してはいけない（高知県安芸郡安田町、富山県射水郡下村）
・夜のクモは殺しても、朝のクモは殺すな（静岡県賀茂郡河津町）
・夜のクモは親に似ていても殺せ（高知県幡多郡大月町、山口県萩市）
・夜のクモは退治しろ（高知県幡多郡大月町）
・朝クモを殺すな（高知県高岡郡梼原町）

・朝グモはよい。夜のクモはよくない（高知県香美郡物部村、静岡県天竜市）
・夜のクモは親に似ていても殺せ。朝クモがぶら下がったらお客がある（高知県香美郡吉川村）
・晩のクモは親の顔でも殺せ。朝のクモは鬼の顔でも殺すな（香川県綾歌郡綾上町）
・（アシダカグモについて）夜のクモは親に似ていても殺せ。朝のクモは鬼に似ていても殺すな（和歌山県東牟婁郡古座川町）
・朝のクモは殺してはいけない（徳島県那賀郡鷲敷町・海部郡海部町、鳥取県米子市、兵庫県出石郡・美方郡、岐阜県郡上郡白鳥町、福井県大飯郡高浜町、新潟県佐渡郡赤泊村）
・夜のクモは親に似ていても殺せ。朝のクモは親の仇に似ていても殺すな（徳島県美馬郡脇町）
・夜のクモは親の顔をしていても殺せ。朝のクモは殺したらいかん（徳島県那賀郡鷲敷町）
・朝のクモは殺すな。桝に入れてまつれ（徳島県板野郡上板町）
・夜グモは火にくべ、朝グモは懐に入れよ（徳島県三好郡西祖谷山村）
・朝グモは働き者。夜グモは悪魔（徳島県三好郡西祖谷山村）
・朝グモは縁起がよい（山口県阿武郡福栄村、三重県阿山郡島ケ原村、富山県新湊市）
・夜グモは親に化けても殺せ。朝グモは逆に大事にしなさい（山口県阿武郡阿武町）
・夜グモは親に化けて出ても殺せ（山口県豊浦郡豊北町）
・朝グモは良。夜グモは凶（広島県安芸郡音戸町）
・朝グモは縁起がよい。夜グモは不吉（広島県呉市広長浜、山梨県北巨摩郡大泉村・甲府市、青森県西津軽郡鰺ケ沢町）
・朝のクモは縁起がいい。夜のクモは化けて出るので殺した方がいい（岡山県真庭郡）

・朝目の前にクモがたれてきたらよいことがあり、夜にクモがたれてきたらよくないことが起こる（岡山県久米郡）
・朝クモが下がってくると客がある（岡山県勝田郡奈義町）
・朝クモが家の中に入ってくるとお客が訪れる（愛知県名古屋市）
・朝クモが天井から降りてくるとよいお客がある。夜クモが天井から降りてくるとよくないことが起こる（富山県下新川郡朝日町）
・朝グモは縁起がいいので殺すな。夜グモは不吉なので親に似ていても殺せ（岡山県苫田郡奥津町）
・朝のクモは殺してはいけない。夕方のクモは不吉だから殺さなくてはいけない（鳥取県西伯郡）
・朝グモを殺すと縁起が悪い（島根県平田市）
・朝にクモを殺すと不吉（富山県射水郡下村）
・夜のクモは毒（害）になり、朝のクモは縁起がよく、袂に入れてもよい（兵庫県城崎郡香住町）
・朝クモが下がるとよいことが、夜クモが下がると悪いことがある（兵庫県宍粟郡）
・夜グモは人を殺す。朝グモはおばさん〔いいことがある〕（兵庫県佐用郡佐用町）
・夜クモが天井から降りてくるといいことがない（奈良県桜井市）
・夜のクモは親の仇と思って殺せ。朝のクモはお金が入る（京都府竹野郡丹後町）
・夜クモが家の中に下がるのは凶（和歌山県日高郡由良町）
・朝のクモは神のお使い。夜のクモを見たら用心せよ（三重県上野市）
・朝クモが糸を引きぶら下がっているとゲンがよい。一日がすこやか（三重県阿山郡島ケ原村）
・夜クモが出てくるとゲン（縁起）が悪い（三重県阿山郡島ケ原村）

・夜クモを見ると不吉なことが起きる（三重県名賀郡青山町）
・夜クモを見るとよくないことがある（三重県度会郡玉城町）
・夜クモに出会うと縁起が悪い（兵庫県神崎郡市川町）
・朝クモはよいことがあるから殺すな。夜クモは悪いことがあるから殺してオトトイコイといって捨てる（三重県度会郡度会町）
・朝のクモは殺すな。夜のクモは親と思っても殺せ（三重県度会郡大宮町）
・朝のクモは殺すな。夜のクモは殺せ（福井県三方郡美浜町、神奈川県足柄上郡松田町）
・夜クモが下がってくると泥棒が入る。親と思っても殺せ（愛知県南設楽郡作手村）
・夜クモが部屋に入ってくると泥棒が入る（長野県上伊那郡飯島町）
・夜出てくるクモをヌスットクモ（盗人蜘蛛）と呼ぶ（長野県塩尻市）
・朝のクモは幸せを運んでくるので懐に入れよ。夜のクモは不幸をもたらすので親でも殺せ（愛知県北設楽郡津具村）
・朝のクモは敵と思っても殺すな。夜のクモは親と思っても殺せ（愛知県北設楽郡稲武町）
・（アシダカグモが）夜部屋に現れると不吉。朝は吉（愛知県豊橋市）
・朝家の中にいるクモは殺すな。夜は殺せ（静岡県賀茂郡南伊豆町）
・朝グモを捕って桝に入れエビス様にあげた（静岡県周智郡森町）
・（アシダカグモ）朝グモが天井から吊り下がってくると縁起がよいから殺すな。夜は縁起が悪いから殺せ（静岡県田方郡韮山町）
・朝クモを見ると縁起がいい（長野県東筑摩郡波田町、富山県中新川郡舟橋村）

・朝にクモを見ると縁起がいい。夜グモは縁起が悪い（石川県鹿島郡中島町、富山県射水郡大門町）
・朝グモを見ればきっといいことがある。夜のクモは盗人グモ。殺してもよい（青森県むつ市）
・夜のクモは縁起が悪い（富山県高岡市、茨城県西茨城郡友部町）
・朝グモは殺すな。夕（夜）グモは殺せ（長野県諏訪市、埼玉県日高市）
・朝のクモは福クモ。夕のクモは殺してもよい（長野県茅野市）
・夜のケボ（クモ）は親でも殺せ（富山県礪波市）
・夜のクモは縁起が悪い。すぐに殺せ（富山県下新川郡朝日町）
・朝グモは縁起がよいとして神棚へ放す（新潟県北魚沼郡守門村）
・「夜グモよく来た、明日の朝来てくれ」（新潟県）
・夜出てくるクモは泥棒グモ。外へ追い出した（埼玉県飯能市）
・夜天井からクモが降りてくれば泥棒が入る（福島県耶麻郡猪苗代町）
・朝グモは吉。夜グモは泥棒グモ（埼玉県秩父郡皆野町）
・夜ぐもは泥棒に注意（宮城県玉造郡鳴子町）
・朝降りてくるクモは福グモといわれ、金が入るので懐に入れる。夜のクモは盗っ人グモといい、つまんで外に出す、捨てる（埼玉県『入間市史』）
・家の中で朝クモに出会うとめでたく、夜のクモは不吉。「よくも出たな」とたたきつぶす（茨城県北相馬郡利根町）
・朝のクモは縁起がよいから殺すな。夜のクモは「よぐも来たこの泥棒グモ、すぐ殺せ（追っ払え）」といった（山形県西置賜郡飯豊町）

・夜クモが家の中に入ってくるとよくないことがある。縁起が悪い（栃木県那須郡馬頭町）
・朝のクモは縁起がよいので捕ってはいけない（群馬県吾妻郡草津町）
・朝部屋にクモが出ると吉。一日がよい日になる。夜は逆（群馬県藤岡市）
・朝クモは縁起がよい。夜グモは不幸を運ぶといい、すぐに投げ捨てられる（山梨県北巨摩郡大泉村）
・朝にクモが自分のところに来るとどこかに呼ばれる（山形県最上郡金山町）
・朝に見たクモを殺すと悪いことが起きる（宮城県牡鹿郡牡鹿町）
・朝のクモを潰したりするとその日凶事があるので見逃してやった（岩手県上閉伊郡大槌町）
・朝家に入ってくるクモは福の神。夜家に入ってくるクモは泥棒グモ（岩手県上閉伊郡大槌町）
・朝のクモは金になるといって財布に入れた。昼のクモは働き者だといって大事にした。夜のクモはヌスビトといって殺したり、外に捨てた（岩手県二戸市金田一）
・朝のクポ（クモ）は金持ちグモ。夜のクポ（クモ）は泥棒グモ（岩手県下閉伊郡田野畑村）
・朝のクモは幸せを授ける。夜のクモは盗人の先導（秋田県横手市）
・朝のクモは殺すな。夜のクモは泥棒グモ（青森県下北郡大畑町）
・朝グモは吉。つかまえて神棚に上げた。夕グモは「よくも来やがった」とつかまえて外に捨てた（新潟県北魚沼郡小出町）
・夜に家の中に来たクモは殺す（埼玉県狭山市）

朝グモは凶、夜グモは吉

・朝のクモは、垂れ下がってきたら、縁起が悪いので上へ上へ追っ払う。晩のクモは殺したらいけない（鹿児島県曾於郡大隅町）
・夜のクモは逃がし、朝のクモは殺す（長崎県上県郡上県町）
・夜に家の中に入ってきたクモは、喜ぶ（コブ＝クモ）といって縁起がいいので殺してはいけない（長崎県北松浦郡鷹島町）
・夜クモが家の中に入ってくるのは縁起がよい（熊本県球磨郡五木村）
・朝昼のクモは殺すが、夜のコブ（ヨロコブ）は殺さない（熊本県球磨郡湯前町）
・夜に出るクモはヨルコブといって大事にされていた（熊本県球磨郡上村）
・夜クモを見るとヨルコブと語呂をあわせて縁起がよいようにいっていた（熊本県球磨郡錦町）
・夜出てくるクモ（コブ）は殺さない。「夜コブ→喜ぶ」と縁起をかつぐ（佐賀県東松浦郡北波多村）
・朝クモを見ると、その日には思わぬ出費がある（広島県安芸郡海田町）
・（アシダカグモを見て）朝のクモは縁起がよい。夜のクモは殺せ（広島県世羅郡甲山町）
・夜にみつけたクモは殺してはいけない（鳥取県東伯郡北条町）
・夜のクモは親に似ていても殺すな（島根県仁多郡仁多町）
・夜のクモを殺したらバチがあたる（大阪府阪南市）
・夜のクモはよい。朝のクモは悪い（和歌山県和歌山市）
・朝クモは殺しても夜クモは殺すな（和歌山県日高郡龍神村）
・朝のクモは悪魔の使い。夜のクモは神様の使い（三重県志摩郡阿児町）
・夜にクモを殺すと親の死に目にあえない（愛知県海部郡甚目寺町・豊橋市）

・夜のクモは殺すな（静岡県浜名郡新居町）
・夜に見たクモを殺すな（福井県大飯郡高浜町）
・夜のクモは殺してはいけない（神奈川県高座郡寒川町）
・朝グモがからだを這うとよくない（福井県三方郡美浜町）
・夜出てきたクモはヨクモ（夜クモ）来たのでめでたいから殺さない（岩手県釜石市）
・夜現れたクモは殺してはいけない（青森県西津軽郡鰺ケ沢町）
・夜、家の中に入ってきたクモは「よう来た！　よう来た！」といって丁寧にあつかってやるといいことがある（新潟県三条市）

朝夕を問わずクモを吉とする伝承

・家の中にいるクモを殺してはいけない。クモはコブともいい、ヨロコブを家に、つまり福を家にという意味で（長崎県南松浦郡奈良尾町）
・朝夕に地面を歩いているクモを殺すと雨が降る（福岡県筑紫野市）
・家にいる大きなクモは殺してはいけない（佐賀県東松浦郡鎮西町）
・クモが天井から降りてくると人が来る（岡山県苫田郡奥津町）
・夏場はクモの巣をとるな（島根県飯石郡掛合町）
・クモが家におったらええ（大阪府河内長野市）
・クモを殺すと雨が降る（三重県多気郡）

・クモを殺すと天気が悪くなる（長野県東筑摩郡波田町）
・クモは害虫を退治してくれるのでむやみに殺してはいけない（三重県度会郡度会町）
・クモが手を広げていると手ぶらの客が来る（愛知県北設楽郡稲武町）
・天井からクモが降りてくるとお客様がみえる（愛知県豊川市）
・部屋のクモは殺すな（静岡県賀茂郡河津町）
・家の中のクモを殺すな（静岡県田方郡天城湯ケ島町）
・クモが降りてくると来客がある（富山県）
・クモが目の下にさがると来客がある（秋田県大曲市金谷町）

クモのマイナスイメージを語る伝承

・クモに咬まれると二十四時間痛む（秋田県雄勝郡皆瀬村）
・クモを食べるとからだに発疹ができる（富山県下新川郡朝日町）

クモのふるまいによる天気占い

・巣作りが低い位置だと大雨が降る（福岡県豊前市）
・クモが巣をかけりゃ風が吹く（香川県綾歌郡国分寺町）
・クモが巣の端へ行くと大雨。クモが家の外へ巣を張ると晴（愛知県南設楽郡作手村）

・クモが巣を張ると天気（愛知県海部郡、静岡県周智郡森町）
・クモが上の方へあがると雨（愛知県海部郡）
・クモが低いところに巣を作ると大風（愛知県海部郡）
・クモが軒下などにぶら下がると雨が降る（長野県上伊那郡高遠町）
・クモが家の軒に網を張ると雨（茨城県那珂郡緒川村）
・クモが巣を動きまわるとカミナリ（雷雨）が来る（長野県伊那市）
・クモが天井から降りてくると雨が降る（長野県下伊那郡山吹村）
・クモが夜天井からぶら下がって降りてくると明日は雨が降る（福井県坂井郡芦原町）
・クモの巣に朝露がついている日は天気がよい（長野県下伊那郡山吹村）
・クモが下の方に巣をつくると雨（新潟県北魚沼郡守門村）
・夏にクモが家の中に入ってくると大雨になる（埼玉県飯能市）
・木にクモの巣がかかり、巣が真っ白いときには天気がよい（埼玉県『入間市史』）
・クモの巣に朝露がたくさんある時は晴れる（山形県最上郡大蔵村）
・雨中にクモが巣をつくれば間もなく晴れる（山形県最上郡大蔵村）

「朝グモ・夜グモ」伝承の考察

クモの振る舞いを記した日本最古の文献は、『日本書紀』に見られる衣通郎姫《そとおりのいらつめ》の歌「わが背子が来べき宵なりささがねの蜘蛛のおこない今宵しるしも」であり、夕（夜）のクモを恋人来訪の前兆に見立てている。すなわち、夜グモは吉であった。

その後、平安時代の説話に語られたクモには邪悪なものという印象はなく、むしろ知恵者として肯定的に表現されている。古代の枕詞「ささがね」の訛りと推定される「ささがに」は蜘蛛の異名となるが、陰湿な雰囲気はまったく感じられない。

日本の朝グモ（もしくは時を定めず、家の中のクモ）伝承に、『日本書紀』の衣通郎姫の歌よりこのかた、クモを来客の予兆とするものが少なくないが、その起源はおそらく中国に求められる。『増補俚言集覧』の増補部には「蜘蛛さかれば喜びあり」といい、俗に家内に蜘蛛が栄えると婦女に喜びがある（斎藤の現代語訳）という。『増補俚言集覧』は「毛詩陸疎廣要」から「蠨蛸またの名長脚」を紹介して、「此虫来著人衣当有親客置有喜也」と、クモが来て衣に着くと親しい来客の喜びがあることを記している。さらにその注に、「荊州河内之人謂之喜母、陸賈曰、蜘蛛集百事喜」を引用している。その意味するところは、揚子江流域の荊州ではクモを喜母といい、クモを百集めると喜びがあると陸賈がいっているというのである。[34]

このように古代中国ではクモは吉虫であり、けっして不気味な存在ではなかった。だが本邦では『日本書紀』や『風土記』に描かれた被征服民族としての「土蜘蛛」族伝承が時代とともに変容をとげ、『太平記』の土蜘蛛を一つの転機として、のちに能や歌舞伎のテーマとなる妖怪変化としての「土蜘蛛」へと展開していく。その過程でクモを不吉とする民間伝承が形成されていったものと見るなら、「夜グモ不吉」説は歴史的に比較的新しい伝承と考えられよう。朝夕を問わずクモを吉とする伝承が現代にまで根強く生き残っている事実がそのことを有力に暗示している。朝夕で吉凶が入れ替わる伝承例もけっして少なくはないし、ほとんどの土地で少なくとも朝夕のどちらかに、クモを吉虫として語り伝えている事実は、大昔からクモがおめでたい幸運の使者と考えられてきた証拠と考えられる。

自然民族のクモ説話

自然と人間の親密な交歓は、文字どおり「不自然な」都市文明を発達させなかった諸民族においてこそ、ゆたかに展開され、はぐくまれた。最も原初的な野生認識には、つねに生命の危機の恐れや、新鮮な驚きと感動がともなっていたであろう。人間自身がまだ野生の存在の一部として、自然環境と緊密に一体化していたにちがいない状況をまず思い出す必要がある。

クモの生活は、あらゆる面で人間と対蹠的なまでに異なるように見えるが、なかでも糸疣から糸を吐いて、(造網性クモ類の場合は)螺旋円網や棚網をはじめとするさまざまな網を張る点がいちじるしく際立っている。原始人類も早くから(罠網を張らない)徘徊性クモ類を認識していたではあろうが、「糸吐き・網つくり」に象徴されるクモの特性が、とりわけ自然民族のクモ説話に大きな役割を演じているようである。

ロンドン大学のジェフリー・パリンダーが記述したアフリカのクモ神話(157)も、まさにクモの糸と深いかかわりを示している。アンゴラでは部族の始祖が太陽と月の娘と結婚する。娘は当然、天界に居住している。蛙が求婚のメッセンジャーとなる。娘がクモの糸を伝って水汲みに地上へ降りて来る。蛙は水瓶に身をひそめて天界へ運ばれる。太陽は使者の蛙に持参金を要求する。男は蛙に金を持たせてやるが、娘が地上に降りてきて自分と結婚するよう主張する。蛙は寝ている娘の両目を盗み、父の太陽を窮地へ追いこむ。地上の人となった娘と男はめでたく結ばれる。だが娘は両目を返してもらっても、両親のもとへ里帰りはし

与那国島のレストランで見たアフリカの楽器コギリ．瓢簞の共鳴箱の穴には切り開いたクモの卵嚢が貼られていたという．

ない。

この説話は、部族繁栄の原因を、人間ならぬ神の子との結婚に求めているが、神と人との交流がクモの糸をたつきに行なわれているところに最大の特色がある。糸を引き、網を張るクモのふるまいから神の国を垣間見たアンゴラの人々の想像力のゆたかさと美しさに私は心をうたれるのである[157]。

西アフリカの諸部族に、知恵者のクモ「アナンシ」の説話がある。植民地時代、アメリカに奴隷として売られたアフリカの人々がふるさとの説話を伝え、『リーマスおじさんの昔話』（ジョエル・チャンドラ・ハリス作）として表現されたなかに、「兎のアナンシ」の話がある。アナンシは蜘蛛とも兎とも伝承されたのだ。パリンダーによると、名もないクモが神様から穀粒つきのトウモロコシを一本もらい受け、地上に降りて諸部族の酋長をつぎつぎと騙し、あげくは（神との約束をたがえず）百人の若者を引きつれて天国へ凱旋したという。神はクモにアナンシの名を与え、配下の長の役につかせた。しかしアナンシは、やがて神をも騙して悦に入る悪戯者なのであった。知恵者といってもこれはずる賢さで成功したクモの物語だが、神につかえるトリックスターとしてのクモの性格をよく表している[157]。

アフリカの自然民族は古くは複雑な文字体系をもたなかったらしく、

その多彩な説話の歴史を実年代によって示すことはできない。だがそれはアフリカに限ったことではなく、先史ヨーロッパ諸民族の多くも同様であった。であるからこそ、話者から話者へ、記憶と伝承が創造的な付加を可能にし、物語をゆたかにふくらませて、また卓抜なものにしていったのである。

アフリカの民がクモを知恵者に見立てたのは、複雑で精妙な――しかも編むのに手間暇のかかる――美しい網の造り手としてのクモを身近に観察し、その技に感銘を受けていたからこそであろう。透明なレースのごとき円網に獲物が搦め捕られるさまを見て、狡猾な動物という印象を日々に強めもしたであろう。しかしアフリカの説話のクモはどこか可愛らしく、陰湿な生き物として描かれることがない。常日ごろクモをよく見ていた人たちの空想の賜物だからなのであろう。

さて南アメリカ大陸に目を移すと、真っ先に思い出されるのはペルーの奇観、壮大な「ナスカの地上絵」に描かれたクモの図（全長四六メートル！）である。張られた網を表現せず、八脚をもつクモのからだが輪郭線で表されているが、二脚ずつをややX字状に広げた姿態のさまや、丸い腹部、触肢かと思われる頭部の突起にいたるまで、この動物の特性をきわめて的確に把握しえて妙である。顔の前面中央に一本の突出部のあるのは意味不明だが、口（牙）を表現したつもりなのか、それともその両側のくぼみを目に見立てたのであろうか。左第三脚の輪郭はなぜかいちじるしく長く横へ延びている。一三〇〇年以上昔の遺物とされる「ナスカの地上絵」には、鳥獣や魚などさまざまな動物が雄大無比に表現され、その輪郭は多く一筆書きの要領で描かれている。このような地上絵にクモが描かれたという事実は、ペルーの先住民族のクモに対する並々ならぬ関心と尊崇のあらわれであろう。ちなみに、クモのほかにコンドル、クチバシの長いペリカン（?）、ハチドリ、ジャッカル、尻尾が渦巻きのサル、シャチなどの動物や、渦巻き文様が描かれている。

中央アメリカのコスタリカには、クモの円網を意匠化したと見られる絵が残されている。同国カルタゴ県のグアヤボ国立公園に、スペイン占領時代以前の祭祀遺跡がある。グアヤボの祭祀遺跡には敷石をならべた参道がつくられており、それら敷石のいくつかの表面に、模様が描かれているのである。地元では絵文字といっているが、そのうちの一つは明らかにクモの円網である。縦糸、横糸、こしきが表現され、横糸の途切れているところは、もとの線が消えてしまったのか、それともそのように意図して描かれたのか分からぬものの、いずれにしろクモの円網の特色が見事にとらえられているのに驚かされる。

クモの絵を描く者の文化的・心理的な背景として、この動物がアメリカ大陸でも創造神話に重要な役割をはたしているとするならば、作図の意図が容易に理解されるであろう。

遺憾ながらペルーとコスタリカのクモ説話を私はまだ知りえずにいるが、アメリカ先住民族に神話を含むクモ説話がゆたかに息づいていることは、欧米ではすでに何人かの論者によって読書界に報告されている。

南アメリカではアマゾン川流域の先住民デサナ族は、「世界を大きな円盤と考え、クモの網をそのシンボルとしている」(ゲルチ「アメリカのクモ類」第二版、一九七三年、ザヒー『クモの何がこれほど特異なのか』一九七一年／吉倉真が一九八一年に日本へ紹介)。また「クモの糸を天上界へのぼるための階段・綱と考えている」部族も南米にあるという。(204) こうした自然信仰は、北アメリカ先住民のあいだにも知られており、元来、アメリカ大陸の自然民族には高度に普遍的な思想であったと思われるのだ。クモ(またはその網)が描かれるのには、この上なく強い動機が存在したといっても過言ではなかろう。

北アメリカの先住民、プエブロ諸族の説話を集めた、ナンシー・ウッド編『蛇の言葉　ニューメキシコ・プエブロ族の散文・詩と芸術』によれば、シィア族の始祖はサシスティナコという名のクモによって生まれたとされている。[236]このクモは東西・南北に二本の罠糸を十文字にかけて、それぞれに小さな包みをぶらさげ、魔法の歌をうたうと、アメリカ先住民族の母となるべき二人の女性がその包みから生まれた。サシスティナコはそれから人々を部族に分けた。というからには、クモの子である母（女）がつぎつぎに子孫をふやしたことになる。この説話に語られる包みはクモの卵嚢を象徴しているようである。

それからクモは地球を創り、「雨雲びと」を生み、「稲妻びと」「雷びと」「虹びと」を創造したという。クモのサシスティナコは、大地を三つに分けて雨雲びとに「中の平原」を、虹びとに「上の平原」を与えた。いっぽう二人の母は、生みの親のクモから霊感を受けて太陽を生む（デーヴィッド・キャンベルの再話による）。クモが日輪の祖父であったとは、なんという気宇壮大な神話であろうか。クモが万物の偉大な生みの親として、アメリカ自然民族の深い敬愛の対象であったことを知らぬまま、私たちはうかうかと世界を語れるであろうか。

蜘蛛男イクトミの説話が、北米先住民族のうち、ダコタ族（スー族）、アシニボイン族などに広く語られている。イクトミはふつう好色な悪戯者なのだが、アシニボイン族の神話にあっては、（その内容にはおおらかな時間的混乱が見られるけれども）なんと創造主の役割をになっているのだ。このことから推理するに、トリックスターとしての蜘蛛男イクトミの物語は、創造神話が卑俗化した結果なのではなかろうか。

アシニボイン族の説話によれば、この世にはまずはじめに洪水があった。蜘蛛男のイクトミは潜水の得意なマスクラット（匂い鼠）に、水底へもぐって泥をとって来させる。マスクラットは死んで浮き上がったが、爪に泥をしっかりかかえていたので、イクトミはその泥から大地を創造した。イクトミは、なまいきな蛙とやりあったあと（蛙を死なせてしまったが、かれの脚が七指をもつことに打たれて）冬を七カ月と定める。イクトミは泥から人間と馬とを創り、馬をもたないアシニボイン族に、他の部族から盗めと悪知恵をつける（アードスとオルティス『アメリカインディアンの詐欺師物語』一九九八年、による）[220]。イクトミはなにしろ洪水の水底の泥から大地と人間と馬を創ったのだから、創造神話の主にふさわしい活躍ぶりを示したわけであるが、水生哺乳類のマスクラットや両生類の蛙がはじめから生存し、しかも話のなかでイクトミは狼の皮を着ていたことになっている。これは明らかに矛盾といえばはなはだしい矛盾にちがいない。しかしこんな不合理が物語の面白さを少しも割り引かせていないのは、自然民族の雄渾な空想力の賜物であろう。

イクトミはならず者だがたいした奴だ。アードスとオルティスの語るダコタ族（スー族）の説話のなかで、かれはクモでもあり人間の男でもあった（前出のアードスとオルティスの書による／以下同じ）。イクトミは正しくもまた邪悪でもあり、利口で阿呆で、およそ何でもやってのけられる悪事の天才だった。腹ぺこのイクトミは、食べ物を求めてうろつきまわっていた。兎（北アメリカ大陸に棲息する「綿尾ウサギ」であろう）がみつかった。兎たちは宴会のまっさかりであった。イクトミは愛想よく接近して、キミたちの宴には歌と踊りがないね、と嫌みをいう。ぼくはキミたちにぴったりの歌をしこたま知っているんだが。兎たちが歌を所望するので、ただではいやだよ、などと勿体をつけて、目をつむらせ、うたってやる。兎たちは対になり、目を閉じたまま（イクトミがそうさせたのだが）手をとりあって踊りだす。御馳走が踊り疲れてふらふらになるまで、イクトミは辛抱づよく待ちつづける。そうしてなるべく肉づきのよい肥えた兎を四羽、殴り殺してしまう。

蜘蛛男イクトミにはいくつもの奇怪奔放な恋物語が知られている。関心をおもちの向きには前掲の書（英語版）のほかに、同じ著者の別書日本語訳版（アードス、オルティス共著『アメリカ先住民の神話伝説』一九九七年、青土社）の一読をおすすめする[1]。

邪悪な存在としてのクモが面白おかしく語られる蜘蛛男イクトミの物語は、クモの張る精妙な網には必ずしも似つかわしくないが、その網の上に鎮座して、いかなる美しい生物をも情け容赦なく餌食にしてしまうクモの生きざまから考えれば、こうした想像の産物が自然民族の説話に見られても不思議とはいえまい。自然民族が徘徊性クモ類をも折に触れ認識していたと私たちは容易に考えることができるから、なおのことであろう。

クモこそは、自然人の感性と知性を根底からゆさぶるイマジネーションの源泉なのであった。

海外のクモの俗信寸描

クモを吉と見るか、凶と見るか。クモが網を張り獲物を捕らえる姿は勇壮で知略に富み、古来人間に崇められさえしたであろうが、一方、世界の熱帯地域には猛毒をもつクモもおり、毒グモへの恐れから、クモを邪悪とする観念もたやすく生じえたことであろう。

クモを瑞兆とする思想は古代中国にすでに存在した。唐代にクモを喜子と呼び、宮中の女性にとっては皇帝の寵愛を予告するものであったらしい。野崎誠近『吉祥図案解題』（一九四〇年）に、「喜従天降」および「天中集瑞」として、円網から糸を引いて下がるクモの図が、また「喜気盈門」として、門庇にクモの巣、近くにカササギの飛ぶ絵が紹介されている。これらは中国の日常衣食住に使われる意匠とのことであり、中国人のクモを賛美する思想の息の長さをうかがわせる[253]。

日本でもクモが幸運を恵むとする俗信にはなかなか根強いものがあるが、クモを吉兆としたのはアジア人のみでなく、ヨーロッパにも同様の俗信が伝統的に知られる。十六世紀初頭のイギリスで、着ている上着にクモをみつけたら幸運のしるしとされた。同じく十七世紀イギリスの記録に、着物の上にクモがいたらお金が入るといった。そのようなクモはマネー・スパイダー（お金蜘蛛）、マネー・スピナー（お金を紡ぐもの）と呼ばれた。イギリスでは今でもサラグモの仲間をマネー・スパイダーと呼ぶ。学術的なクモ図鑑もそのことを無視せず、類を表す英語名として採用している。上着にクモがたかったら、新しい上着が

中国吉祥図の「喜従天降」。許道丰編『中華民俗吉祥図』と野崎誠近『吉祥圖案解題』を参考に作図。

中国吉祥図の「天中集瑞」。『吉祥百圖』（漢聲雑誌89・90）と野崎誠近『吉祥圖案解題』を参考に作図。

モリスダンス祭りに参加したイギリスの少女たち。

イギリスの湖水地方南部にある森林公園のクモの遊具で遊ぶ父娘。

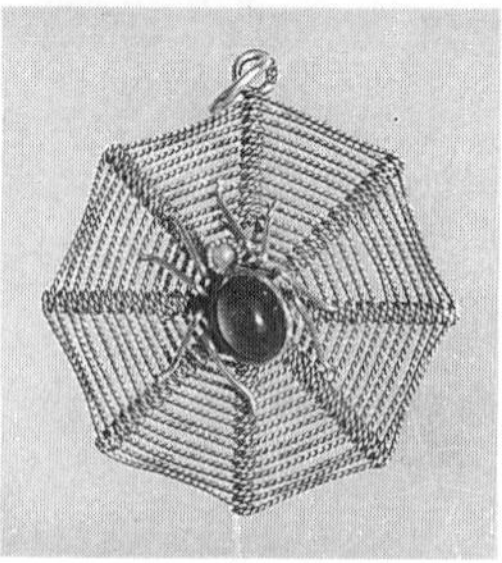

ヴィクトリア朝時代のクモの装身具。一八八〇年代製といわれる。

一九二〇年代にイギリスで流行したクモのイヤリング。

手に入るというイギリス人もいる。栄えたいならクモを殺すなとか、クモを殺すとたたりがあるという思想も健在である。しかし、黒い大グモが家に入れば死の予兆というように、イギリスにはクモを大凶とする俗信もある。またクモの巣はおこりや出血、百日咳に薬効ありとされた。

先年、筆者がイギリスに居住していたころ、ベコンスコット・モデル村（バークシャー州）で語りあった初老の一婦人は、クモが着物についたら手に載せて頭の上を三回まわし、肩の後ろへ投げると縁起がよいと教えてくれた（一九九三年）。一九八三年の記録に、エセックス州の十三歳になる少女が「頭のまわりを三回まわせば、マネー・スパイダーは幸運をめぐむ」と姉妹も自分も思っていることを述懐している。同じ年、ヨークシャー州の二十一歳の女性は、「マネー・スパイダーがからだについているのを見つけたらとても幸運よ。そのクモを飲めばお金が入るわ」と語ったという。[231]

キリスト教説話では、エジプトへの逃避行に際し、聖家族が洞窟に避難すると、クモが入り口に厚い巣を張って彼らを守ったといわれる。またクモの糸は天と地をつなぐものとして、キリストの昇天と結びつけられている。

北オーストラリア、ベジック・クリーク地方のアボリジニーには、クモを意味する名をもつ芸術家がおり、ミミと呼ばれる精霊の踊りの図を描く。

メキシコ・チャパス州のインディアン婦人はジョロウグモ属の一種ネフィラ・クラウィペス（*Nephila clavipes*）の糸を腕に巻き織物を織るという。仕上がりの巧みさを祈ってそうするのであろう。

中国唐代のクモ占い

クモを漢字で「蜘蛛」とつづるのは、あくまでも漢民族の言葉であって、中国のどこでも同じ呼び名が行なわれていたわけではなかろう。近年、稲作のふるさとの一つと推定されている揚子江中流域地方で、漢民族から圧迫を受けていた人々は、この美しい虫たちを蜘蛛とはいわなかったようなのだ。ではかれらはクモを何と呼んだか。大昔のこととて、快刀乱麻の指摘はかなわぬといいながら、少なくともその一つの候補は、日本語の「クモ」にかなり近い発音の語であった可能性がきわめて濃厚と思われる。といえる有力な根拠は、クモの別名とされる「喜母」である。明代の『本草綱目』（李時珍）をはじめとする中国本草の書に喜母は登場しないが、そのわけは、喜母がかつては漢民族から見て蕃夷のコトバであり、かなり地方的な方言だったからなのであろう。

漢字で喜母と書き、クモをおめでたい吉祥虫と見る自然観は、悠久の太古のクモ崇拝思想を反映したものにはちがいないにしても、いま案ずるに、喜母はもと当て字であったかもしれないと思う。

現代の標準日本語としてのクモ、さてまた九州に広く流布する方言のコブ、韓国標準語のコミ、韓国慶尚道方言のクミなどは、古代揚子江中流域に分布し、しかもふつうに使われていたかと推定される「喜母」なる語と、根を同じくするコトバなのだろう。朝鮮半島へも日本へも、揚子江稲作民族の移住とともに伝わった単語の一つと考えるなら、三者の妙に酷似する理由が合理的に説明できるではないか。

唐代の文人・宗懍の著した『荊楚歳時記』には、クモは「喜子」とあり、「喜母」とのつながりをつよく感じさせる。宗懍は今日の湖北省チャンリン（江陵）に生まれたというのだから、かれが「荊」といい「楚」といった地方は、ふるさとを中心とした土地であったことだろう[115]。

『荊楚歳時記』の、七月、七夕の乞巧の条に、「この夕べ、人家の婦女たちが、色とりどりの糸を結び、七本の針に孔をあけ、また金・銀・真鍮で針をつくり、庭に筵をしいて台をおき、酒、干し肉、瓜、果物を供えて、（織物の）技の上達をねがう。喜子（クモ）が瓜の上に網を張るならば、まじないが成就すると考えられた」という（守屋美都雄訳、平凡社東洋文庫版の同書より、著者がさらに現代語訳した。「七本の針に孔をあけ」はおだやかな解釈ではないが、「金・銀・真鍮で針を手作り」した当時のことだから、私には自然にこう読める。針をつくっても、孔を穿たなければ用をなさない）。

この場合、瓜には格別の意味があり、他の果実で代用できるものではなかった。稲作とともに大陸より伝来したと信じられる七夕説話のなかに、人が瓜の蔓を伝って天にのぼり、天界では瓜が割れて水が吹きだし、天の川になったという奇想天外な物語がある（網野善彦・大西廣・佐竹昭広編『瓜と龍蛇』[5]）。日本の食文化事情では、むかし夏場の甘味な果物といえばマクワウリばかりだったのを私は思い出す。

ラフカディオ・ハーン（小泉八雲）も書いているように、七夕に蜘蛛を香箱へ入れ、網の張り具合により吉凶を占う習俗が、玄宗皇帝の後宮にあったという[158]。クモが厚い網を張っていたら吉、張らずにいたら凶を意味した。してみるとクモの網の卜占は、なかなかポピュラーな気風であったはずだ。ハーンは七夕の織姫彦星の異名を記録し、ササガニヒメ（蜘蛛姫）の名をあげて、ギリシア神話アラクネの伝説を連想させるとしている。シルクロードを経由した説話の流伝・交流を想像させる不思議な付合といえよう。

『酉陽雑俎』のハエトリグモ故事

中国唐代の奇書、『酉陽雑俎《ゆうようざつそ》』をものした段成式は、秘書省の校書郎という職にあって、広く万巻の書物を渉猟できたから、話題が縦横無尽におよぶのも当然であった。けれどもとりわけ興味をひかれるのは、彼が動植物、わけても「虫」に格別の思いを寄せていたかのごとく窺われることである。ムシといっても虫娘だの、蟬化の上品だの、十種の身虫だのでは世話はないが、ことクモに関しては看過しがたい記述を残している。(121)

巻四「境異」に、鄭絪相公が宰相に任ぜられるより前、屋敷への投石がつづいたので他所へ避難したのち帰邸して居室の方丈を覗くと、無数のクモが巣をかけていたという。今村与志雄は東洋文庫版『酉陽雑俎』の注に『爾雅』を引いて「小さな蜘蛛で足の長いもの、俗に喜子」といい、『爾雅義疏』により「荊州、河内の人は、これを喜母という。この虫が来て人の衣につくと、親しい客が訪ねてきて喜びがある前兆だという。幽州の人は、これを親客という」と紹介している。

問題のハエトリグモ故事は、それにつづく巻五「詭習」に見られる。暴君に謁見して歯牙にもかけられなかった王固という隠士が、それではと「古今未曾有の技」(カギ括弧内は今村与志雄訳注からの引用)を判官に披露し、于王の悔しがるのを予期して飄然と姿をくらますという味な話だ。

さてその技だが、

懐中から竹を一節と、やっと一寸ぐらいの小鼓とを取り出した。ややしばらくして、竹につめた塞をとり、枝を折って、つづけざまに鼓子をうつと、筒の中に蠅虎子（ハエトリグモ）が数十匹いて、行列をつくって出てきた。二隊にわかれ、対陣の形のようである。鼓をうつたびに、あるいは三匹、あるいは五匹、鼓の音にしたがって陣をかえた。天衡地軸、魚麗鶴列、あらゆる陣形をみせた。進退も離合も、人間はとてもかなわなかった。陣を数十回かえてから、列をつくって筒の中に入ったのである。（今村与志雄の訳による）

というではないか。これを思うに、独居性のハエトリグモが集団で秩序ある行動をすることはありえないから、話はまったく空想の産物にちがいないのだが、ハエトリグモという生物の行動様式に無知な人が思いつきそうな筋書きとも考えにくい。少なくとも唐代の中国には、屋内にふつうに徘徊するハエトリグモ類の挙措に注目する人たちがいて、獲物を捕らえる必殺のジャンプや、前列中眼と歩脚とを駆使した独特のディスプレー行動様式が認識されていたからこそ、さらに飛躍してクモたちの隊列陣形という途方もない着想が生まれえたのではなかろうか。

ここで唐代の詩や美術工芸作品に見られる確かな写実力の極致を思い出してみるのは無益ではなかろう。それらが現代における人間国宝級の最高度な精神性をもしばしば凌ぐ事実をかえりみるとき、博覧強記の文人・段成式がハエトリグモ類の習性に無知のままこうした物語を捏造したなどと私はゆめゆめ思わない。とくに文中、竹一節から成るハエトリグモの（飼育）容器に著者は言及しており、当時の中国にハエトリグモの習性を取り入れた遊びが存在した可能性を有力に示唆している。五一ページに記したわが国江戸時代のハエトリグモ遊びは、中国文化の影響下に成立した可能性を否定しきれないと思うのだ。

薬にしたクモ

江戸時代までの日本では、主として中国の漢方医学と、それに加え、しばしば漢方医学の影響を受けた民間療法によって病気やケガに対処していた。蘭方（オランダの医学）は庶民のあいだにまでは普及しなかったといえよう。さて漢方の薬はいわゆる本草であり、生薬であって、植物・動物・鉱物を中国医学独特の認識のしかたで、単独に、もしくは組み合わせて処方したものである。それらのなかに蜘蛛の占める比重は小さく、用いられる種類も限られていたが、クモならではのユニークな使用法があったことも確かである。

日本の代表的な本草書、貝原益軒の『大和本草』と小野蘭山の『本草綱目啓蒙』には、掲載された薬物の種類に薬効の記述がほとんど伴っていない。だから現代人がこれらの書を通覧しただけでは、薬物の書というより、さながら実用を離れた博物書のようにも見える。けれども当時の日本の医学は中国の本草（つまり漢方医学）一本槍であって、漢方の薬物に日本産の資源をあてはめることが社会的に求められていた。これらの書は日本の薬物（植物・動物・鉱物が含まれている）が中国名の何にあたるかを考証することを通じて、中国医学を日本の資源によって応用できるようにしようと試みたものなのだ。肝心の薬効の判断と処方に関しては、明の李時珍の『本草綱目』はじめ、本場中国の本草書をもっぱら参照していたわけである。

そこで李時珍の『本草綱目』（一五九〇年）を繙いてみるに、蜘蛛、草蜘蛛、壁銭、蟷（土蜘蛛）、さらにクモではないがクモ綱に分類される蠍（サソリ）が挙げられ、薬効と処方が詳しく解かれている（『本草綱目拾遺』には壁虎が加えられている）[210]。後述する『中国本草図録』に言及された薬物とその利用法は、すべて李時珍らの伝統的な本草書をもとにして、そのエッセンスを手短に述べたものでしかない[177]。

出だしから『本草綱目』の話とはいささか古めかしいが、たとえばそのクモに関する部分を拾い読みしてみると、驚くほど斬新でおもしろい。蜘蛛の項に赤斑のあるクモとして「絡新婦」の名があるのはジョロウグモの語源かもしれない。李時珍は「蜘蛛は人を嚙ってはなはだ毒」だといっているが、これは俗信か、それとも人体を害する猛毒のクモが当時すでに正しく知られていたものかは不明である。

漢名の「蜘蛛」は、一面に網を懸け、触れたものを誅する（殺す）から「誅を知る」生きものという意味でそう呼ばれる（王安石の説）という。また弘景から引用して「薬に入れるのは漁網のような網を懸けるものだけ」ともいい、クモの網を漁網にたとえているところに卓見が窺える。

『本草綱目』は、その序文にも明らかなように、李時珍が万巻の書から抜き書きして編んだいわば薬物百科全書である。だからそれぞれの出典の編著者により異なる説を羅列しているが、同時に彼は「時珍曰」の項をもうけて自分の見解をつけ加えることも忘れなかった。たとえば蜘蛛について見ると、李時珍は「網を懸けるのに、糸を右にめぐらす」などという。また蜘蛛によって「水上を歩ける」（淮南萬畢術）だの「水中にいられる」（抱朴子）だのの説は、方士の駄法螺《だぼら》で信用がおけないと喝破している。前者は赤い斑のある蜘蛛に豚の脂身を食べさせて百日飼育し、つぶして布に塗ると雨よけの防水となり、足に塗れば水の上を歩けるとしたもので、荒唐無稽な空想だが、まるで忍者の世界の物語のようですこぶるおもしろい。後者は蜘蛛と水馬（アメンボ）でつくった丸薬を飲めば水の中でも平気、というこれまた傑作な薬である。これらは水辺のクモやアメンボの観察により、水上を疾走したり潜水する（日本ではアオグロハシリグモにその例がある）姿から着想された妙薬（？）であったろう。

さて鄭暁の「吾学編」からの引用として、西域賽藍地方には夏秋の候、草間に小さく黒い蜘蛛がいて、その毒はなはだしく、咬まれた人はあまりの痛さに地に徹するごとき声をあげるが、土地の人は呪文をとなえ、薄荷《はっか》の茎で傷をなで、羊の肝でからだをさすると、一昼夜で痛みがおさまり、皮がむけるといっている。このクモが今日の何にあたるのかをもとより断定はできないが、表現から察するにゴケグモ類のようにも思われる。牛馬を殺すともいっているが、古い話だけに、これまた真偽のほどは詳らかでない。

同書にはいかにも中国らしく、想像のすこぶるたくましい記述が少なくない。身のまわり数寸、脚の長さその数倍、網をかけられれば竹木が枯死するなど穏やかでない。クモの毒にやられたら、雄黄を苦酒で練って塗り、鼠負蟲（ワラジムシ）に糸を食わすという。『酉陽雑俎』からの引用では、車輪ほども大きい蜘蛛がいてよく人や動物を食うことになっている。日本の民話伝説にも多い蜘蛛の妖怪の中国版といったところであろう。

その他の出典については『本草綱目』の原典（中国・商務印書館版が日本でも容易に入手できる）[210]、もしくは『新註校定国訳本草綱目』（鈴木真海訳・春陽堂書店）[110]によって見ていただくとして、なおいくつか現代の目から見て興味を惹かれる記述をかいま見てみよう。

・ムカデに咬まれた傷にクモを置いて毒を吸わす。クモがムカデに尿をかけると節々が断たれて爛れる。
・クモは蜂刺されに効く。クモ自身が蜂に刺されると芋の梗《え》をかんで傷にこすりつけてなおすという。

・乾霍乱（急性の腹痛で腹がふくれ吐けない）には、脚をとったクモを生で飲むとなおる。
・生後十日の嬰児が口を噤《つぐ》んで乳を飲まなくなったら、脚をとったクモ一匹を焦がして粉にし、豚の乳一合とまぜ、三服に分けて飲ませると神効無比に効く。
・あごの下の結核には、大グモを好い酒に浸してつぶし、澄まし汁をとって寝るまえに飲むと最も効果的である。
・瘧（おこり／マラリア性の熱病）にはクモ一匹を飯といっしょに搗《つ》いて丸めて飲む。
・瘰癧《るいれき》結核を治療するには、日干しにした大グモ五匹の脚をとり、すりつぶして酥（牛や羊の乳を煮固めた酪製品）で練って一日二回塗る。
・腋下胡臭（わきが）には大グモ一匹、黄泥に赤石脂末、塩少量をまぜて包んで焼き、粉末にし軽粉を加え、醋《す》で調えて軟膏にし、寝るまえに腋の下に塗る。すると翌朝かならず黒い下痢をする。

といった調子で枚挙にいとまがないが、ここでクモの巣の効用に目を転じてみよう。

・物忘れには、七月七日にクモの網をとり、人知れず着物の領《えり》に入れておくとよい。また疣にクモの糸を巻けば七日でとれる。炒って粉にし、酒で飲めば吐血をいやす。
・急性の吐血には大グモの網をもんで小玉にし、重湯《おもゆ》で飲むと一服ですぐになおる。
・『酉陽雑俎』に、裴旻の部下が金瘡（刀傷）を受けたとき、彼は山でクモが網を布一疋ほども張っているのを見つけ、網の主であるクモを弓で射殺して（というところがすさまじい）、糸を数尺切り取り、それを一寸四方に切って貼ったら血が止まったとある。

『本草綱目』のクモ。

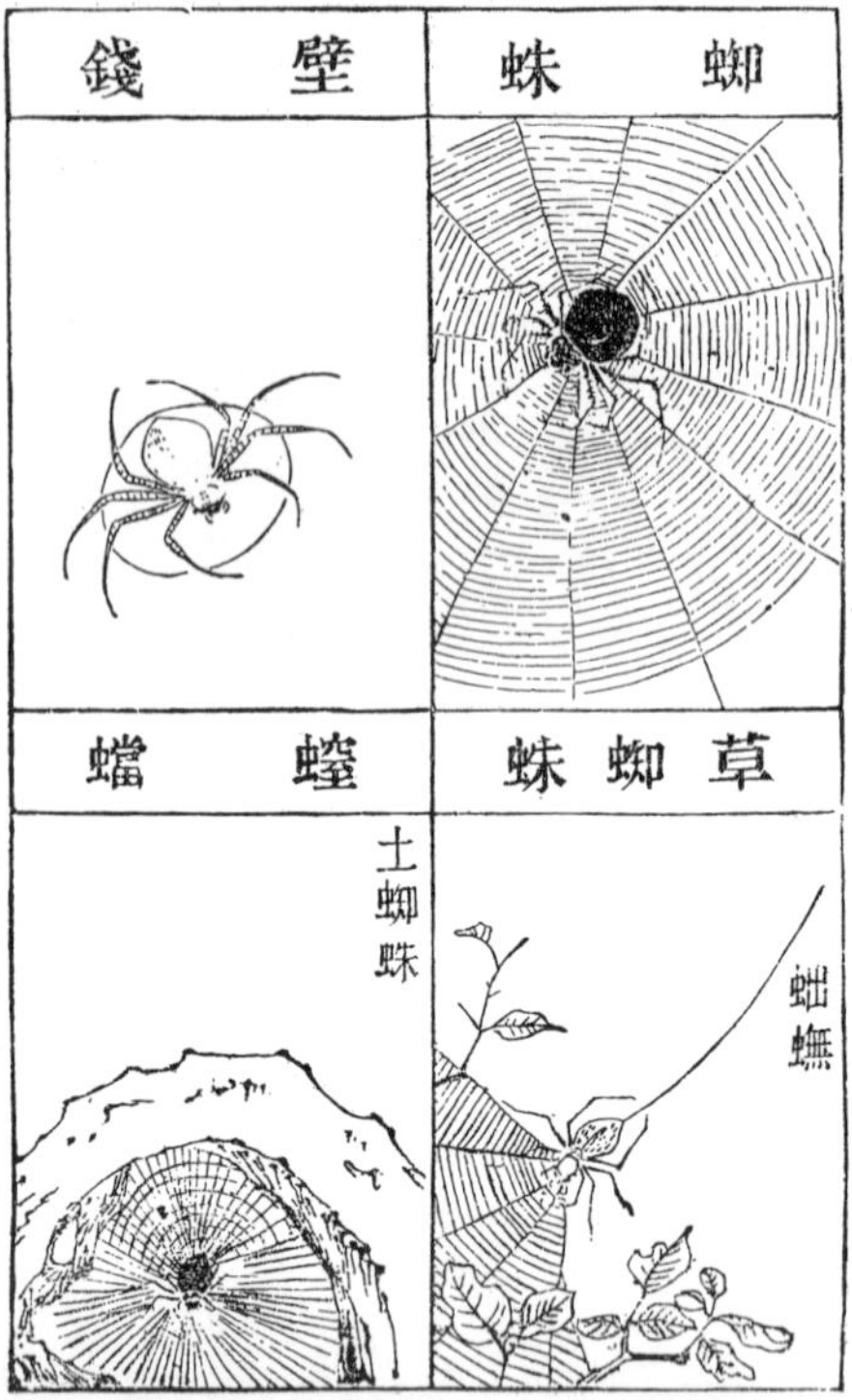

テント網から追い出したヒラタグモは思いがけず色鮮やかなクモだった.

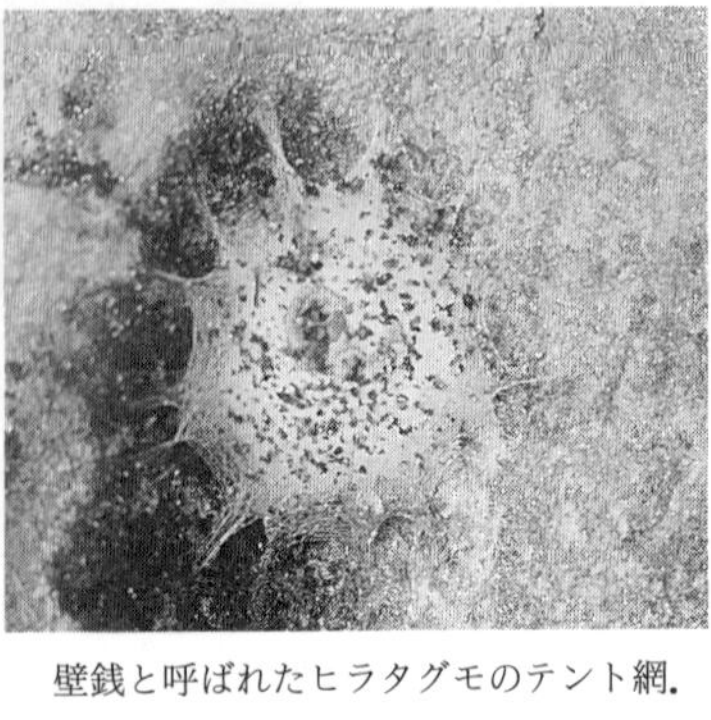

壁銭と呼ばれたヒラタグモのテント網.

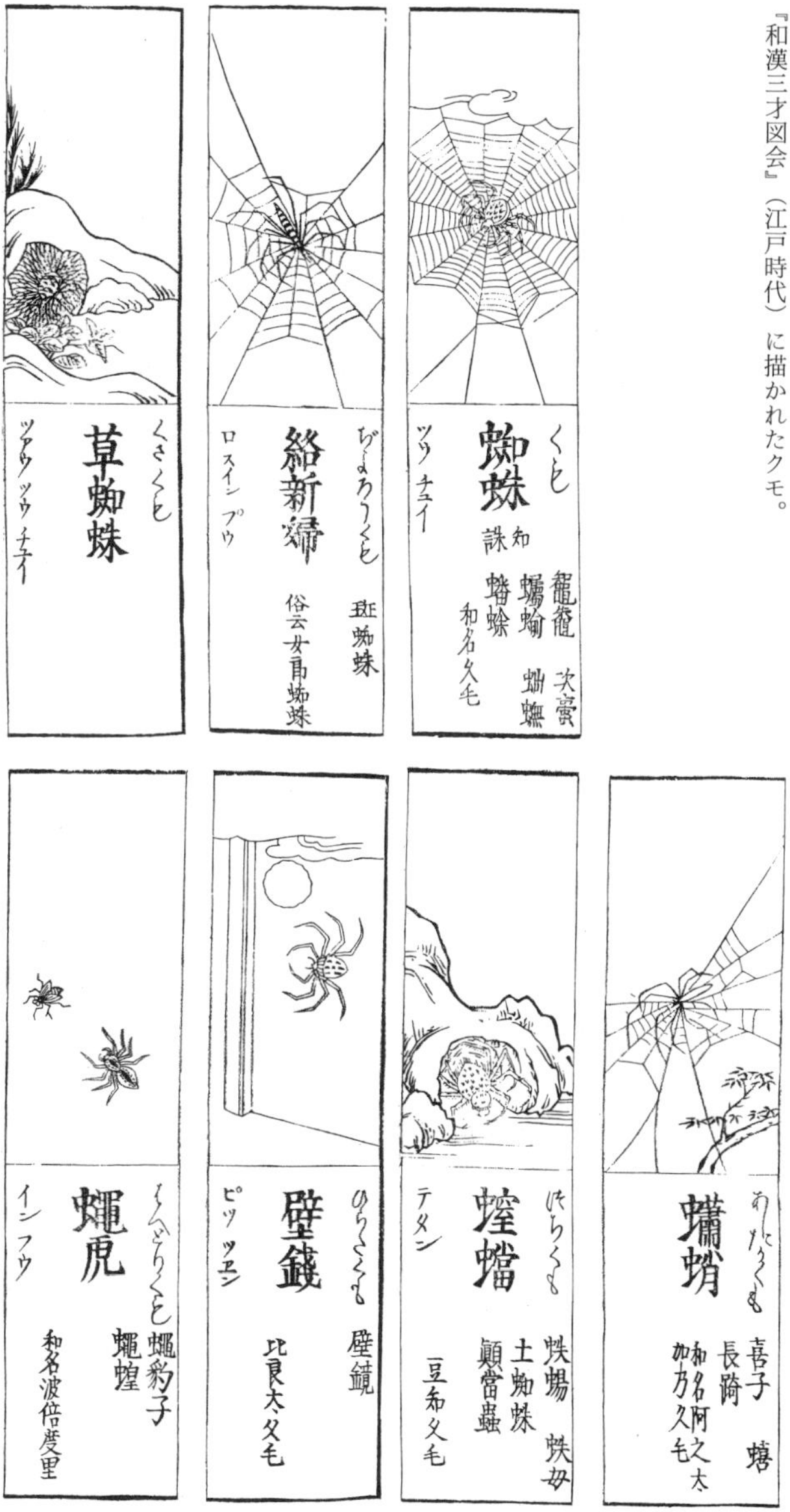

『和漢三才図会』（江戸時代）に描かれたクモ。

クモの網を血止めに用いることは、中国ではこのように（遅くとも？）唐代の書『酉陽雑俎』の時代には行なわれていたようだ。

だが中国の漢方医学（伝統的な呼称は「本草」）は、まさに紀元前の漢代に早くも「本草」の語が見えることからも察せられるように、少なくとも二千年来の知識の集積が今日まで大切に継承されてきたものである。最古の本草書『神農本草経』（成立年代不詳）から二十世紀の現代中国医学まで断絶がないのはまことに驚くべきことである。それだけに、今では利用されることのほとんどない薬物資源も交えてのことではあろうが、薬用のクモに関するかぎり、一聞して俗信的と思われるかなり荒唐無稽な治療法までが『本草綱目』の諸ページを占めている。

次に同書に独立した項目として掲げられたクモ四種（うち蠅虎は『本草綱目拾遺』所収）のそれぞれにつき、ごく簡略にご紹介するとしよう。

・草蜘蛛　後述の『中国本草図録』には「草蜘蛛」をイナズマクサグモと同定しているが、[177]『本草綱目』では文中に「花蜘蛛」の名が出てきて解釈がむずかしい。すなわち、「草の上の花蜘蛛の糸は最も毒」「草の上の花蜘蛛に咬まれたものは天蛇毒」などという。疣とりや瘤とりに、稲の上の花蜘蛛十四あまりをとって桃の枝におき、東に垂れた糸を撚《よ》って疣や瘤にかけ、七日にいっぺん取り替えると落ちるという。また瘧《おこり》には五月五日に花蜘蛛をとって晒し干しにし、紅絹の袋に入れ、発作を起こした男の患者の左肩に、女の患者の右肩にかけるが、患者に知られるようにそうするという。

・壁銭　今日のヒラタグモと考えてよさそうだ。「壁鏡」ともいい、いずれも巣の形の形容と李時珍はいう。ヒラタグモ（壁銭）は土壁に銭のような白幕をつくる。北方の人がこれを「壁繭」と呼び、（天幕にも似た）巣は白く繭のように光るという（表現がすばらしい）。鼻血を止めるにはヒラタグモの汁を鼻孔へ注入したらしい。子どもの吐き気にはヒラタグモの巣二七枚（『国訳本草綱目』では十四箇となっている）をとって煮汁を飲ませる。

・蛭蟷　『新註校定国訳本草綱目』ではジグモに比定されている。けれども文中、土穴の巣の上に蓋で穴口をふさぐとあるから、これは明らかにトタテグモ類に相違あるまい。唐代の『酉陽雑俎』にも、「ミミズの穴のように深い巣に糸網をかけ、楡莢（斎藤曰く／ニレの木の平たい果実で中国では「楡銭」ともいった）ほどの大きさの蓋があり、その蓋を（斎藤曰く／足爪で）支えて獲物の通るのを待ち、虫が来ると蓋をはね返して捕獲するや、たちまち穴へ引き込んで再び閉じる。蓋は地面と同色だから見つかりにくい。蜂がこのクモを捕って食う」といっている。千数百年の昔にトタテグモ類がこれほどこまかく観察され、しかも記録にとどめられたとは素晴らしい。

かさぶた、腫れ物、瘤にはこのクモを焼いて粉にし、臘月（十二月）に豚の脂と和してつけるという。臘月へのこだわりが私にはことのほか新鮮に感じられる。

・蠅虎　ハエトリグモ類の謂である。「蠅狐」「蠅豹」ともいった。「腹に糸があるが網を結べない」とよく見ている。壁の上でハエを敏捷に捕って食うさまが虎、狐、豹にまでたとえられた。嘴に二つの肉爪というのは触肢をいったものであろう。また嘴に両鉗があり吸収するというのはまさしくクモの牙をいい得て妙。「両目は虎に似、炯然《けいぜん》と光」る。からだが「純白で、目が朱色を呈する美しい」ハエトリグモもいる。「子どもが器に入れハエを与えて飼育し、蝿虎がとびついて獲物を捕らえるのを見て遊ぶ」とまで記されている！　これをもって見るに、わが国の江戸時代に流行し、将軍家からご法度にまでなったハエトリグモ習俗（別章に詳しく紹介した）は、『本草綱目』などの中国文献を読みあさった医家か教養人に触発されて行なわれたものかと思われる。

ハエトリグモは『本草綱目』の本篇にはとりあげられなかったが、『本草綱目拾遺』では、この虫の敏捷性から、血脈をととのえ、趺打（転んだときの打ち身）を治すといい、徐順之験方の説をとって「ハエトリグモ数匹をすりつぶして好酒で服する」としている。

ちょっと脱線するが、中国の本草の途方もなさは、死人にわくウジムシを大麻瘋、癩疾の秘薬にしたところにも現れている。検死場の棺のなかのウジムシを許可を得てもらい受け、洗って炒り、粉にしてサイカチの木の刺を煎じた濃湯に入れて服用したらしい。また『医学指南』からの引用では、人蛆一升を布袋に入れ流水にさらし、麻黄（マオウ）の煎湯に袋のまま浸し、日に干して甘草の煎湯に浸け、ふたたび日に干して苦参（クララ）の煎湯に、またぞろ日に干して今度は童尿に浸し、またまた日に干し、しかるのち葱薑（ネギとショウガ）の煎湯に蛆を投げ入れてそのまま鍋で煮つめ、炒って粉にして麝（ジャコウジカ）と蟾酥（ヒキガエルと乳製品を混ぜたものか）を加え磁器に入れて石薜花（不明）の煎湯で服用するという念の入れようである。こんな眉つばの秘薬を知るにおよんでは、私たちには一見唐突に思われる蜘蛛の処方もむしろかわいらしいものである。(210)(110)

さて日本にはクモを薬用とする民間療法がはたしてあっただろうか。

疣を取るにクモの糸を巻くと伝える人々は、かつては日本列島にもすこぶる多かった。

疣とりにクモの糸を巻く療法は、いちがいに俗信とばかりはいえまい。クモの糸の強靭なことを昔の人が知っていたとしても少しもおかしくない。クモの糸で根元をしばって疣を殺し、腐らせて取ったのであろう。ただし疣が人間の生活上、とりたてて不便なことはめったになかろう。こんな外科的治療がそうそう行なわれたとも信じがたいが、ともかくクモの糸の実際的な利用法ではあった。鈴木棠三『日本俗信辞典　動植物篇』には、この民間療法と賢淵（ところによりクモ淵とも呼ばれる）伝説を結びつけて、「クモの糸の信仰的な力を疣取りの呪術に用いた」としているけれども、[111] にわかには信じがたい。同書によれば、クモの糸の疣取りは東北から九州まできわめて広く分布していた。長野の「年の数だけ」巻くとか、富山の「人のいないうちに」巻くなど、俗信の要素がはっきりと伝えられている場合もあるが、現実に効能があったとすれば、怪力ぶりを発揮する妖怪変化のクモ伝承である賢淵説話まで持ち出す必要はないように私には思われる。


　クモの糸をめぐる薬用習俗には、日本にも奇妙なものがあり、前述した『本草綱目』の影響があきらかに看取される。すなわち、物忘れの治療に、七夕の日、クモの巣を着物の襟に入れるというのである。同書は岩手と奈良の伝承を記録し、奈良では襟にクモの巣を縫いこんだという。[111] こうなると完璧に呪術といえようが、健忘症は（病気といえるか否かはさておき）いずれ精神活動の低迷現象であるから、脳にほど遠からぬ着物の襟に封じこめたクモの糸が効果を発揮すると考えるのはいとも理解しやすい。ただしなぜクモの巣（糸）なのか。クモの糸の霊力といってしまえば解釈はそこで止まってしまう。おそらくクモという虫は記憶力抜群の生物と考えられたのであろう。なぜなら複雑緻密で完成までに時間のかかる網をたゆまず一心に張りつづけるクモのふるまいは、そのような連想を生みやすかったのだろう。とすればクモの網張り行動は、往年の自然人たちにより、折にふれ長時間にわたって根気よく観察されていたことにもなろうか。

クモの腹部をつぶしてできものや腫れものの塗り薬にした話を、私は韓国農業研究所の兪昮善氏とともに一九九九年の正月、韓国・慶尚南道、統営市の海岸で漁師の中年主婦から聞くことができた。じつはこれは兪氏が聞きだしてくれたものなのだが、クモの種類は「ワングミ」(王蜘蛛/コガネグモの慶尚道方言)の雌で、腹に孔をあけ、そこから腹部の内容物をしぼり出して患部につけるという。このおばさんは手真似でクモの腹部の内容物を絞りだす仕方をじつに生き生きと、またありありと説明してくれたものだ。

生きているクモをつぶして腫れ物のつけ薬にしたという土地は、クモの種類を問わなければ、福島、愛知、大阪、沖縄と、日本にも点々と記録されているようだ。よほど古い民間療法と思うが、私が日本国内でみずからの手で確認できたのは、沖縄県八重山諸島・西表島の船浮でのことだった。土地の古老(一九二三年生まれ)によれば、イエグモ(アシダカグモの船浮方言)の親がかかえている「袋」(卵嚢)をとり、つぶして腫れ物につける。袋のなかには子グモがたくさん入っている、と卵嚢内で孵化している子グモの様子もよく知っておられたのには驚いた。

できもの・腫れ物や毒蛇の咬み傷の薬にコガネグモを生で用いることは、現代中国の本草書にも治療法として記載されている。『中国本草図録』巻十(一九九三年/中央公論社)にそれがあり[177]、『中国薬用動物名録』からの引用と思われる。右の『中国本草図録』では、コガネグモの中国名を「悦目金蛛」としている。ちなみにコガネグモの標準的な韓国名は「ホラン・ゴミ」(虎蜘蛛の意)である。生で使わぬ場合、熱湯に通してから日干し、というのは、昆虫を含めて虫を薬にするときの中国的な常套手段である。コガネグモは黄疸やリンパ腺結核にも効くという。

中国では草蜘蛛（と書いてもじつはイナズマクサグモだという）もまた、同様に生でつぶして、できもの・腫れものに外用するという（同書／巻十）。「大腹円蛛」と呼ばれるオニグモも、毒虫の刺し傷や毒蛇の咬み傷に効があるそうだ（同書／巻四）。

前述のようにヒラタグモは「壁銭」といい、これは古く平安時代には日本にも伝えられていた漢名だった。解毒、止血作用があり（同書／巻七）、ヒラタグモの丸く偏平な布状の巣はそのまま血止めに貼られたようだ。「タイコグモの袋を（膿の）吸い出しに貼る」（大分県／前出『日本俗信辞典』）というのはヒラタグモのことであろう。

クモの毒

本書では、クモの毒につき詳細に語るつもりはない。しかしクモ毒への世人の関心をはぐらかすことは、いやしくも数少ない「蜘蛛の本」のはしくれとして誠実ではなかろう。そこでクモの毒に関するごく手短な解説を試み、より深く知りたい方々のために、適切な手引書を紹介することにしよう。

クモを恐れる人の多い理由の一つに、クモは毒をもつと信じられていることがあげられるであろう。かつておおらかなりし時代には、人に危害を加えるほどの毒をもつクモは日本にはいない、とクモの専門家も説くことが多かったけれども、一九九五年秋、大阪府高石市でセアカゴケグモがみつかって以来、まんざらそうともいえなくなってきた。

いや、亜熱帯性もしくは暖温帯性のセアカゴケグモがわが国に侵入するより遙かに前から、日本土着のクモのなかに、多少の毒性を認められたクモがいるにはいた。ススキやアシの葉を折り曲げてチマキに似た巣をつくるカバキコマチグモがそれである。カバキコマチグモの雌の巣をあけて、なかに産みつけられている卵をご飯になぞらえる伝承遊びが民間に古くから行なわれてい、ときに指先を咬まれる子どももいなくはなかったのである。巣には卵を守る母性本能にすぐれた母グモがいて、わが子の危機に牙を剝き出して向かってくる。さてカバキコマチグモに咬まれると、単に痛いだけでなく、人の体質にもよろうが、リンパ腺が腫れることがあったと私は体験者から聞いている。カバキコマチグモには不自然に手出しをしていじめない方がよい。

一般的にいえば、クモは体内に毒腺をもち、生き餌の虫を食べるに際して、相手のからだに牙を突き刺し、牙にある細い溝をとおして、消化液と兼用の毒液を注入する。そうして獲物の体内でタンパク質を消化してどろどろの液状に変え、ふたたび牙のストローからスープを吸うようにして食べるのである。これをクモの立場から見て「体外消化」といっている。とすれば、どんなクモであれ、獲物の虫にとってはじつに恐るべき毒殺屋さんということになる。しかしクモの毒の程度は、多くの種では人間に対して致死的ではなく、またその牙なるものも、人の皮膚を貫通するほどの代物は少ない。だからふつうには、日本には毒グモなどいませんといっても、別段さしつかえなかった。けれども右に見たごとく、クモは多少の差はあれ毒腺に毒をもっている。こう書くと、「やっぱりクモは毒なんですね」と開き直られそうで困るが、世界広しといえども、人を害する毒グモはごくわずかしかいないというのが穏当な答えになるであろう。それならば咬傷が問題になるようなクモだけを注意すればよいことになり、日本ではまず心配はいらない。

ゴケグモ（後家蜘蛛）の毒

日本で近年みつかったのはセアカゴケグモ、ハイイロゴケグモ、クロゴケグモなどだが、さいわい人間界に事故も出さず、いつのまにかマスコミから消えてしまった。しかし外来の有毒生物が都会の側溝のふたの下などで繁殖しているという事実はきちんと認識しておくべきだろう。アルファーラトロトキシンという有毒物質も検出されており、これらのクモとの共存を冷静に模索する必要があろう。

タランチュラの一種．プーシェ著『宇宙』（1877）より．

アメリカのクロゴケグモ（黒後家蜘蛛）は、牙こそわずか〇・四ミリというが、昔は多くの死者を出した。その毒は一説にガラガラヘビよりも強いといわれる。抗毒血清が開発されてからは効果的な対症療法が可能となったが、被害者がこのクモに咬まれたことが明らかでなかったり、または血清を利用できない事情のもとでの刺咬症などを考えれば、医療はつねに万全と限らぬことが明らかであろう。アメリカでは公衆便所で咬まれることがあるそうで、この知識はいちおう頭の隅に入れておく価値があると思う。

タランチュラ（オオツチグモ／鳥食い蜘蛛）の毒性

ちかごろは日本のペット店で熱帯産タランチュラ（オオツチグモ／鳥食い蜘蛛）が売られることがあり、少数ながら熱烈な愛好者がいる。オオツチグモ類は世界最大の穴居性クモで、動物分類学上、節足動物門クモ綱クモ目トタテグモ亜目に属し、大きいものでは脚をひろげると二〇センチにもなんなんとする。成人の掌からはみ出てしまうほどだ。その牙もとうぜん巨大であり、ルブロンオオツチグモでは牙の長さが一二ミリにも達するという。

さてこういった手合いに人が咬まれたらどうなるか。激しく痛み、咬まれたクモの種によってはリンパ腺が腫れることもあるという。体内に入ったクモ毒が人にどのような作用を及ぼすかは、被害者の体質や健康状態にもよるであろうが、ペットのタランチュラにはやはり咬まれないよう注意するに越したことはない。

日本におけるタランチュラ研究の第一人者、海松橿《みるかし》知朱《ちあき》さんによると、コバルトブルー・タランチュラ（体長八センチ）を飼育中に咬まれたという患者の治療にあたったある医師から海松橿さんに問い合わせがあったとのことだが、わが国ではタランチュラ刺咬症に対する知識は皆無にひとしく、対応策はまだすこぶる遅れているらしい(187)。

ペットにされているタランチュラのなかには身に危険を察知するや、逆刺のある鋭い体毛を投げつける猛烈なやつもおり、それが感染症を引き起こす原因ともなるといわれる。いかにクモが可愛いにしろ、ぬいぐるみのテディベアを愛撫するごとくタランチュラに感情移入してなでさするのは、はなはだ剣呑でもあり、クモにとっても迷惑な話であろう。

致死毒をもつ世界のクモ（抄）

アメリカのドクイトグモ（毒糸蜘蛛）は、なりは小さく色もめだたず、寝所のなかにいて咬んだりもするのでやっかいだ。人体の組織を破壊する壊死《えし》毒をもち、人を死にいたらしめる。オーストラリアのシドニージョウゴグモは、漏斗《じょうご》形の巣にすむクモで、咬まれると強烈な神経毒を注入され、死の危険がある。

今では抗毒血清ができているが、かつてはこのクモに咬まれて死んだ人のニュースが新聞に報道されたものだという。深さ三〇センチもある穴にすみ、彼の地では民家の庭にもいるというから、オーストラリアで庭仕事をする人は丈夫な手袋をはめて用心を怠らない方がいい。

クモの毒の種々相については、クモの神経毒の権威・川合述史博士の『一寸の虫にも十分の毒』[55]や、P・ヒルヤード著『クモ・ウォッチング』[228]に詳しく、ぜひ参照されることをおすすめする。

舞曲「タランテラ」と毒グモ

クモに咬まれたときのピアノ舞曲「タランテラ」を、ショパンが書いた。リストが書いた。舞曲としてのタランテラは、元来イタリア半島の南部、長靴の底にあたる、島と対岸からなる小都市タラントに古くから伝承された民族音楽であったが、歴史をさかのぼればギリシャ音楽の影響を多分に受けているかも分からない。それというのも、近代のタラントは牡蠣《かき》の養殖で知られるが、町の歴史は途方もなく古く、古代スパルタの植民市時代より、二千数百年もの昔にギリシャ的民主政治が花開いていたからだ。さてタランテラ音楽は、八分の三もしくは六拍子の、ほとんど狂乱のハイピッチ曲で、これにあわせてわれもわれもと踊りまくる。ジプシー楽士らの腕の見せどころである。しかしこの踊りは、もとはといえば、毒グモの毒を散らすための、俗信にささえられた運動と発汗療法なのであった。じっさい音楽にあわせて踊り狂うこの風変わりな民間療法にどれほどの効能が期待できたものか。ともかく麦畑などで毒グモに咬まれたと訴える人は、イタリアをはじめヨーロッパ南部にけっして稀ではなかったのだ。スワやられたと踊りだすクモ刺咬症患者をとりまき、一族郎党はもとより、地域社会をあげてのにわか舞踏会が始まるという異様な光景が、少なくともタラントではじっさいに見られたらしい。

犯人と想定されたクモを、タランチュラと称した。音楽の名もクモの名も、地名タラントに由来するという。さて犯人にされたのは、大地に縦穴を掘る大型のコモリグモであった。ファーブルが『昆虫記』に描いたナルボンヌコモリグモがそれで、これが名にし負うタランチュラの元祖であった(161)(タランチュラは今日では熱帯に棲息する巨大なオオツチグモ類を指すが、これらの熱帯性クモはイタリアの民族音楽とは何のつながりもなく、名前だけが分類群を異にするクモへ移ったままでである)。

さてイタリア人が咬まれて生命の危機を感じ、クモ刺咬症を癒そうと踊りまくった当の毒グモは、ほんとうは元祖タランチュラ(すなわちナルボンヌコモリグモ)ではなかったのだ。これこそはひどい誤解だった。じっさいに人を咬んで命を脅かした毒グモは、本家のタランチュラではまるでなく、今日ジュウサンボシゴケグモ(十三星後家蜘蛛)の名で呼ばれるまったくの別種だった。致死毒をもって知られるアメリカ大陸などのクロゴケグモ(黒後家蜘蛛)とごく近縁の、小さな丸っこいクモである。ゴケグモ一族は、日本の民家の片隅に多いオオヒメグモと同じヒメグモ科に属し、腹部が丸く、不規則網といわれることの多い立体的なやぐら網を張る。これに対して、元祖タランチュラ(ナルボンヌコモリグモ)は地に穴を掘り、その入口に泥粒などを糸で綴った低い煙突型の塔をたて、平素は穴のなかにひそんで、近くを獲物の虫が通りかかると飛び出して行って捕らえる徘徊性のクモである。母グモは卵嚢から出てきた一群の子グモを腹の上に載せて守るので、コモリグモの名を得たものだ。

犯人が確定し、ゴケグモ毒の血清治療法が発達した今でも、しかし音楽のタランテラはしたたかに生きている。かつてはタランチュラに咬まれた人が助かりたい一心で踊りだし、それを見ていた人々もつられて踊りに巻き込まれるという集団ヒステリー現象を、タランチズムと俗称したが、時代は変わっても舞踏は滅びなかった。

音楽とはなはだ縁遠い生物と思われることの多いクモがその毒と刺咬症を介して、陽気なイタリア人にきぜわしい舞曲の伝統を創始させたとは、すこぶる興味深い話ではないか。

蜘蛛舞

網をはるクモのふるまいを冷静に、しかも強い好奇心をもって眺めた人は、古くから日本にも少なくなかったのだ。その証しを言語表現にさぐってみる。

『日葡辞書』（本篇／慶長八年＝一六〇三年、補遺／慶長九年＝一六〇四年、長崎学林）にクモマイとあるが、これは「蜘蛛舞」の語の文献例として古い方ではあるまいか。(219) その意味は軽業、もしくは転じて軽業師のことである。軽業といっても、由来いかなる芸もが蜘蛛舞であったとは思われない。造網性のクモが糸の上を渡る姿に人間の芸をなぞらえたのだとすれば、もとは綱（糸に通じる）をつかった技、とりわけ綱渡りの類を指していったものであろう。いずれにせよ、古代中国や韓半島（朝鮮半島）より伝来した雑芸（いわゆる散楽）の流れをくむものと想像してよい。かつては大道芸として多くの人の目にふれたに相違なく、蜘蛛舞人形を商う者すらあったことが井原西鶴の浮世草子から知られる。クモが糸を伝う姿はむかしから日本人に深い印象をのこしていたのである。この語からはクモの否定的なイメージは微塵もうかがわれない。むしろ軽業師のおどろくべき芸当への賛嘆の気持ちが、繊細な幾何学者で卓越した造形芸術家でもあるクモという小動物を連想させたのであろうから、蜘蛛舞はクモを褒めたたえた言葉といえよう。

文政十二年（一八二九年）に没した菅江真澄の『遊覧記』、「男鹿の秋風」に、八郎潟をこいで来る舟上で行なわれた蜘蛛舞の描写がある。彼は六月初旬に東湖八坂神社（牛頭天王社）の神楽に参じた。

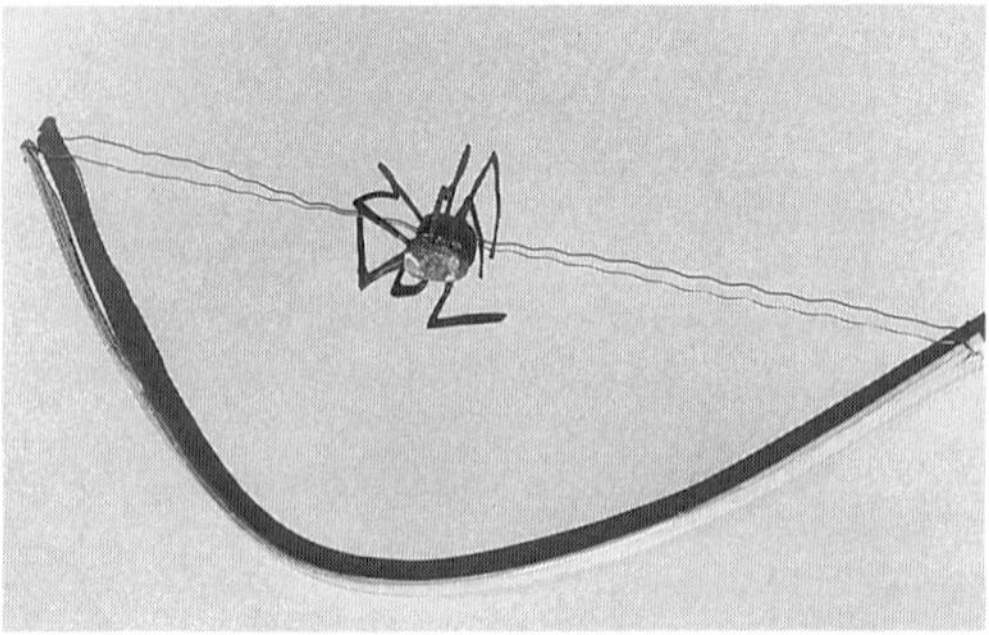

インドネシア土産のクモの玩具．中田幸平氏提供．

……神女がひとり、神官が三人乗っている舟のともとへさきには、太く長い柱を二本たて、それに三尺ほどの横木をしばりつけ、ともの柱には白木綿を一反巻き、へさきの柱には赤い木綿を巻いて、そのふたつの柱の横木にかけて二本の縄をひきまわしてある。体に赤衣をまとい、さした腕貫き（腕にはめる筒形の布）・脚絆《きゃはん》・足袋《たび》もみな赤色の木綿で、頭には赤白の麻の糸をふりみだしてかけてかずらとし、顔には黒い網をもって仮面のようにつけた者が、二筋のわら縄の上にのぼって、八つの山、八つの谷の間をはいわたり、八つのかめの酒を飲みにきたように、この湖のゆれる波のなかをのたうちまわるように、のけぞるふるまいをしながら舟を漕ぎめぐってくる。八岐《やまた》の大蛇《おろち》のふるまいである。これを土地の人は蜘蛛舞という。まことに蜘蛛が巣をかけるさまに似ている……[26]

これは日本神話、素戔嗚尊《すさのをのみこと》の大蛇退治を単純に脚色した出しものだが、高度の熟練を要する危険な技だけに、おいそれと代役はみつけられず、次の代が育成されるまでは老いても、また「遠い村に婿となっていっても」、神事の日には必ず帰郷して蜘蛛舞を演じなければならなかったというのである。

クモのつく言葉

・《蜘蛛合わせ》　江戸時代後期、延宝〜正徳年間に、蠅虎（ハエトリグモ）にハエを捕らせてその跳躍の技を競い合う町人の遊びが流行した。賭博化したことと、クモの容器に贅がこらされたため、やがてご法度になった。これを蜘蛛合わせといったという（「クモの遊び」の章参照）。

・《蜘蛛貝》　暖地の海に棲息する巻貝の一種。管状の刺七本がクモの脚のように見えるのでこの名がついた。刺は近縁のサソリガイのそれより短い。与論島でガミムー、チヌムーと呼ぶ。与那国島、沖永良部島では家の魔よけに吊るす。同属でいっそう大形のスイジガイは刺の数が六本。水という漢字に見えなくもない。そこで南西諸島には軒や門に吊るして火難除けにする土地がある。市場には出ないが、産地では食用にされる。

・《蜘蛛切り》　源氏の名刀に、蜘蛛切り、または蜘蛛切り丸と呼ばれるものがあったというが、クモを切るという意味か、ねばつきからまるクモの網でも切れるという意味か、判然としない。なお、クモキリソウという野生蘭は雲霧草と書かれ、動物のクモとは無縁のようである。

・《蜘蛛組まし》　太田才次郎『日本児童遊戯集』に、加賀の蜘蛛組ましが記録されている。ジグモの遊びで、一匹をまず捕らえ、これを他のジグモの巣へ投げ入れると、巣穴にいたジグモが跳び出してきて闘いになるというが、クモの種類が誤認されているらしい。

- 《蜘蛛猿》 オマキザル科に分類される新世界猿で、アカクモザルなど四種類が知られる。樹上にいて、主として長い両手と尾で枝をつかみ移動する。手足の長さからクモにたとえられた。果実や葉を食べるおとなしい動物である。
- 《蜘蛛絞り》 絞り染めを経験した人ならだれでも知っているが、絞り染めの文様は基本的に同心円状となり、花に似ていたり、クモの円網に似ていたりする。小さい文様なら豆絞りになる。文様の部分を大きくとって何重にも絞れば、蜘蛛絞りをつくるのはたやすいわざである。
- 《蜘蛛蛸》 和名テナガダコの古名だが、愛知県知多半島には方言名として近代まで生き延びた語。新潟県佐渡ではイイダコを蜘蛛蛸というそうだ。動物図鑑によると、腕が全長の八四パーセントも占めるといい、サハリンから北海道、本州、四国、九州、朝鮮半島西海岸にまでふつうに産する食用動物である。
- 《蜘蛛手》 『平家物語』巻九、木曽（義仲）の最期のくだりに、「木曽三百余騎六千余騎が中をたてさまよこさま蜘蛛手十文字にかけまわって」とある。蜘蛛手と十文字をつづけて読むか切って読むかには解釈のちがいがありそうだ。切って読めば、クモの脚は八本だから、蜘蛛手は四方八方という意味になる。つづけて読んで五文字熟語と解するなら、厳密にいえば蜘蛛手十文字は二直線の交差のさまを表すものととれる。騎馬のいくさにそう規則的な動きはあるまいから、これまた四方八方、縦横無尽の動きの形容と理解するのが穏当であろうが、蜘蛛手十文字は他にも用例があり、二直線交差の意味もあったようだ。昔の日本人の意識におけるクモの代表をコガネグモ属のクモと仮定すれば、二脚ずつそろえて円網上にX字形に歩脚をのばす姿から、十文字という表現には合理的な根拠がある。コガネグモの定位は白い顕著な隠れ帯によってしばしば強調され、日本人の心に強い印象を刻んだ可能性があるからなおさらである。だが一方で『伊勢物語』の「そこを八つ橋といひけるは水ゆく河の蛛手なれば」に見られるごとく、八という数にこだわる用例もある。平安末期、西行法師の『山家集』には「五月雨《さみだれ》に水まさるへし宇治橋の蜘蛛手にかくる波の白糸」とあり、蜘蛛の脚よりは糸を彷彿させる形容であるところがさすがだ。くだって阿仏尼の『十六夜日記』には「ささかにのくもてあやしき八はしをゆふくれかけてわたしぬる哉」と詠われている。「八橋と蜘蛛手」は少なからぬ数の歌に語呂合わせとして織り込まれた。

・《蜘蛛手結び》　十文字の結び方をいったようで、『日葡辞書』にクモデとあり、コガネグモ属のクモの特徴がこんなところにも生きていた。

・《蜘蛛手格子》　獄舎などの格子を「縦横に複雑に交差させ」たものをいったそうだが（小学館版『日本国語大辞典』）、こうなるといよいよクモの網のイメージである。

・《蜘蛛手分かれ》　鷹狩りの鷹を見定めるのに、十文字に開いた指のさまを「蜘蛛手分かれ」と称して、その形のよいのを上とした。鷹の足指をコガネグモの定位する形にたとえたか。

・《蜘蛛のい、蜘蛛のえばり》　クモの糸または網をいい、「クモノエ」という地方もある。関東地方ではもっぱらクモの巣というが、関西から中国地方にかけてクモノイの語が生きていることを柳田國男が指摘した。「イ」と「エ」を同系の訛りと見れば、北九州地方にはクモの巣を意味する「コブノエ」があり、九州にまでつながってしまう。さらに「エバ」「エバリ」まで加えると、分布域はいっそう広くなる。[199] クモ合戦の町、鹿児島県加治木町ではクモの糸をケンという。

・《蜘蛛の小機》　クモの巣を織機にかかった織り糸にたとえた。『類従本小大君集』、二条の中納言殿にありし太夫君の歌に、「蜘蛛の巣に花をふきかけたるを見て　笹蟹のくものをはたは薄けれと散りくる花はもらささりけり」とある。

・《蜘蛛の子を散らす》　算を乱して逃げ出すさまをいい、鎌倉時代から用例がある。この慣用句は、昔の人がクモの子の分散に先立ついわゆる「クモのまどい」をよく観察していたことを立証している。「まどい」の子グモを刺激すると、微塵のような子グモたちがわっといらどきに動いて全体がふくれあがるが、しばらくするとみなもとへもどって静まる。そのうちにある日分散の機が熟し、今度はいっせいにてんでんばらばら独立して行く。その模様を知らずしては思いつきえない秀逸の表現である。

・《蜘蛛の巣》　泥棒社会の隠語で金網。

・《蜘蛛の巣がき》　クモが巣をかけること。私は沖縄県糸満市で、「クモが巣かいて」という表現を土地の漁師の古老から聞き、古語が残っている印象を受けた。

・《蜘蛛の巣後光》　クモの巣形に書かれた籤《くじ》。

・《蜘蛛の巣羊歯》　和名クモノスシダ。葉が切れ込みをもたない単葉のシダで、石灰岩地の岩のすきまに生え、葉は長さ二〇センチほどに達し、根際からむらがり出て、葉の先が細く糸状にのび、末端が地につくとそこから根と新芽を生じて無性生殖することで知られる。葉の裏面には胞子嚢ができ、有性生殖も行なう。葉が四方八方にのびるさまをクモの巣に見立ててクモノスシダという。また葉をテナガザルの手になぞらえてエンコウシダ（猿猴羊歯）ともよばれる。

・《蜘蛛の巣払い》　背の高い人を山梨や静岡の方言でクモノスバライと呼んだ例がある。大晦日の煤払いにはさぞかし大活躍したことであろう。私の家ではクモの巣を払わないから、屋内の生態系がよく保たれて、人にも小動物にも住みやすい住環境となっている。「蜘蛛の巣払い」は過去の言葉になってほしいものだ。

・《蜘蛛の巣理論》　商品の需給関係の考察に時間軸を加えると、価格と生産高との関係を示すグラフは、需要曲線と供給曲線の交点に向かって、螺旋状をなすクモの横糸のように進み、最後に交点で安定するという経済理論。あまりにも現実を単純化しているが、モデル理論として評価が高い。一九三四年にカルドアが唱えた「クモの巣定理」による。もっともクモの円網にあっては横糸が理想的な螺旋状に張られるとは限らず、しばしば途中にUターンが見られたりするが、商品経済社会にも一時的あともどりがあったりするであろうから、クモの巣理論とはよくぞ名づけたものである。

・《蜘蛛の太鼓》 コモリグモの仲間の母グモが、腹端の糸疣に丸い卵嚢をつけて運ぶ姿は、早くから日本人の目をひいていたことであろう。それをクモの太鼓と呼び、俳諧の夏の季語になっている。江戸時代中期の辞書、太田全斎著『俚言集覧』に、「蜘蛛は子を孕みたるとき繭の如く腹につけたり因って蜘蛛の太鼓といふ」とある。

・《蜘蛛の旗手》 「くものはたて」は雲が旗のようにたなびく様子をいったものだが、雲と蜘蛛とが同音であるところから、虫のクモにもいうようになったものと思われる。「死んだクモの手が風に動くさま」と小学館版『日本国語大辞典』に見えるが、これはすこぶる不自然な解釈で、クモは死ねば歩脚をちぢめてしまうのが常だから、蜘蛛の旗手は死んだクモではなく、クモのぬけがら（脱皮殻）の形容であるべきだ。脱皮殻なら脚をのばしている上に、軽くて微風にも揺れやすく、たなびく雲からの類推は至当であろう。クモは脱皮の際に爪でからだを固定するので、残された脱皮殻は長く他物に付着していることがあり、風を受けても飛ばされずにたなびくことができる。一センチ内外の小さなクモの脱皮殻であっても肉眼でよく見えるし、ましてアシダカグモやオニグモ類など大型のクモのそれなら昔から多くの人に気づかれていたことであろう。三十六歌仙の一人、源重之《みなもとのしげゆき》の私歌集である『重之集』に、「ささがにのくものはたての動くかな風をいのちに思ふなるべし」というのは、クモのぬけがらと考えてはじめて正しい鑑賞ができるのである。国語国文学者たちはクモという動物を知らぬために大きな誤りを犯

クモの巣．オニグモ類の一種とその円網．
ストロボの露出過多で偶然に撮れた写真．

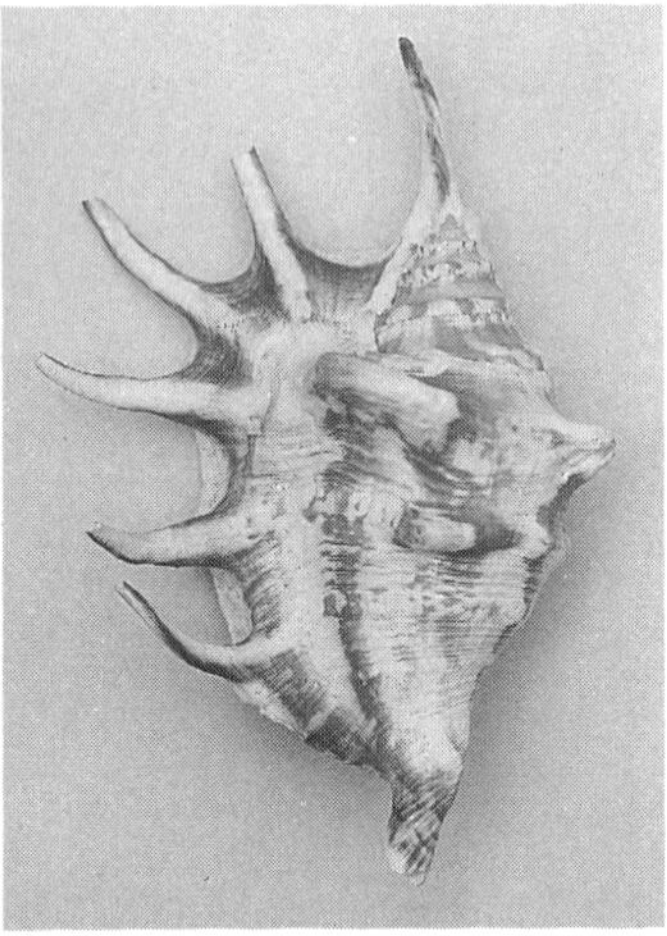
クモガイ（蜘蛛貝）．

クモノハタテ（蜘蛛の旗手）．クモの脱
皮殻が風に揺れるさまをいったもの．

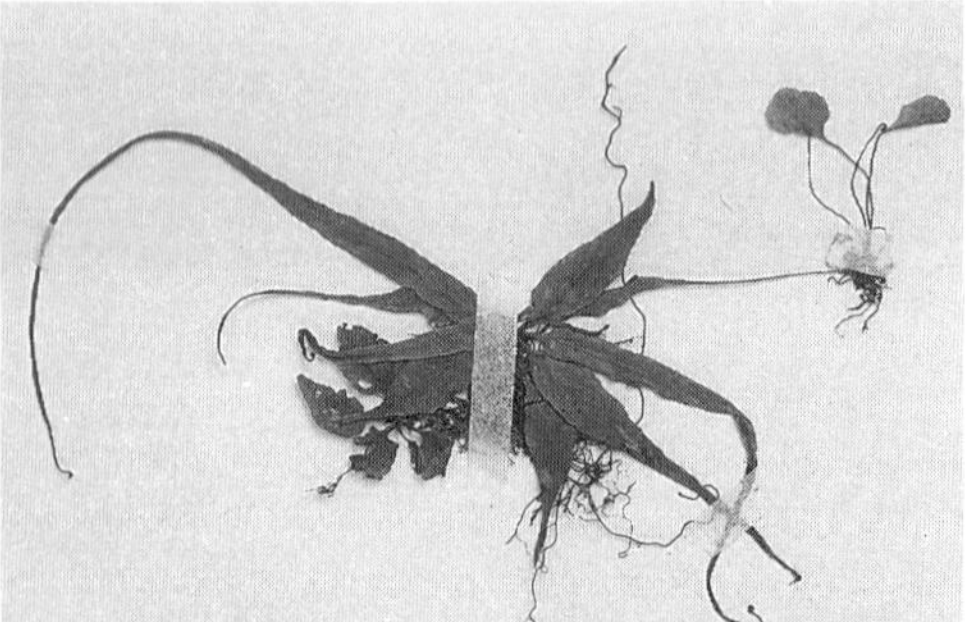
クモノスシダ（蜘蛛の巣羊歯）．砂子剛
採集．三重県立博物館所蔵．

木の瘤．

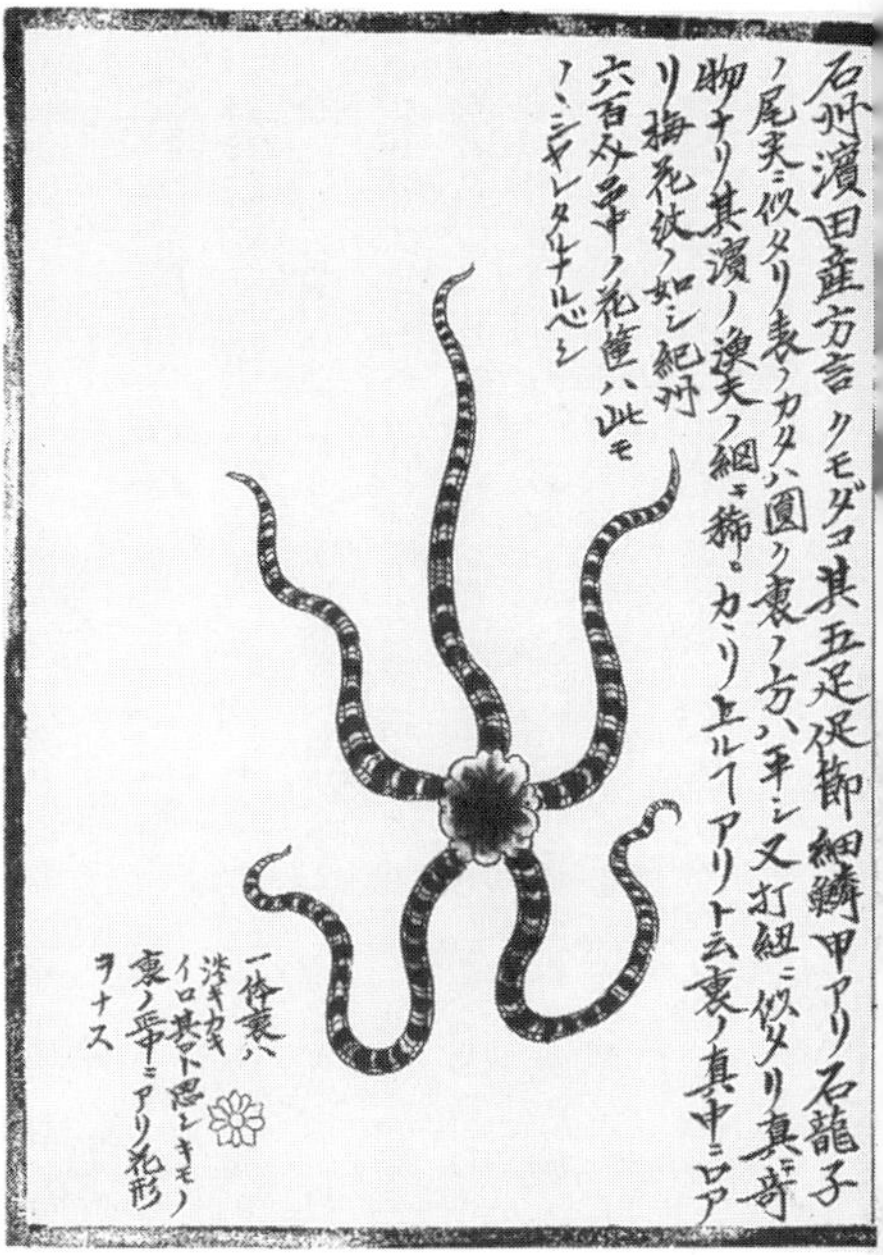

クモヒトデ（蜘蛛海星）．磯の岩礁にすむが，深海性の種もあるという．図は栗本丹州『千虫譜』（江戸時代）より．国立国会図書館所蔵．

てっぺんが丸く膨れた入道雲．

クモラン（蜘蛛蘭）．葉緑体をもった気根がクモの脚のように見える．葉は退化してほとんど認められず，花は1mmと小さくめだたないが，立派に種子を実らせる．

していたことになる。ただし「蜘蛛の旗手」をクモの巣とする解釈もあり、これならば何の矛盾も生じない。

・《蜘蛛の八重垣》 たくさんのクモの巣が縦横に張りめぐらされた、造網性クモの楽園のような光景を八重垣にたとえたもの。『赤染衛門集』に、「我が宿のあるるも今は歎くまじくものやへがきひまもなくみゆ」とある。作者はクモの巣の重畳と張られたさまを美しくも風流と見て、家の荒れるのをもはや歎くまいというのであるから、彼女がもし現代に生きていれば本書の共著者に迎えたいところである。

・《蜘蛛海星》 ヒトデを海星とはよくいったものだ。ヒトデの星形の突起の部分を腕というが、クモヒトデ類はその腕が細長くのびて、星とは似ても似つかない。クモヒトデ科には多くの種があり、クモヒトデ、スナクモヒトデ、コモチクモヒトデ、ナガトゲクモヒトデなど、それぞれに個性的な形態を呈する。フサクモヒトデ科、アミメクモヒトデ科、トゲクモヒトデ科など、近縁の科もあり、海の生物の多彩な一群を形成している。

・《蜘蛛舞》 軽業の綱渡りを、クモが糸を伝う姿に擬して蜘蛛舞といった。喜多村信節の『嬉遊笑覧』に、「蛛の糸を引はえるさまに似たれば名づくにや然らば雲舞と書くは当たらず」とある。俳諧に多く詠まれたことからも、綱渡りを蜘蛛舞ということは広く人口に膾炙していたと見られる。

・《蜘蛛膜》 脳延髄の外側の層をなす硬膜と、内側の軟膜とのあいだにある膜をいう。クモの巣になぞらえて呼んだものであろう。蜘蛛膜下出血は脳動脈瘤・高血圧・動脈硬化その他の原因でおこるといわれ、死亡率が高い。

・《蜘蛛蘭》 西南暖地の樹木に着生するラン科植物の一種で、ほとんど葉を欠き、緑色がかった灰白色の根（気根）が樹皮の上に放射状にのびる。その姿がクモに似ているのでクモランという。初夏に株の中心部から細い茎を立てて、一個から三個の小さな花を咲かせるが、めだたない。

・《川蜘蛛》 昆虫のアメンボウの方言。

・《海蜘蛛》 渚から深海にすむ節足動物。クモでもクモ形類でもなく、ウミグモ綱を構成する。長い八本（または一〇、一二本）の脚をもち、雄は担卵肢をそなえている。

蜘蛛と雲と瘤

語学好きの高校生ならまず知っていそうな英語の名詞に、コブウェブ（cobweb／クモの巣）がある。この語と日本語（九州方言）とのいちじるしい酷似に気づいた人が過去にいて、柳田國男は「蜘蛛及び蜘蛛の巣」[199]に、

宮崎県では若山甲蔵氏の「日向の言葉」に、蜘蛛の巣をコブノエといい、英語の cobweb に似ているといふ笑話がある。

とすまし顔で言及している。

ところでコブウェブがクモの巣である以上、イギリスではクモをコブと呼ぶ場合があるとはだれにも容易に推理できよう。炬燵《こたつ》から手の届く位置にころがしてあるＯＥＤ（オックスフォード英語辞典／縮刷版）をひもといてみたら、あったあった、英語でクモを稀にコブ（cob）といい、また現代フラマン語、およびドイツのウェストファーレン方言に、やはりクモをコッベ（cobbe）というと出ていた。同辞典には一六五七年にトムリンソンなる人物が書いたものの引用があって、「蟻は蜘蛛（cobs）のような小動物を追って狩猟せず、彼らが死んだところを味わう」と記している。ヨーロッパと極東の一角で、クモをひとし

くコブ（九州方言）と称する。そはたんなる偶然の一致にすぎざるか。

殴打されて額や頭に生じる膨れを「瘤（cobu）」と唱えることは周知のごとし。樹幹のふくらみも「木の瘤」であり、またわれわれは紐の結び目をコブと表現することもごく普通である。日本語のコブは、ともかく丸く膨れた状態を指すものといってさしつかえない。

ところがここに、英語のコブが、丸いもの、さらに丸い塊をも意味する場合があるというのだから、少々気味が悪い。英語のコブはまた、大きくがっしりした、とか、頭のてっぺん、などといった意味にも使われることがあったようだ。

そうなるとドイツ語のコプフ（Kopf／頭）はまさかこれまで述べてきたところと無縁ではなかろう。ラテン語系の語彙は系列がちがうにしても、少なくともゲルマン語には、日本の九州方言たるコブ（すなわち蜘蛛）、そして全国津々浦々に使われる標準語としてのコブ（すなわち瘤）と意味も語形もおそろしく酷似した、というよりも、二重の語義においてまったく一致する同じ単語が存在するのである。

西暦一六〇三年に長崎で刊行された『日葡辞書』には「Cobu　大蜘蛛」（ポルトガル語より訳）とあるから、この時代に九州でクモをコブと呼んでいたことは間違いない[219]。もし仮にコブがポルトガル船によってもたらされた一語であるならこんな記述はされないはずだし、さらにいえば、本邦初のオランダ船来航が西暦一六〇〇年とされているのだから、コブという言葉がオランダ人によって持ちこまれたともすこぶる考えにくい。

こうした酷似、ないしは奇跡的一致に気づいた人は前述の若山甲蔵氏ばかりではない。山中襄太著『方言俗語語源辞典[258]』に、「偶然の類似か」と断りつつ、西欧語のコブの用例を挙げている。同書によれば「ドイツ語 Kopf（頭、頭部、頂）、古代英語 copp（頂）、英語 cop（小山、岡の頭、鼻の頭、コブのようなでっぱったもの）、cob（コブのようなカタマリ、睾丸）、cobble（コブ形の石、丸石）など。このcobについてWyldはorigin unknownといっている」とのことで、これらを考えあわせれば、東西の語の一致がますます偶然の産物とは思われなくなってくるのである。右は同書の「こぶ　瘤」の項に記述されているところであり、西欧語でコブを蜘蛛の意とする例を山中氏は挙げていない（！）が、アイヌ語、ならびに中国東北部の語との比較として次の例を冒頭に記してあるのがじつに含蓄に富んでいる。以下も同書からの引用である。

> 瘤　［考］次のアイヌ語と似ている。kob、kop（小山）、kom（コブ、小山）、hom（kobu、節）。満州《ママ》語でもcobという。中国の古典に泰山のフモトの円山（コブ山）を梁父、梁甫などというのは、古音ではコブ、カブと読める。また准南子の俶真訓に「塊阜の山には丈の材なし」とあるのを、太平御覧には「魁父の山」としている。この塊阜、魁父もカブ、コブと読める。これらは瘤山（コブヤマ）すなわち円山の意であるとは、浜名寛祐氏の説である（東大古俗言語史鑑pp. 205-206）。

山中氏のこの記載は、コブが丸く膨らんだものの一般的な呼称であることを証明しているばかりか、アジア大陸東部においてもこの言葉が日本語のコブとほぼ同義に用いられていたことを雄弁に示している。

ちなみにアイヌ語でクモを何と呼ぶか、知里真志保『分類アイヌ語辞典（植物篇・動物篇）』[249]を繙いてみたところ、

> yáttep（やッテプ）［〈ya（網）átte（しかける）-p（者）］《様；足》クモの類

yâttep-kamuy（ヤッテプカムイ）［＜(網かける神)］《足》クモの類
yâtek-kor-kamuy《美》クモ
watek-kamuy《美》クモの一種
yatem《モシオグサ》クモ
yá-kor-kamuy（ヤコルカムイ）［＜網・所有する・神］《美；屈》クモの類

と一連の名詞が掲げられている。ところで鹿児島県にはアシダカグモを「ヤッデコッ」と呼ぶ土地が多い。これはアイヌ語の「ヤッテプ」「ヤテク」「ヤテム」とよく似ている。鹿児島のヤッデコッは「ヤツデコブ（八手蜘蛛）」の転訛と信じられているようだが、はたしてそうか。もとアイヌ語彙であった可能性はないのだろうか。

宮崎県立小林高等学校生物部の機関雑誌『やまね』十二号に、右と同系統と思われるアシダカグモ方言がなんと一三語も挙げられているが、その解説部分をまず引用すると、(78)

鹿児島・宮崎両県に「ヤッデンコブ」系が分布している。これは二通りの解釈ができる。一つには、あまりに大きい八本の足（手）が目立つので、この名がついたのか。もう一つには、家を屋「ヤ」と使うので家での「コブ」（クモ）「コッ」ということで「ヤッデンコッ」とついたという見方もある。(78)

小林高校生物部諸君のこの解釈は合理的に割り切れていて、ほとんど定説といってもよいものであろう。しかしアイヌ語に非常によく似たヤッテプ・ヤテム系のクモを表す語が存在するからには、定説といえども再考が必要であろう。

『やまね』に記載され、分布地図もつくられているアシダカグモの南九州におけるヤッデンコブ系方言を次に引用させていただく（地名省略）。

ヤッテコブ
ヤッテコン
ヤッデコッ
ヤッデコ
ヤッデ
ヤッデコブ
ヤッデンコブ

ヤッデンコップ
ヤッデンコリ
ヤッデンコッ
ヤッデンコ
ヤッデグモ
ヤッゼコブ

クモとコブの音韻的関係については、琉球（沖縄県）方言を媒介として、両者の統一的解釈が可能かどうかという一考に値する未解明の方程式がある。沖縄でクモはクーバーと呼ばれ、右の二語の中間をいくかのごとき感を受けるが、この問題についてはかつて服部四郎氏が言語学の立場から検討を試みているので、ここで氏の所説に注目してみよう（カギ括弧内は引用）。

服部氏の論文「『琉球語』と『國語』との音韻則（二）」[254]によれば、「標準語のmoは首里方言ではmuとあらはれるべきであるし、首里方言のba:は標準語ではba（或はそれに近いもの）となってあらはれる筈である。従って[ku:ba:]と[kumo]とは果して語原的に同一語であるか否か疑はしい」という。私は服部氏の慎重さにまず一驚した。沖縄方言と標準語とのあいだに音韻法則を認める以上、法則を逸脱した転訛を安易に容認しないのは見識というものであろう。

次に氏は与那嶺方言［hūbu］と阿伝方言［kubu:］を挙げ、「之等の語が内地方言にあらはれるとすれば［kobu］［kobo］或は［koba:］に近い形でなければならない」として、九州方言のコブが沖縄方言と相通じることを指摘した。といっても服部氏はクモとコブがまったく別系統に属する語だと主張しているわけではなく、「両者の間に関係はありさうだが、かかる差異を生ぜしめた原因が今の所充分明らかでない」と述べ、将来への課題を提起もしている。

さて日本語でクモといえば、動物の蜘蛛のほかに、空に浮かぶ雲をも同音で表しているが、虫のクモと空のクモとがなぜ同一の音で示されるのか、これはすこぶる興味深い問題ではなかろうか。鍵は蜘蛛と雲との共通点を考えることによって得られるのではないかと私は単純至極に愚考した。

蜘蛛はクモ（kumo）と呼ばれる以前にコブ（kobu）と呼称されていた、と今仮定してみる。もしそうだとすると、おそらくは長くクモの喧嘩遊びの対象であったと信じられるコガネグモ類の丸く膨れた腹部を、洋の東西にすらまたがるコブ（瘤）と同じ語で表現したのではなかったか。［kobu］から［kumo］への音韻変化の可能性に言語学者がいかほどの疑問を抱くにしろ、両音は現代の庶民感覚的にきわめて近接しており、もと一語であったと仮定することに（常識の範囲では）さしたる違和感はあるまいと私は信じる。

私は雲の代表として、雷を呼ぶ夏の入道雲こそ最もふさわしいと思っている。ポッカリふわふわ浮かぶ積雲でもよろしい。空を行く雲（古代日本語でもクモ）は、丸くふくれたものという意を込めて、クモの語で表された可能性は大いにあろう。

動物の名としての九州方言のコブと標準語のクモの共通の祖先語はまだ明らかでないが、韓国語のコミがまさか無縁とは考えにくい。

思うに蜘蛛と瘤（＝丸い塊状のもの）を等しく意味するコブ（kobu、cob）の語は気も遠くなるほど古くから存在し、意味も形も変容をとげることなく奇跡的に西欧と極東の一角に生き残ったのではあるまいか。その一方でコブは歴史的に音韻変化も受けて、たとえばの話だが、kob（cob）→kub→kubo→kumoへと変容しつつ伝承されていったことも可能性としては考えられよう。クモをクボといった地方は思いのほか広域にわたり、また沖縄方言にクモをクブと称した例も報じられていることを考慮すれば、この仮説は存外、荒唐無稽とも言い切れまいと思うのだ。

人類の起源がもと単一であったと考える立場にたてば、コブの一語ばかりでなく、はるか悠久の昔に属する民族の移動によって、地球の反対側にまで運ばれた言語や文物にはおびただしいものがあったにちがいない。思わぬところに祖先を一にする文化の断片が古形を保って生きていたとしても、さして驚くべきことではないと私は思う。

寺田寅彦先生の驥尾《きび》に付して申すならば、これらの語の一致や類似を偶然といって笑いとばしてみたところで、不思議さと面白さは一向になくなりはしないのである。

忍菓「水ぐも」の記

西暦二〇〇〇年一〇月二十五日、三重県上野市の天神祭を見物に行ったところ、上野天神社裏の「いせや」店頭に、「忍菓水ぐも」という珍な名前の菓子をみつけたので早速買ってみた。味はなかなかまろやかで美味、偏平なまんじゅう風の皮の表面に伊賀忍者の忍具の一種、「水ぐも」という水上歩行器の形を描いてある。包装紙を飾る絵は「水ぐも」を履いた忍者その人である。「忍具水ぐも」は甲賀伊賀両流の忍術秘伝書『萬川集海』(全二二巻)に記されているそうだ。

菓子ならぬ忍具の「水ぐも」は、やや幅の狭い扇形の板五枚を組み合わせてドーナッツ形をつくり、まんなかに足置き板を紐で結んだもの。専門家はこれによって忍者が水上を闊歩するなど不可能だったと手厳しい評を下しているという。けれども私の見たところ、「忍具水ぐも」は少なくとも深いぬかるみを渡るには有用であったろうと思うのだ。弥生時代よりこのかた、稲作農民が深田で「田下駄」を用いたのと同じ原理で、これはけっして荒唐無稽なものではありえまい。それればかりか、お城の堀を渡るのにも結構役立ったのではなかろうか。むかしは堀といえばどこだって水草の宝庫だったにちがいない。フナもメダカもすまぬプールの水ばかりが水ではない。ヒシやヒルムシロや数多の藻の繁る水域を人間が越えるには、足の裏の底面積を広げる工夫はすこぶる有効であったかもしれない。

さて「水ぐも」の語源は、水生昆虫アメンボの方言「みずぐも(水蜘蛛)」によるのであろう。日の差

「忍菓水ぐも」の包装紙．三重県上野市，いせや製．

19世紀に描かれたミズグモの図．プーシェ著『宇宙』(1877) より．

す水辺でアメンボを観察すると、水面に付けた四本の足先のまわりに表面張力により丸い窪みができ、それが光の屈折で水底に黒い影を落とすのが見える。忍者たちはアメンボの足から「忍具水ぐも」の着想を得たのではなかったか。

今日クモ学上にいうミズグモは水中生活者であって、よく水面を走るのはむしろハシリグモ類やある種のコモリグモ類である。だが忍者らがハシリグモ属の水面疾走を見て心を打たれたかどうかは知るよしもない。

吉祥の虫

遠く古代へさかのぼると、世界的に見てクモは偉大な存在であり、転じて幸運を呼ぶおめでたい生物であった。想像上の動物たりし竜と好一対をなすとも見られる。中国でどちらも玉をもつ生き物と考えられたのも面白い。

クモを吉祥の虫とする伝承は、私たちにとって思いがけず身近なところでいっときの話題になった。中華そばを盛る丼の装飾模様がクモとかかわりがあるとかないとかいうのである。

私の若い友人T君は少年時代、折にふれわが家へ遊びに来ていた。私は彼との対話をこよなく愛した。幼少のころから彼は素朴で人格高潔、生き物や伝統文化に関心があり、ふと私の前に現れては不思議なことをいうのである。丹沢山地の谷川で水にもぐるクモを見たといい（それはアオグロハシリグモだったらしい）、落ち葉の中でみつけた小さなベージュ色のハエトリグモ（名はいまだに分からない）をプレゼントしてくれたりした。

そのT君が、「中華そばの丼の模様はクモの糸だそうだよ」とサラリといってのけたとき、私はその重大な意味を解しかねて、「ははあ、そういう人もおるものかね」くらいに受け流したと思う。それというのも、私は中国の伝統的な文様には学生時代よりことのほか関心があったからだ。中華そば丼の模様の起源はよほど古いにちがいなく、その原型は青銅器時代、饕餮文《とうてつもん》の透き間を埋める文様だった。また後年に

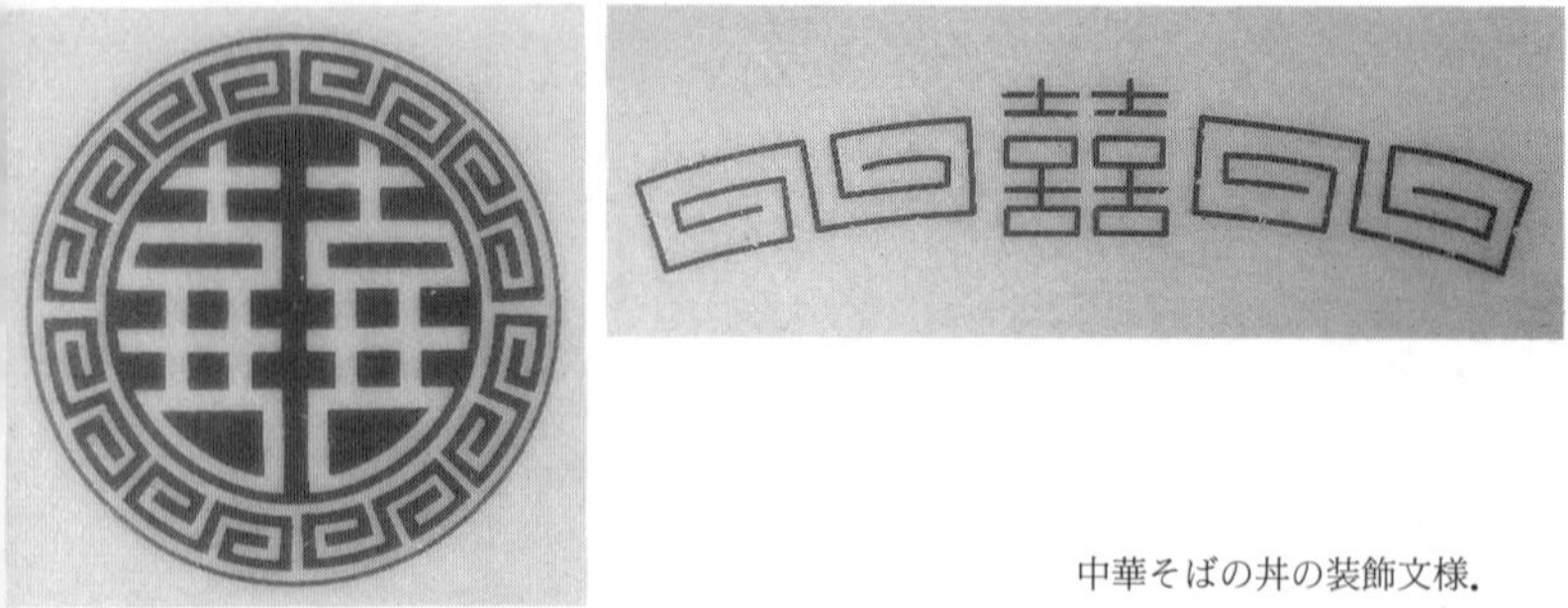

中華そばの丼の装飾文様.

は雷文（中国では回紋）と呼ばれる一連の幾何学文様に連なるものと考えられ、元来クモの糸に起因する造形とはとうてい考えられない。

だが私は彼のこの言葉を忘れたことはなく、心の隅にクモの糸のように引っ掛かっていたのだった。そうしてそのまま月日が過ぎて行った。

西暦二〇〇一年八月十九日。三重県津市なる借家近くの農協スーパーマーケットへ買い物に行き、店の前に品物を広げる陶器屋をひやかした。中に昔から見慣れた中華そばの器があった。縁の模様は例の「二重喜の字」と、その左右には（美術史家が雷文の範疇に分類する）だれもが見慣れた幾何学文だ。単純なSの字式渦巻き形で直線と直角から成る一筆書き文様で、いわば中国文化のシンボルである。これを見たとき、アッと思った。そうか。「喜」はすなわち「喜母」。喜びの象徴としてのクモではないか！　文字を左右に二つ重ねた上、「口」の上に十文字を書く異体字を使っているのは一種の象徴主義であろう。左右の角張った渦巻き文は、クモが歩いたあとに残して行く「しおり糸」（命綱）を突然私に連想させた。T君から教わってよりこのかた十年以上も時がたっているとは、なんという迂闊なことであったろう。

中国で「喜」の字を頭にいただく生物といえば、すぐに思い出されるのはクモ（喜母、喜子）、カラス（喜烏）とカササギ（喜鵲）である。而《しか》してカラスとカササギの浅知恵は、美しく精妙な網を紡いで獲物をからめ捕るクモには遠くおよばない（ただし中国には蚕がクモにまさると記した書があるそうだ）。

ところで吉祥の虫としての中国クモ伝承の本質を最も鮮やかに解き明かしたのは、網野善彦・大西廣・佐竹昭広編の『鳥獣戯語』（「いまは昔　むかしは今」第三巻）[6]であった。この本はクモだけを扱っているわけではないが、大判本ながら、クモの古文献を紹介したわずか二五ページという限られたスペースに、この小動物の中国伝来のイメージ変遷史を見事に描ききっており、クモ文化研究史上、金字塔を樹立したものと評価できる。

とりわけ遣唐使・吉備真備《きびのまきび》が彼の地でクモに命を救われたという『長谷寺験記』の故事を核とし、クモを絶対善とする古代中国思想を実証してみせたのはけだし偉業で、クモ文化論のノーベル賞ものと私は評価している。

『長谷寺験記』のあらましを述べると、唐人を凌駕する吉備公の才覚が妬みを買い、公は楼閣に幽閉される。唐人は難解な「野馬台詩」の文字を入れ替えて公に読めと迫り、読むことを得ずば咎ありとして殺害を企てるが、あとから唐に渡った元興寺・代智法師の教えで長谷観音に祈ると、クモに姿を変えた観音菩薩が糸を引いて下がり、正しい順に文字を追って歩いてくれる。クモのしおり糸の輝きに導かれて、吉備公は詩の解読に成功した。クモの糸は観音の発する光であったというのである[218]。

クモを吉兆とする伝えは古代中国の書物に少なからず記録されたようだが、日本の地でもかなり後年までそうであった。『長門本平家物語』巻四に、

（康頼入道がナギの葉を少将藤原成経にさしあげると、少将はそれを手にして）、あら不思議や今は権現の御利生に預て都へ帰らん事は一定なりとて弥祈念せられけるに康頼入道申けるは入道が家には蜘蛛だ

にもさがりぬれば昔より必悦を仕候今朝道に小蜘蛛の落かかり候つるに権現の御利生にて少将殿召返されさせ給はん次に入道も都へ帰候はんずるにやと思ひて候つるなり

（「やあ不思議なことだ。今こそ権現様の御利益で都へ帰れることはまちがいない」、といっていよいよご祈願をなさいます。そこで康頼入道が申しますには、「私の家にはクモさえ下がりましたから、昔から伝えられていますように、必ず嬉しいことがございますよ。今朝は道に小さいクモが落ちかかってまいりましたし、権現様の御利益で、少将殿は都へお呼び戻しになられましょう。次には私も都へ帰れますかなと思っております」）

とあり、右の『鳥獣戯語』で網野らも指摘するように、朝晩を問わず、クモが天井から家の中に下がってくることが幸運の前触れと考えられていた伝承例と考えてよかろう。してみると日本の民間に今も伝えられる夜グモ凶兆説は、クモ性善説に後年になってクモ性悪説が入りこみ習合した妥協の産物なのだろう。網野・大西・佐竹の『鳥獣戯語』は土蜘蛛に代表されるクモ絶対悪説も紹介してバランスをとっているが、クモが人間にとって神聖な生き物と信じられた伏線は放棄していない。

中華丼の「喜」とS字式直角渦巻き文（雷文、ただし中国では回紋）がクモとその糸の象徴的表現であったとする空想に、私はまだ歴史学的な証明を与えられずにいる。雷文（回紋）はけっして千篇一律ではなく、こころみに清朝の陶器を見ると、装飾文様としていくつもの形が出てくるし、中華料理の丼の文様より直角渦巻きの巻き数が多いものや、渦巻きの形をとらないものもある。

しかしこの不思議に格調の高い丼の装飾文字と文様をくりかえし指で空中に描いて、この図柄にまつわる民間伝承を研究してみたい願望はぬきさしがたいまでに私の中で成長してしまった。そこで思うのだが、遣唐使・吉備真備がクモに命を救われた物語にはなんらかの民俗的背景——民間伝承——があったのではなかろうか。その一は知恵者であるクモが文字の羅列の上を歩き、糸で読み方を人間に教えたこと。その二はクモが観音菩薩の化身であり、人に超越する存在と信じられたこと。こうした伝承を背景に、吉祥の虫としてのクモがすでに在った中華丼の文様説明に取り入れられたかも知れぬこと。私はこの白日夢のような話をあえて本書に記し、世の博識な諸賢と議論を交わしてみたいのだ。

中華丼を飾る二重喜の字と回紋を、動物のクモと結びつける伝承がはたして本当に存在するのか。世界は広い。私はのんびり気長に吉報を待つことにしよう。

江戸虫譜に描かれたクモ

江戸後期に勃興した博物画ブームの中には、広く動物や植物全般に目配りして描かれたものがあり、クモもけっして例外ではありえなかった。

栗本丹州の『千虫譜』には昆虫のみならずクモや多足類はもとより、哺乳類のコウモリや、海産動物のカニやエビ（節足動物）、ゴカイ（環形動物）、クラゲ（腔腸動物）、ウニやヒトデ（棘皮動物）、タツノオトシゴ（魚類）、さらにはカイロウドウケツ（海綿動物）までが描かれている。(245) ヒトデの一種「海燕」とされるものにウミグモの名を与えているのがご愛嬌だが、これは本章のクモの絵とは別の話。

丹州が残したクモの図は『栗氏千虫譜　六』に十数種あって、クモ学上、今日の何に相当するのか図からほぼ同定できるものもあるが、正体不明のクモも多い。特徴が非常に顕著で外見図からでもまずは無難に名前を言い当てられる種がいくつかあり、おまけにいくつかの異名（方言）も明らかにできるのはありがたい。

巻六の冒頭を飾るのはザトウムシ（クモと近縁だがじつはクモではない）だ。図はなかなか見事で、蠨蛸の漢名をあて（その当否は別問題だが）、アシタカノクモ（『倭名鈔』）、チャヒキグモ（筑後）として、「アシナガグモ人ヲ咬ハ大毒アリ」「赤腫ヲナシ寒熱ヲ発ス」と記述が怪しげに混乱している。だがそのあとに、「此モノ糸ヲ出サズ」「前ノ手二本長ク鬚ノ如シ」「行クコト遅シ」とよく見ている。

丹州が「絡新婦」として描いた図が二種あるが、いずれもコガネグモの雌と信じられる。絡新婦は今日の和名ジョロウグモにあてられるべきか。『本草綱目』の絡新婦の略図からはクモの正体が分からない。飯室楽圃の『虫譜図説』に見られる絡新婦は腹部の赤からジョロウグモのように見えるが、腹背の黄色と黒の縞模様はナガコガネグモにも似ており、正確な同定はむずかしい。ともあれ、丹州の図と記述から、コガネグモにジョロウグモ系方言のあったことを私たちは知るのである。

『千虫譜』版・絡新婦のその一はジョウロウグモと付記される三図で、ひとつは腹面を描いている。その二は一図で脚や腹部の斑紋が前図と異なるけれども、ほぼコガネグモであるらしい。伊予でハタオリグモ、江戸でベッカッコウと呼んだという。このベッカッコウには説明があって、このクモは二脚ずつ揃えて四方へ張りのばすためあたかも四脚のように見えるのだが、これは子どもが大人を嚇すのに目と口に四本の指を当てて「べっかっこう」といって戯れるのに形が似るのでそういうというのである。コガネグモにこんな呼称があったというのだから、江戸にこのクモはふつうに棲息していたのだろう。腹部の黄色な斑から琉球でコガネグモと呼んだといい、これが近代クモ学上の和名の起こりとすれば、コガネグモもまた方言だったことになる。糸は丈夫で疣を縛って截れるがこれは糸に毒があるからだ、とは丹州の説か民間の言い伝えか。巣の正中の上下に太い糸を二条ずつ張るのが機を織るのに似るので(伊予で)ハタオリグモといったそうだ。現代の隠れ帯をきちんと認識しているのも好もしく、機織りの譬えも秀抜である。熊本県泉村でコガネグモの隠れ帯が「草履ばつくっとる」と表現されていたことを思い出す。

次に二匹描かれた「大蜘蛛」はオニグモであろう。ミセハリグモの異名を載せ、夜ごとに軒に巣を張り替えることを指摘する。はたき落とせば脚をたたんでしばらく動かず、背に灸をすえれば逃げ出すとは作者もなかなか意地が悪い。

「壁銭（カベグモ）」はヒラタグモ。放射糸をひいた巣も描き、「巣ニ触レハ走出ス」とこれまたよく見ている。他の図でヒラクモ、ヒラタクモといい、和名の起源が江戸時代にあったことが分かる。

「袋グモ」はジグモで、ハラキリグモの名も挙げ、「此ノモノ巣ヨリ出セバ我脚ニテ腹ヲ切ル」とあるのは、民間でジグモに腹を切らせる遊びからこのように呼んだのを誤認したものであろう。

「布袋《ほてい》グモ」は白い袋に子どもを盛り尾端につけて走り、荒れ地の地上や畑などにいるというのだから、まずはコモリグモ類の何かをいったものだろう。「大小等カラズ」とよく見ており、異名フクログモを挙げているが、この名は同書中のジグモのそれと一致してしまう。

「小喜母　異品」はオナガグモで巧みな写実画。丹州はこれを「尾長グモ」と明記し、今日の和名の起源となっている。

「青グモ」はアオオニグモらしい。「形青豆ノ如ク混円ナリ」もいい表現だが、「背上に眉目鼻口全備ス」と腹背の文様を顔にたとえ、「細筆ニテ画スルガ如シ」と讃えている。四月十九日に写生したとあり、高木春山画の人面蜘蛛（『本草図説』）[265]とともに江戸時代のこのクモの貴重な記録となっている。

「滓掛グモ」はカスカケグモと読めるが、腹部の独特の突起から今日のゴミグモの一種と見える。もちろん正確な同定はできぬが、（網に）滓を掛けるというからには、丹州が捕らえたのは少なくともゴミグモそのものか、その近縁種であったろう。

「葦ノ葉ヲ三角ニ畳」んで内に巣を張るというクモの巣の図はカバキコマチグモの産室に酷似する。

「白グモ」はカニグモ科の何かであろう。

「蝿虎（ハイトリグモ）」もミスジハエトリかチャスジハエトリかよく分からぬものの、屋内でよく見られるいずれかの種であろうか。そのほかにカニグモ科のもの、アシの葉を畳んで巣をつくるクモ、八角クモ、八方クモ、大島グモ、赤グモと同定困難な数図がある。
昆虫や他の分類群も含め、これらは日本に近代生物学が組織的に移植される以前の写生図であり、そういう制約の中であらためて眺めてみるとき、江戸虫譜の作者の偉大さが偲ばれる。丹州『千虫譜』は今日では国会図書館のホームページを通してその全貌をだれでも楽しむことができるし、恒和出版からはモノクロ図版で一書が刊行されているが、クモが描かれた部分の解説はまだないように思い、浅学非才をもかえりみず、ここに若干の解説を試みたのである。

スパイダーの語源など

英語でクモを意味するスパイダー（spider）は、もとはサクソン人の言葉で、古くはスピンザー（spinthre）と呼ばれたものだ。動詞のスピン（spin）は「糸を紡ぐ」意で、スピンザーはその名詞化である。十四世紀には音韻変化して、スパイザー（spithre）と称した用例がOEDに見えるが、十六世紀にもなると、ようやくスパイダーに安定したらしい。ドイツ語ではクモをシュピンネ（Spinne）といい、原意そのままの形が損なわれずに現代まで受け継がれている。日本語のクモの語源が必ずしも明らかでないのと好対照である。ちなみにウェールズ語ではクモはコール（cor）、コリュン（corryn）、プリュフ・コピュン（pryf copyn）というそうだ。

スペイン語ではアラクニード（aracnido）。ギリシャ語のアラクネからほとんど形が変わっていない。イタリア語でもアラクニード（arachnido）。フランス語ではアレニェ（araigne）。ラテン系言語のご多分に漏れず、これまたギリシャ語起源。機織り娘アラクネの化身である。

映画「スパイダーマン」のこと

人間精神の無限の可能性を、クモの糸の驚異的な弾力性になぞらえ奔放に描いた現代の寓話である。クモは糸使いの天才だが、アメリカ人気マンガの映画化「スパイダーマン」ではクモが英雄の属性を具え、この小さな命が神と崇められた昔を彷彿させる。運命の悪戯でクモの超能力を帯びた少年の平凡な日常と、糸を駆使してニューヨーク摩天楼のはざまを雄飛する正義の味方スパイダーマンの非日常とが、全編にスリルと爽快感を漲らす。課外授業で訪れた遺伝子実験施設で少年がクモに咬まれる場面に本物のクモが多出するのも、非科学的な話の冒頭に逆説的でいい。彼が自作の衣裳に着替えてスパイダーマンの活躍をする設定には奇妙な現実感が伴う。内気な少年は自己の能力への無自覚から解放され、恋も成就する。マスコミがスパイダーマンへの世間の誤解を助長するあたり、現代文明に対する諷刺もなかなかだ。万人向けクモ・ウォッチング序曲としても画期的な名作である。

参考文献

この文献表は、クモの本、クモ（の文化）に関する記事を収録する書籍雑誌や、クモの文化を考察する上で参照した文献を列記したもので、すべての文献を網羅し尽くしているわけではないが、クモの民俗・文化や自然科学としてのクモ学に本書を通して新たに興味をそそられた人の役に立つことをめざしている。著編者の五十音順通し番号にしたため、本書の中の注釈番号はページを追って大きくならない。日本古典の史書・勅撰和歌集と洋書は末尾にまとめた。地域別方言集は一部を除き省略した。紙数の都合で割愛した「クモの文学」の参考書も含む。

（1）アードス、オルティス（松浦俊輔・西脇和子・岡崎晴美ほか訳）一九九七年『アメリカ先住民の神話伝説』（上・下）青土社
（2）青柳まちこ、一九七七年『「遊び」の文化人類学』講談社現代新書
（3）芥川龍之介、一九九〇年（初出一九〇〇年、雑誌『赤い鳥』創刊号）『蜘蛛の糸』岩波文庫（「蜘蛛の糸」、「杜子春」、「トロッコ」他一七篇）
（4）赤穂敞也、一九七八年「伝承遊びから――ホンチとババ」、『遺伝』六月号、裳華房
（5）網野善彦・大西廣・佐竹昭広編、一九八九年『瓜と龍蛇』、「いまは昔むかしは今　1」福音館書店
（6）同　一九九三年『鳥獣戯語』、「いまは昔むかしは今　3」福音館書店
（7）新井白石、一七一九年（享保四年）『東雅』市島謙吉編輯校訂『新井白石全集』（明治三十九年刊）著者相続人新井太吉、吉川半七発行
（8）荒木博之編、一九七〇年『甑島の昔話』三弥井書店

（9）安西勝、一九五九年「ホンチ箱の図」、『ひでばち』一四号、ひでばち民俗談話会

（10）井伊伸夫、一九七二年「ハエトリグモ類の誇示行動(1)　アダンソンハエトリ雄の threat display」、『ATYPUS』五九号、東亜蜘蛛学会

（11）同　一九七三年「ハエトリグモ類の誇示行動(2)　アダンソンハエトリの mating display」、『ATYPUS』六一号、東亜蜘蛛学会

（12）同　一九七六年「ハエトリグモ類の誇示行動(3)　アオオビハエトリの種内行動」、『ATYPUS』六六号、東亜蜘蛛学会

（13）池田博明編、一九八八年『クモ生理生態事典』編者自刊
——一九八八年までに日本で発表されたクモ研究論文の要約集ですこぶる便利な本

（14）池田博明、一九九一年「ハエトリグモの誇示行動を表す言葉」、『ATYPUS』九八／九九号、日本蜘蛛学会
同　二〇〇〇年「ハエトリグモの生活」、『インセクタリウム』三七巻四号、東京動物園協会

（15）井桁重太郎、一九八〇年（第三版）『勝浦こぼればなし』夷隅文化出版会

（16）石上堅、一九八三年『日本民俗語大辞典』桜楓社

（17）石野田辰夫、一九八八年「宮崎県のコガネグモの俗称とコクサグモについて」、『KISHIDAIA』五七号、東京蜘蛛談話会

（18）磯田光・川名興、一九八八年「中国のクモ合戦」、『ATYPUS』九二号、日本蜘蛛学会

（19）稲田・大島・川端・福田・三原編、一九七七年『日本昔話事典』弘文堂

（20）井原西鶴、一九七三年（一六八二年成立）『好色一代男』、「日本古典全書　井原西鶴集1」朝日新聞社

（21）宇江敏勝、一九八三年『山びとの動物誌』福音館書店

（22）植村利夫、一九五七年「横浜のホンチとババについて」、『ATYPUS』一三号、東亜蜘蛛学会

（23）同　一九三九年「カバキコマチグモの子供は親を食ふ」、『ACTA ARACHNOLOGICA』四号、一六四頁、東亜蜘蛛学会

（24）同　一九四〇年「親を食ふ蜘蛛」、『ACTA ARACHNOLOGICA』五号、二五—三〇頁、東亜蜘蛛学会

(25) 同　一九八〇年「カバキコマチグモの巣造りと性行為の観察」、『東日本新聞』六八八―六九三号
(26) 内田武志・宮本常一、一九六八年『菅江真澄遊覧記　5』東洋文庫一一九、平凡社
(27) 梅谷献二・加藤輝代子編著、一九八九年『クモの話　I II』技報堂出版
(28) 江戸川乱歩（一九二九―三〇年作）一九七八年『江戸川乱歩全集　第五巻　蜘蛛男』講談社
(29) NHK報道番組班編、一九七八年『NHK新日本紀行3　男たちのドラマ』新人物往来社（服部正弘筆「クモと男たちのドラマ」）
(30) 遠藤周作、一九五九年『蜘蛛』新潮社
(31) 遠藤庄治編、一九九一年『かつれんの民話　本島篇』勝連町教育委員会
(32) オウィディウス（松本克己訳）一九七七年「転身譜」、世界文学全集2『ギリシャ神話集』筑摩書房
(33) 大崎茂芳、二〇〇〇年『クモの糸のミステリー』中公新書一五四九、中央公論新社
(34) 太田全斎（一七五九―一八二九）『増補俚言集覧』一九〇〇年刊、大空社
(35) 大谷忠雄、一九五八年「蜘蛛の遊び」、『ひでばち』一〇号、ひでばち民俗談話会
(36) 大塚民俗学会編、一九七二年『日本民俗事典』弘文堂
(37) 大林太良・岸野勇三・寒川恒夫・山下晋司、一九九八年『民族遊戯大事典』大修館書店
(38) 大利昌久・新海栄一・池田博明、一九九六年「日本へのゴケグモ類の侵入」、『Med. Entomol. Zool.』四七巻二号、一一一―一一九頁
(39) 尾崎一雄、一九九八年（一九四八年初出）『虫のいろいろ』岩波文庫（暢気眼鏡・虫のいろいろ他一三篇）岩波書店
(40) 小野蘭山、一九七四年（初版一八〇六年）『本草綱目啓蒙』杉本つとむ編著、早稲田大学出版部
(41) 甲斐信枝／八木沼健夫、一九八二年『こがねぐも』、かがくのとも　一六二号、福音館書店
(42) 貝原益軒、一七〇八年『大和本草』白井光太郎校注、一九八八年復刻、有明書房
(43) 貝發憲治、一九八三年「クモの意識調査」昭和五七年度三重生物教育会第三学期研修会講演資料
――クモが嫌われる動物であることを統計によって示した重要な研究
(44) カイヨワ（清水幾太郎・霧生和夫訳）一九七〇年『遊びと人間』岩波書店（一九五八年原著）

(45) 同　（多田道太郎・塚崎幹夫訳）一九九〇年『遊びと人間』講談社学術文庫九二〇
(46) 笠井昌昭、一九九七年『虫と日本文化』〈日本を知る〉大巧社
(47) 加治木町教育委員会編、一九九九年『加治木のくも合戦の習俗　調査報告書』加治木町教育委員会
——初めて編まれた「加治木のくも合戦」の総合的研究集録
(48) 片岡佐太郎、一九六七年「クモの俗信」、『ATTYPUS』四三号、東亜蜘蛛学会
——日本におけるクモ崇拝習俗の記録に先鞭をつけた記念すべき論考
(49) 片岡直治、一九七九年「ハエトリグモの行動実験——縄ばり制の実験教材」新しい生物実験の開発（中間報告その2）、大阪府高等学校生物教育研究会
(50) 亀山慶一、一九五三年「食わず女房——蜘蛛考序」、『桐朋女子学園紀要』3
(51) 同　一九八五年「虫の民俗誌　クモをめぐる伝承、虫送りの習俗を通して」、『日本の美学』六号、ぺりかん社
(52) 萱嶋泉、一九八七年『アシダカグモ』誠文堂新光社
——屋内にすむ最大のクモの飼育記録。本種の生活の秘密を明かす
(53) 萱嶋泉（文）・栗林慧（写真）一九七五年「クモの巣の建築学」、『アニマ』二八号、平凡社
(54) カルヴィーノ（米川良夫訳）一九九〇年『くもの巣の小道』福武書店
(55) 川合述史、一九九七年『一寸の虫にも十分の毒』講談社
(56) 川嵜兼孝、一九九九年「くも合戦に関する資料とその考察」、加治木町教育委員会編『加治木のくも合戦の習俗　調査報告書』加治木町教育委員会
(57) 川名興、一九九二年「くも合戦覚え書き」、『日本民俗文化資料集成11　動植物のフォークロアI』、三一書房
(58) 川名興・斎藤慎一郎、一九八二年「伝承遊びハエトリグモの決闘」、『アニマ』一一五号、平凡社
(59) 同　一九八五年『クモの合戦　虫の民俗誌』、ニュー・フォークロア双書、未來社
(60) 菊屋奈良義、一九九三年『キムラグモ　環節をもつ原始のクモ』八坂書房
(61) 其諺、一七一三年（正徳三年）『滑稽雑談』
(62) 北原白秋編、一九七四年『日本伝承童謡集成　第二巻　天体気象・動植物唄篇』（改定新版）三省堂

(63) 北村信節、一九七九年（初版江戸時代）『嬉遊笑覧』、「日本随筆大成　別巻10」吉川弘文館
(64) 教材マニュアル編集委員会編、一九九一年『横浜の自然とホンチ遊びの研究』横浜市こども植物園
(65) 金達寿、一九八九年『日本の中の朝鮮文化　11』講談社
(66) 栗林慧、一九八一年『クモのひみつ』、「科学のアルバム」36、あかね書房
(67) 黒潮文化の会編、一九七七年『日本民族と黒潮文化』角川書店
(68) 同　一九七八年『黒潮列島と古代文化』角川書店
(69) 講談社総合編纂局編、二〇〇一年『週刊ユネスコ世界遺産32　マチュピチュ／クスコの市街／ナスカとフマーナ平原の地上絵』講談社
(70) 神戸市埋蔵文化財センター編、一九九三年『古代人と動物』神戸市教育委員会
(71) 神戸市立博物館編、一九八二年『国宝桜ヶ丘銅鐸・銅戈』神戸市健康教育公社
(72) 工楽善通編、一九八九年『古代史復元5　弥生人の造形』小学館
(73) 国立国語研究所編、一九七二年『日本言語地図』五巻、大蔵省印刷局
(74) 同　一九六三年『沖縄語辞典』、「国立国語研究所資料集」5
(75) ゴットヘルフ、一九九五年（一八四二年原著初版）『黒い蜘蛛』岩波文庫四六〇、岩波書店
(76) 小西正泰、一九七七年『虫の文化誌』朝日新聞社
(77) コニフ（太田早苗訳）二〇〇一年「クモの糸の謎」、『ナショナルジオグラフィック日本版』八月号、日経ナショナルジオグラフィック社
(78) 小林高等学校（宮崎県立）生物部、一九八一年『やまね　一二号、九州南部地域動物方言調査報告』宮崎県立小林高等学校生物部
——九州南部のコガネグモ方言はじめ、高校生たちのねばり強いフィールドワークの記念碑的労作。
(79) 近藤日出造、一九五四年「薩摩のクモ合戦」、『文藝春秋オール読物』九月号、文藝春秋社
(80) 斎藤慎一郎、一九八四年『クモ合戦の文化論』大日本図書
(81) 同　一九八四年「クモ合戦考」、『あしなか』一八七号、山村民俗の会

(82) 同　一九九五年「方言を通して見る精霊としての虫」、『国立歴史民俗博物館研究報告』第六一集——著者が海外遊学中に編まれたため著者校正の機会を得られず、誤植が多く意味不明の箇所もあるので要注意。
(83) 同　一九九六年『虫と遊ぶ　虫の方言誌』大修館書店
(84) 同　一九九〇年「虫の方言の不思議」、奥本大三郎編『虫の日本史』自然と人間の日本史5、新人物往来社
(85) 同　一九八九年「コガネグモの方言」（クモ・多足類・ダニ類）、三会合同例会口頭発表資料
(86) 同　一九九九年「くも合戦の比較論とクモの民俗文化」、加治木町教育委員会編『加治木のくも合戦の習俗調査報告書』加治木町教育委員会
(87) 同　一九八四年「ネコハエトリ雄の小屋掛け求婚と雌をめぐる闘いについて」、『ATYPUS』八四、東亜蜘蛛学会
(88) 同　一九八二年「クモの文化」、『採集と飼育』四四巻五号、日本科学協会
(89) 同　一九八二年「点在する蜘蛛文化」、『伊勢新聞』一九八二年六月五日号、伊勢新聞社
(90) 同　一九八二年「生きものたちの多摩川(5)　ハエトリグモの宝庫(6)　闘うネコハエトリ」、『治水利水新聞』一九八二年七月五日号、治水社
(91) 同　一九八二年「ホンチと戯れしころ」、個人雑誌『ねこはえとり』一巻一号、自刊
(92) 同　一九八二年「ホンチ箱作者との会見記」同
(93) 同　一九八二年「マミジロハエトリの方言」同一巻二号、自刊
(94) 同　一九八二年「下田市と南伊豆町のジュウロウについて」同
(95) 同　一九九八年「中池見湿地のハエトリグモ相（クモ目ハエトリグモ科）およびマミクロハエトリに関する新知見」、中池見湿地（福井県敦賀市）学術調査報告書、京都・神戸・福井三大学合同中池見湿地学術調査チーム／日本生物多様性防衛ネットワーク（BIDEN）
(96) 斎藤忠・吉川逸治、一九七〇年『原色日本の美術1　原始美術』小学館
(97) 実吉達郎、一九九六年『中国妖怪人物事典』講談社
(98) 更科源蔵・更科光、一九七七年「コタン生物記III　野鳥・水鳥・昆虫篇」法政大学出版局

(99) 更科公護、一九七一年「茨城町の方言」、『茨城の民俗』一〇号、茨城民俗学会
(100) 柴田武・谷川俊太郎・矢川澄子編、一九九五年『世界ことわざ大辞典』大修館書店
(101) 清水裕行、一九六九年「クモの方言――静岡県賀茂郡南伊豆町」『ATYPUS』五一―五二号、東亜蜘蛛学会
(102) ジャクソン、一九八五年「クモを狩るクモの捕獲戦術」、『サイエンス日本版』十一月号、日経サイエンス社
(103) 白土三平、一九八三年「白土三平フィールドノート・クモ合戦」、『BE-PAL』八月号、小学館
――房総半島の漁師のネコハエトリ喧嘩習俗を写真とエッセーで見事に表現
(104) 新海明・樋口厚、一九八四年「新潟県十日町地方に伝わるジゴ（ジグモ）の唱え歌と喧嘩民俗について」、『KI-SHIDAIA』五一号、東京蜘蛛談話会
――ジグモのわらべ唄を採譜した珍しい報告
(105) 新海栄一・高野伸二、一九八四年『フィールド図鑑クモ』東海大学出版会
(106) 同　一九八七年『クモ基本50』森林書房
――著者は「基本50」と謙遜するがどうしてどうして！　その何倍もの種類のクモが見事な接写カラー写真で目を奪う。名著の中の名著
(107) 新海栄一・栗原輝代子、一九八一年『クモ』講談社カラー科学大図鑑、講談社
(108) 新宮晋、一九七九年『くも』文化出版局
――自然エネルギーで動く彫刻の作者によるオニグモの絵本
(109) 菅江真澄、二〇〇〇年（文政十二年＝一八二九年。死の年まで書きつぐ）『菅江真澄遊覧記』、平凡社ライブラリー三三五―三三九　→内田武志・宮本常一の項参照
(110) 鈴木眞海訳、一九七六年、（初版一九三〇年）『新註校定国訳本草綱目』春陽堂書店
(111) 鈴木棠三、一九八二年『日本俗信辞典　動・植物編』角川書店
(112) 鈴木三雄、一九八〇年『越前わらべ考』北国出版社
(113) 清少納言、一〇〇一年？『枕草子』平安時代
(114) 関敬吾、一九四一年「蜘蛛の喧嘩」、『民間傳承』六巻四号

(115) 宗懍（守屋美都雄訳注）一九七八年『荊楚歳時記』（唐代）東洋文庫三二四、平凡社
(116) 高田衛編、一九八九年『江戸怪談集　中／下』岩波文庫
(117) 多賀谷環山、十六世紀前期／享保年間『唐土秘事海』
(118) 谷川健一・馬場あき子・杉浦康平、一九九四年「鼎談　動物・精霊・自然」、『季刊自然と文化』四四春季号、日本ナショナルトラスト
(119) 種田山頭火、一九七六年（一九三四年「山行水行」初出）『草木塔』（自選句集）「山頭火著作集」4、潮文社
(120) 種田山頭火編、雑誌『層雲』
(121) 段成式著（今村与志雄訳注）一九八〇年『酉陽雑俎　I』東洋文庫三八二、平凡社
(122) 千国安之輔、一九八九年『写真日本クモ類大図鑑』偕成社
(123) 同　一九七九年『クモの親と子』偕成社
(124) 同　一九八二年『クモたちの狩り　上・下』偕成社
(125) 同　一九八三年『クモの一生』偕成社
(126) 常木勝次、一九六七年『クモの生活』千代田書店
(127) 津波敏子（文）・仲地のぶひで（絵）一九八五年（初版）『かっちんカナー』沖縄時事出版
(128) 津端亨代表、一九八七年『現代短歌分類事典　巻五』現代短歌分類事典刊行所
(129) 寺島良安、一七一二年『和漢三才図会』
(130) 東條清、二〇〇一年『和歌山のクモ』著者自刊
——紀伊半島におけるオスクロハエトリの喧嘩習俗を初めて記録した画期的文献
(131) 東條操、一九五一年『全国方言辞典』東京堂出版
(132) 冨永明、一九九六年『タランチュラの世界』エムピージェー
(133) 鳥越憲三郎・若林弘子、一九九八年『弥生文化の源流考』大修館書店
(134) 鳥浜貝塚研究グループ編、一九八七年『鳥浜貝塚一九八五年度調査概報・研究の成果』福井県教育委員会・福井県立若狭歴史民俗資料館

(135) 永井義憲校、一九五三年『長谷寺験記』(天正十五年書写/長谷寺所蔵) 古典文庫第七二冊
(136) 長尾勇、一九五四年「地蜘蛛考」、國語學會編輯『國語學』第一九輯、武蔵野書院
(137) 長田須磨・須山名保子編、一九八一年『奄美方言分類辞典　上巻』笠間書院
——ジグモの方言研究の基本文献
(138) 中平清、一九六二年「古今集・衣通姫の歌における〈蜘蛛のふるまい〉に就て」、『ATYPUS』二五号、東亜蜘蛛学会
(139) 同　一九八二年「高知県のコガネグモ方言」、『土佐民俗』三八号、土佐民俗学会
——コガネグモ方言分析の金字塔である
(140) 同　一九九〇年『白帯日記』著者自刊
(141) 同　一九八三年『クモのふるまい』著者自刊
(142) 中村清、一九五五年「蜘蛛相撲」、『銀協』八七号、東京銀行協会
(143) 中村禎里、一九九〇年「ムシの戦い」、奥本大三郎編『虫の日本史』自然と人間の日本史5、新人物往来社
(144) 西川喜朗・桂孝次郎、一九九六年「ハイイロゴケグモも大阪に上陸」、『NATURE STUDY』Vol. 42 No. 1、大阪市立自然史博物館友の会
(145) 西川喜朗・冨永修、一九九六年「セアカゴケグモ、その後」、『NATURE STUDY』Vol. 42 No. 1、大阪市立自然史博物館友の会
(146) 錦三郎、一九七二年『飛行蜘蛛』丸の内出版
——ゴッサマー(遊糸)研究の集大成であるとともに、クモの文化の百科全書。日本エッセイストクラブ賞受賞作品
(147) 同　一九七七年『空を飛ぶクモ』学習研究社
(148) 同　一九七八年『空を飛ぶクモの話』ラボ国際交流センター
(149) 同　一九七五年『雪迎え』三省堂新書
(150) 同　一九八一年『クモの超能力』講談社
(151) 同　一九九六年『浮遊する虫たち』国書刊行会

(152) 西角井正慶編、一九五八年『年中行事辞典』東京堂出版
(153) 野村傳四、一九四二年『大隅肝属郡方言集』中央公論社
(154) 橋本理市、一九六三年「クモを食べるの記」、『ATYPUS』三〇号、東亜蜘蛛学会
(155) 八文字自笑・其笑、一七四三年（寛保三年）『鎌倉諸芸袖日記』（浮世草子）
(156) 花岡大学、一九七三年『くも合戦　こがねぐもの一生』文研出版
(157) パリンダー（松田幸雄訳）一九九一年『アフリカの神話』青土社
(158) ハーン（小泉八雲）一九七五年（一九〇七年初出）「天の川綺譚」『小泉八雲作品集　怪談・骨董』恒文社
(159) 姫路科学館、一九九九年「クモ展　身近な動物・小さな芸術家（展示解説）」姫路科学館
――船曳和代さんのクモの網標本を中心としたユニークな展覧会パンフレット
(160) 廣戸惇、一九六五年『中国地方五県言語地図』風間書房
(161) ファーブル（山田吉彦・林達夫訳）一九九三年『完訳ファーブル昆虫記』八・九巻、岩波文庫
――山田・林訳版の時代には、コモリグモ類にはドクグモの和名が使われていたので、ナルボンヌコモリグモはナルボンヌドクグモと訳されている。そのことを偲ぶ意味であえてこの復刻版を紹介する。
(162) フォースター（吉田裕之訳）一九八三年「ジャンプでハエをつかまえる　眼を使ったハエトリグモの捕食行動」、『アニマ』一二八号、平凡社
――ハエトリグモの生活を魅惑的な筆致で描いた名訳の科学読み物
(163) 福本伸男、一九六八年「銅鐸のクモ」、『ATYPUS』四六―四七号、東亜蜘蛛学会
(164) 同　一九六九年「銅鐸のクモ追加」、『ATYPUS』四九―五〇号、東亜蜘蛛学会
(165) 福島琳人、一九九九年『クモが好き』無明舎出版
(166) フリース（山下主一郎他訳）一九八四年『イメージシンボル事典』大修館書店
(167) ホイジンガ（里見元一郎訳）一九七四年『ホモ・ルーデンス』（一九三八年原著）河出書房新社
(168) 前川隆敏、一九九一年「ネコハエトリのクモ合戦のさせ方」、『ATYPUS』九八／九九号、日本蜘蛛学会
――永遠のホンチ少年が語る横浜のホンチ遊びの醍醐味

(169) 同　一九九一年「ネコハエトリの求愛誇示行動における顎出しについて」、『ATYPUS』九八／九九号、日本蜘蛛学会
(170) 牧田茂、一九九四年「クモと蛇の俗信」、『季刊自然と文化／動物・精霊・自然』四四春季号、日本ナショナルトラスト
(171) 増川宏一、一九八三年『賭博 III』ものと人間の文化史40―III、法政大学出版局
(172) 桝元敏也、二〇〇〇年「雌の存在がアリグモ雄間の闘争に及ぼす影響」、日本蜘蛛学会第三二回大会講演要旨、『ACTA ARACHNOLOGICA』Vol. 49, No. 2、日本蜘蛛学会
(173) 松永説斎（筆）・杵屋佐吉（節附）一九二七年『蜘蛛拍子舞』（長唄）
(174) 松本誠治、一九六六年「千葉県のフンチとババについて」、『ATYPUS』四一―二号、東亜蜘蛛学会―房総半島のネコハエトリ民俗を紹介した初期の重要文献
(175) 同　一九六四年「クモの観察小記――ネコハエトリの交接姿勢の観察」、『ATYPUS』三五号、東亜蜘蛛学会
(176) 同　一九六五年「クモの観察小記――ハエトリグモの視覚（中間報告）」、『ATYPUS』三六号、東亜蜘蛛学会
(177) 真柳誠（翻訳編集）、一九九三年『中国本草図録　巻10』中央公論社
(178) 三重クモ談話会、一九九八年「四日市のセアカゴケグモの野外調査を終えて」、『しのびぐも』二六号、三重クモ談話会
(179) 三木いずみ、二〇〇一年「日本の伝統　クモ合戦」、『ナショナルジオグラフィック日本版』八月号、日経ナショナルジオグラフィック社
(180) 三品彰英、一九七四年『図説日本の歴史2　神話の世界』集英社
(181) 水上勉、一九八〇年『くも恋いの記』集英社文庫、集英社
(182) 同　一九七八年「若狭幻想　その6　女郎蜘蛛」、『水上勉全集』第二一巻、中央公論社
(183) 南方熊楠、一九三一年「蜘蛛を闘わすこと」、（『郷土研究』五巻七号）『南方熊楠全集』3、平凡社
(184) 宮下和喜、一九九七年「ネコハエトリの幼体発育と卵のう産出」、『KISHIDAIA』No. 71、東京蜘蛛談話会

——ネコハエトリ完全飼育の貴重な記録
(185) 宮下直、二〇〇〇年『クモの生物学』東京大学出版会
(186) 宮良當壮、一九三〇年『八重山語彙』、東洋文庫（『宮良當壮全集8』第一書房）
(187) 海松橿知朱、二〇〇〇年〜、雑誌『土蜘蛛通信』著者自刊
——世界唯一のタランチュラ（オオツチグモ）専門雑誌
(188) 森川昌和・橋本澄夫、一九九四年『鳥浜貝塚　縄文のタイムカプセル』、「日本の古代遺跡を掘る」1、読売新聞社
(189) 森浩一編、一九八六年『日本の古代4　縄文・弥生の生活』中央公論社
(190) 諸橋轍次、一九五九年『大漢和辭典・巻十』大修館書店
(191) 文部省編、一九五〇年『国定国語教科書　第4学年　下』（第6期）
(192) 八木沼健夫、一九八六年『原色日本クモ類図鑑』保育社
(193) 同　一九六九年『クモの話　よみもの動物記』北隆館
(194) 同　一九五六年『クモの世界を探る』、アサヒ写真ブック29、朝日新聞社
(195) 同　一九七五年『クモの観察と研究』グリーンブックス13、ニューサイエンス社
(196) 同　一九六三年「食用のクモ」、『ATYPUS』二九号、東亜蜘蛛学会
(197) 同　一九六三年「続・食用のクモ」、『ATYPUS』三〇号、東亜蜘蛛学会
(198) 柳沢善吉、一九七一年「クモの語源・語義について」、『ATYPUS』五号、日本蜘蛛学会
(199) 柳田國男、一九五〇年「蜘蛛及び蜘蛛の巣」、『西はどっち』所収、甲文社
(200) 柳原紀光（寛政五—九年成立）一九七四年『閑窗自語』、「日本随筆大成第二期四巻、百家説林正編（下）」所収、吉川弘文館
(201) 山口健児、一九八三年『鶏』、ものと人間の文化史49、法政大学出版局
(202) 山口常助、一九四〇年「蜘蛛の喧嘩」、『民間傳承』六巻二号
(203) 横尾文子（文）・高島忠平（監修）一九九〇年『新・肥前風土記　古代史の現場を歩く』、NHKブックス、日本放送出版協会

(204) 吉倉真、一九八一年「クモの民俗動物学」、『HEPTATHELA』二巻一号
——文献にもとづく世界のクモの民俗文化誌
(205) 同　一九八二年『クモの不思議』岩波書店
(206) 同　一九八七年『クモの生物学』学会出版センター
(207) 吉田裕之、一九八三年「雌をめぐるネコハエトリ雄間の闘争」、第一五回東亜蜘蛛学会講演要旨、『ATYPUS』八三号、東亜蜘蛛学会
(208) 吉田真、一九九〇年『スパイダー・ウォーズ　クモのおもしろ生態学』新草出版
(209) 米田宏、一九五五年「クモは食べられている」、『ATYPUS』八号、東亜蜘蛛学会
(210) 李時珍、一九七二年『本草綱目』(重版) 商務印書館
(211) 柳亭種彦　江戸時代『足薪翁之記　三』(写本) 国立国会図書館蔵
(212) 鷲津繁男、一九八二年「ほんち」、『東京新聞』一九八二年二月二十日号
(213) 渡辺誠、一九九五年『日韓交流の民族考古学』名古屋大学出版会

(214) 『古事記』奈良時代
(215) 『日本書紀』奈良時代
(216) 『風土記』奈良時代
(217) 『古今和歌集』平安時代
(218) 『長谷寺験記』(異本) 永井義憲 (校) 一九五三年、「古典文庫」第七二冊
(219) 『日葡辞書』一九六〇年 (初版一六〇三年、長崎版) 岩波書店
(220) ERDOES, Richard & ORTIZ, Alfonso 1998 : *American Indian Trickster Tales*, Viking
(221) BAKER, Jeannie 1982 : *One Hungry Spider*, Andre Deutch
——白糸でクモの円網をじっさいに模作し、クモや昆虫、ツバメの造形を配して写真で表現した珍しくも傑作な児童向絵本

(222) BRISTOWE, W. S. 1971 (Revised Edition) : *The World of Spiders*, Collins

(223) CARMICHAEL, Jr, J. H. 1969 : Jumping Spiders, *Natural History* Vol. 73 No. 8 American Museum of Natural History

(224) CHINERY, Michael 1993 : *Spiders*, Whittet Books
(邦訳：一九九七年『クモの不思議な生活』斎藤慎一郎訳、晶文社)

(225) ELLIS, R. A. 1912 : *Spiderland*, Cassell and Co., Ltd.

(226) EVERHARD, W. G. 1980 : Spider and Fly Play Cat and Mouse, *Natural History* Vol. 89 No. 1, American Museum of Natural History

(227) GRAVES, Robert (Intro.) 1970 (3rd edition) : *New Larousse Encyclopedia of Mythology*, Paul Hamlyn

(228) HLLYARD, Paul 1994 : *The Book of the Spider*, Hutchinson
(邦訳：一九九五年『クモ・ウォッチング』新海栄一・池田博明・新海明・谷川明男・宮下直訳、平凡社)
――フィリピンのクモ合戦、クモの毒など興味深い記事が満載

(229) IKEDA, H & SAITO, S 1997 : New Records of a Korean Species, *Evarcha fasciata* SEO, 1992 (Araneae : Salticidae) from Japan *Acta Arachnologica* Vol. 46 No. 2, Arachnological Society of Japan

(230) LEVI, Herbert W. & Lorna R. 1990 : *Spiders and their Kin*, Golden Press, New York

(231) OPIE, Iona & Tatem, Moila 1992 : *A Dictionary of Superstition*, Oxford Univ. Press
(邦訳：一九九四年『英語迷信・俗信辞典』山形和美他訳、大修館書店)

(232) Pollard, S. D. 1993 : Little Murders-The Famale Crab Spider Sinks her Teeth into her Work, *Natural History* Vol. 102 No. 10, American Museum of Natural History

(233) ROBERTS, Michael J. 1995 : *Spiders of Britain & Northern Europe*, Harper Collins Publishers

(234) SEO, B. K. 1992 : A New Species of Genus *Evarcha* (Araneae : Salticidae) from Korea (II), *Korean Archaeology* Vol. 7 No. 2
――マミクロハエトリの原記載論文

(235) WHITE, Gilbert 1993 (First published in 1879) : *The Natural History and Antiquities of Selborne*, Thames and Hudson
(邦訳：一九七六年『セルボーンの博物誌』山内義雄訳、出帆社)
(236) WOOD, Nancy (Edit.) 1997 : *The Serpent's Tongue-Prose, Poetry and Arts of the New Mexico Pueblos*, Dutton Books, New York

《補遺》

(237) 朝日新聞夕刊、一九九九年五月二十二日「クモの求愛、贈り物で」(板倉泰弘さん紹介記事)
(238) 荒俣宏、一九九一年『世界大博物図鑑　第一巻［蟲類］』平凡社
(239) 江崎悌三、一九三三年「蜘蛛類を薬用または食用とする記録」、『本草』一巻一三号(『江崎悌三著作集』所収)
(240) 遠藤周作、一九九六年『蜘蛛』出版芸術社
(241) 大利昌久・新海栄一・池田博明、一九九六年「日本へのゴケグモ類の侵入」、『Med. Entomol. Zool.』四七巻二号
(242) 岡島銀次、一九二九年「蜘蛛合戦を視るの記」、『Lnsania』一巻二号
——昭和二年六月二十三日の加治木くも合戦参観記。会場は「加治木座の云ふ田舎の芝居小屋」。「當日は舊暦の菖蒲の節句に相當するとの事」。「會員及び觀衆一〇〇名許」。「選手は觀覧席の左右に各々小竹の枝付のものに、數頭の蜘蛛をとまらしめて差控ゆ」(カギ括弧内引用)とあって、当時の合戦の方法や雰囲気が偲ばれる。
(243) 川名興、一九八五年「コガネグモの合戦聞き書き抄」、『ATYPUS』八六号、東亜蜘蛛学会
(244) グィリー(荒木正純・松田英監訳)一九九六年『魔女と魔術の事典』原書房
——クモに関する世界の伝承からクモ食による超能力、魔女がクモを使って時化を起こす、病気予防や治療、巣の創造性、神話、クモ殺し禁忌などを要約。
(245) 栗本丹州、一九八二年(原著『栗氏千蟲譜』一八一一年成立)『千蟲譜』恒和出版
(246)『古今著聞集』鎌倉時代

(247) 『今昔物語集』平安時代
(248) 須賀瑛文、一九九九年「蜘蛛合戦見学の記」、『まどい』二〇号、中部蜘蛛談話会
(249) 知里真志保、一九七六年「分類アイヌ語辞典（植物篇・動物篇）」『知里真志保著作集・別巻一』平凡社
(250) 板倉泰弘、一九九三年「アズマキシダグモの生活史と婚姻給餌」、『インヤクタリウム』三〇巻三号（通巻三五一号）
東京動物園協会
(251) 富安風生編（代表）一九五九年『俳諧歳時記　夏』平凡社
(252) 野崎誠近、一九四〇年『吉祥図案解題』平凡社
(253) 服部四郎、一九三二年「『琉球語』と『國語』との音韻法則（一）（二）」、『方言』二巻七、八号、春陽堂書店
(254) ミシュレ、一九三五年（原著一八五七年刊）林柾木訳『詩の昆虫』大勝館
(255) 同　一九五一年、石川湧訳『虫』岩崎書店
(256) 山中襄太、一九八七年『方言俗語語源辞典』校倉書房
(257) ロヴィン（鶴田文訳）一九九九年『怪物の事典』青土社
——映画のジャイアント・スパイダー、吸血原子蜘蛛を紹介している
(258) BLAMEY, M & GREY-WILSON, C. 1989 : *The Illustrated Flora of Britain and Northern Europe*, Hodder & Stoughton
(259) BLAMEY, M & GREY-WILSON, C. 1993 : *Mediterranian Wild Flowers*, Harper Collins Publishers
(260) *Oxford English Dictionary* 縮刷版
(261) TAYLOR, B. 1999 : *Spiders*, Anness Publishing Ltd.
(262) HEARN, L. 1973 (first ed. 1907) : *The Romance of the Milky Way and Other Stories*, Charles E. Tuttle Company
(263) 荒俣宏・奥本大三郎（監修）一九八九年『高木春山　本草図説　動物』リブロポート
(264) カイヨワ（塚崎幹夫訳）一九七五年、『蛸』中央公論社
——人間の想像力の世界におけるタコとクモの類似性を指摘している。
(265) 壬生寺編（井上隆雄写真）二〇〇〇年『壬生狂言』淡交社
(266) 岩倉市郎編、一九七〇年『甑島昔話集』三弥井書店

おわりに

幼少時代、ハエトリグモを闘わせて遊んだ楽しさが忘れられず、脱サラしてクモの喧嘩遊びの民俗調査に専念した時代があった。その後の関心は、必ずしもクモをめぐる伝承ばかりではなくなったが、今もクモの喧嘩にはこだわっている。そうこうするうち人生の折り返し点をはるかに過ぎて、私の運命はおおよそ定まったかのようである。

ルリタテハという蝶の登場する童話も書いたが、これまた小学生時代の体験に肉付けしたものだし、生涯つづけることになるであろう虫の方言しらべも、子どものころ虫とたわむれた思い出の延長以外のものではない。幼時体験にみちびかれて一生を終わりそうな自己をかえりみ、自然と隔絶された今どきの子たちの生活ぶりとてらしあわせて悲しくなる。

「土蜘蛛論」の部は、はじめクモ悪玉論でまとめようと考えていたが、クモを邪悪な恐ろしい存在とみる見方は、民衆史的な観点に立つとあまり主流ではなく、たしかに中近世にいたって能から歌舞伎への土蜘蛛をテーマとした華麗な作物とパフォーマンスがあるのだけれども、世界的視野からもっとおおらかなクモ観の紹介に紙数を割くのが至当との判断が私のなかで勝利してしまった。

その遠因の一つは、一九九八年秋、ある企業が企画した親子クモ観察会の講師を引き受けたことにあったかもしれない。川崎市の向ケ丘遊園で一時間ずつ四回行なわれたその観察会には、幼児と小学校低学年児ばかりが集まった。私は子どもたちに、「ねね、クモの巣、探そ！」とだけ呼びかけてみた。すると驚くなかれ、私の股をくぐりそうなおちびさんたち、夢中でクモの巣を探しまくり、「オジサンオジサンオジサン、見てみて、クモ！」とてんでに手のひらをあわせてやって来るではないか。紅葉のような掌中からは、小さなサラグモが一匹ずつ、出てくるわ出てくるわ。大きなジョロウグモに手で触る男の子もいれば、「私クモ大きらいだったけど、大好きになっちゃった！」と興奮して叫び出す小学低学年児の少女もいて、ああ、現代の大人たちにクモ嫌いが多いのは、誤った教育により、クモを忌み嫌うよう仕向けられた結果にすぎないのだと私はつくづく痛感しないわけにいかなかった。私たちは、歴史的に仕組まれたクモの亡霊におびえてアラクノフォウビア（蜘蛛恐怖症）に陥る必要などさらさらありはしないのだ。

クモの喧嘩遊び民俗調査も、また虫の方言しらべもまだ道なかばで、これらのテーマ研究の完成までには多大の年月とエネルギーがなお必要である。目下わたしの手もとに続々と集まりつつある日本各地からの新情報は、とうていそのすべてを本書に収録することができなかった。「蜘蛛の文化論」はこの一書をもって終わりとすることはもとよりできない。これがいわば新たな出発点であることをお断りしておく。

とりわけアジア各地の先住民族が必ずや秘めているにちがいないクモの民俗、虫の民俗の調査は、これまで文化人類学者、生物学者たちがまったく意に介しなかった未調査・未開拓の視座であり、未知の鉱脈であるにちがいない。私の生命がなお奥深いアジア各地の探訪に耐えられるか否か、まるで自信はないけれども、生物多様性とともに文化・民俗の多様性もまた、地球上いたるところで危機に瀕している現代という時代を思うとき、安閑としてはいられぬ気持ちに苛まれる。

クモの自然科学的紹介に十分の紙数をさけなかったことが悔やまれるが、文科系のクモ論としての限界もあったことを諒とせられたく、本書を通してクモの生活や種類に興味をもたれた方々は、家のなかや庭先から始め、身近なクモをご自分の目でみつめていただきたいし、また先輩諸学のクモ学書をひもといて疑問を解明してくださるようお願い申し上げる。

本書を編むにあたり、数え切れぬほど多くの方々からクモの喧嘩遊びの体験談や、方言を中心としたクモ伝承のご教示をいただいた。一九八〇年代初頭よりこのかた、日本中の中学校の理科の先生方、高等学校の生物科教諭のみなさん、小学校の校長先生がた、全国各地の教育委員会社会教育課長と関係者のみなさん、またそれらの方々を通じてアンケート調査にご協力くださった津々浦々の人生の達人、先輩のみなさんに、心より深謝をささげる。旅先でお話を聞かせてくださり、思い出をおすそ分けくださりながら、お名前をついに名乗られなかった方々も大勢おられる。私の先輩・友人・知人とその裾野につながる多くの方々もご協力を惜しまれなかった。すべての方々のお名前とご教示の記録を私は大切に保存している。将来いつの日にか、クモの民俗のみならず、広く日本の虫の伝承文化を集大成して、お世話になった方々の学恩に報いたいものと決意している。旧著の共著者である畏友川名興氏の激励にも深謝する。

本書は私の多年にわたる調査と思索の結晶であるが、先人諸学の研究に依拠するところも大きい。また本書誕生の直接の機縁は、一九九八年から三年計画で行われた鹿児島県加治木町の「加治木のくも合戦の習俗調査事業」に乞われて参加したことと、一九九九年より三年計画の㈶日産科学振興財団助成研究「日本人はトンボをどのように見てきたか？　日本人の自然観の実証的研究」（上田哲行代表）研究会で真摯な研究仲間たちから快い刺激を受けたことにあった。記して関係者の皆さまに厚く御礼申し上げる。

また法政大学出版局編集部・松永辰郎氏をはじめ、世の中に数少ないクモの文化の本の刊行に情熱を傾けて下さった皆さまに、心から謝意を捧げます。

西暦二〇〇二年正月

三重の寓居にて　斎藤慎一郎

著者略歴

斎藤慎一郎（さいとう　しんいちろう）

著述家．1940年横浜生まれ．東京教育大学卒（芸術学）．日本蜘蛛学会，東京／中部／三重蜘蛛談話会，山村民俗の会，福井昆虫研究会，中池見湿地トラスト，国際泥炭学会，IMCG（国際湿原保護グループ）会員．著書に『クモの合戦　虫の民俗誌』（共著，未来社），『クモ合戦の文化論』（大日本図書），『虫と遊ぶ　虫の方言誌』（大修館書店）など．訳書に『クモの不思議な生活』『イギリスの都会のキツネ』『ウサギの不思議な生活』『アリと人間』『フクロウの不思議な生活』（いずれも晶文社）などがある．

ものと人間の文化史　107・**蜘蛛**（くも）

2002年９月２日　初版第１刷発行

著　者　斎藤慎一郎

発行所　財団法人　法政大学出版局

〒102-0073 東京都千代田区九段北3-2-7
電話03(5214)5540／振替00160-6-95814
印刷／平文社　製本／鈴木製本所

© 2002 Hosei University Press

Printed in Japan

ISBN4-588-21071-8　C0320

✤ ものと人間の文化史

★第9回梓会
出版文化賞受賞

文化の基礎をなすと同時に人間のつくり上げたもっとも具体的な「かたち」である個々の「もの」について、その根源から問い直し、「もの」とのかかわりにおいて営々と築かれてきたくらしの具体相を通じて歴史を捉え直す

1 須藤利一編
船
海国日本では古来、漁業・水運・交易はもとより、大陸文化も船によって運ばれた。本書は造船技術、航海の模様の推移を中心に、漂流、船霊信仰、伝説の数々を語る。四六判368頁・'68

2 直良信夫
狩猟
人類の歴史は狩猟から始まった。本書は、わが国の遺跡に出土する獣骨、猟具の実証的考察をおこないながら、狩猟をつうじて発展した人間の知恵と生活の軌跡を辿る。四六判272頁・'68

3 立川昭二
からくり
〈からくり〉は自動機械であり、驚嘆すべき庶民の技術的創意がこめられている。本書は、日本と西洋のからくりを発掘・復元・遍歴し、埋もれた技術の水脈をさぐる。四六判410頁・'69

4 久下司
化粧
美を求める人間の心が生みだした化粧—その手法と道具に語らせた人間の欲望と本性、そして社会関係。歴史を遡り、全国を踏査して書かれた比類ない美と醜の文化史。四六判368頁・'70

5 大河直躬
番匠
番匠はわが国中世の建築工匠。地方・在地を舞台に開花した彼らの造型・装飾・工法等の諸技術、さらに信仰と生活等、職人以前の独自で多彩な工匠的世界を描き出す。四六判288頁・'71

6 額田巌
結び
〈結び〉の発達は人間の叡知の結晶である。本書はその諸形態および技法を作業・装飾・象徴の三つの系譜に辿り、〈結び〉のすべてを民俗学的・人類学的に考察する。四六判264頁・'72

7 平島裕正
塩
人類史に貴重な役割を果たしてきた塩をめぐって、発見から伝承・製造技術の発展過程にいたる総体を歴史的に描き出すとともに、その多彩な効用と味覚の秘密を解く。四六判272頁・'73

8 潮田鉄雄
はきもの
田下駄・かんじき・わらじなど、日本人の生活の礎となってきた伝統的はきものの成り立ちと変遷を、二〇年余の実地調査と細密な観察・描写によって辿る庶民生活史　四六判280頁・'73

9 井上宗和
城
古代城塞・城柵から近世代名の居城として集大成されるまでの日本の城の変遷を辿り、文化の各領野で果たしてきたその役割を再検討。あわせて世界城郭史に位置づける。四六判310頁・'73

10 室井綽
竹
食生活、建築、民芸、造園、信仰等々にわたって、竹と人間との交流史は驚くほど深く永い。その多岐にわたる発展の過程を個々に辿り、竹の特異な性格を浮彫にする。四六判324頁 '73

11 宮下章
海藻
古来日本人にとって生活必需品とされてきた海藻をめぐって、その採取・加工法の変遷、商品としての流通史および神事・祭事での役割に至るまでを歴史的に考証する。四六判330頁 '74

12 岩井宏實
絵馬
古くは祭礼における神への献馬にはじまり、民間信仰と絵画のみごとな結晶として民衆の手で描かれ祀り伝えられてきた各地の絵馬を豊富な写真と史料によってたどる。四六判302頁 '74

13 吉田光邦
機械
畜力・水力・風力などの自然のエネルギーを利用し、幾多の改良を経て形成された初期の機械の歩みを検証し、日本文化の形成における科学・技術の役割を再検討する。四六判242頁 '74

14 千葉徳爾
狩猟伝承
狩猟には古来、感謝と慰霊の祭祀がともない、人獣交渉の豊かで意味深い歴史があった。狩猟用具、巻物、儀式具、またけものたちの生態を通して語る狩猟文化の世界。四六判346頁 '75

15 田淵実夫
石垣
採石から運搬、加工、石積みに至るまで、石垣の造成をめぐって積み重ねられてきた石工たちの苦闘の足跡を掘り起こし、その独自な技術の形成過程と伝承を集成する。四六判224頁 '75

16 高嶋雄三郎
松
日本人の精神史に深く根をおろした松の伝承に光を当て、食用、薬用等の実用の松、祭祀・観賞用の松、さらに文学・芸能・美術に表現された松のシンボリズムを説く。四六判342頁 '75

17 直良信夫
釣針
人と魚との出会いから現在に至るまで、釣針がたどった一万有余年の変遷を、世界各地の遺跡出土物を通して実証しつつ、漁撈によって生きた人々の生活と文化を探る。四六判278頁 '76

18 吉川金次
鋸
鋸鍛冶の家に生まれ、鋸の研究を生涯の課題とする著者が、出土遺品や文献・絵画により各時代の鋸を復元・実験し、庶民の手仕事にみられる驚くべき合理性を実証する。四六判360頁 '76

19 飯沼二郎／堀尾尚志
農具
鍬と犂の交代・進化の歩みとして発達したわが国農耕文化の発展経過を世界史的視野において再検討しつつ、無名の農具たちによる驚くべき創意のかずかずを記録する。四六判220頁 '76

20 額田巖
包み
結びとともに文化の起源にかかわる〈包み〉の系譜を人類史的視野において捉え、衣・食・住をはじめ社会・経済史、信仰、祭事などにおけるその実際と役割とを描く。四六判354頁・'77

21 阪本祐二
蓮
仏教における蓮の象徴的位置の成立と深化、美術・文芸等に見る人間とのかかわりを歴史的に考察。また大賀蓮はじめ多様な品種とその来歴を紹介しつつその美を語る。四六判306頁・'77

22 小泉袈裟勝
ものさし
ものをつくる人間にとって最も基本的な道具であり、数千年にわたって社会生活を律してきたその変遷を実証的に追求し、歴史の中で果たしてきた役割を浮彫りにする。四六判314頁・'77

23-I 増川宏一
将棋I
その起源を古代インドに、我国への伝播の道すじを海のシルクロードに探り、また伝来後一千年におよぶ日本将棋の変化と発展を盤、駒、ルール等にわたって跡づける。四六判280頁・'77

23-II 増川宏一
将棋II
わが国伝来後の普及と変遷を貴族や武家・豪商の日記等に博捜し、遊戯者の歴史をあとづけると共に、中国伝来説の誤りを正し、将棋宗家の位置と役割を明らかにする。四六判346頁・'85

24 金井典美
湿原祭祀 第2版
古代日本の自然環境に着目し、各地の湿原聖地を稲作社会との関連において捉え直して古代国家成立の背景を浮彫にしつつ、水と植物にまつわる日本人の宇宙観を探る。四六判410頁・'77

25 三輪茂雄
臼
臼が人類の生活文化の中で果たしてきた役割を、各地に遺る貴重な民俗資料・伝承と実地調査にもとづいて解明。失われゆく道具のなかに、未来の生活文化の姿を探る。四六判412頁・'78

26 盛田嘉徳
河原巻物
中世末期以来の被差別部落民が生きる権利を守るために偽作し護り伝えてきた河原巻物を全国にわたって踏査し、そこに秘められた最底辺の人びとの叫びに耳を傾ける。四六判226頁・'78

27 山田憲太郎
香料 日本のにおい
焼香供養の香から趣味としての薫物へ、さらに沈香木を焚く香道へと変遷した日本の「匂い」の歴史を豊富な史料に基づいて辿り、我国風俗史の知られざる側面を描く。四六判370頁・'78

28 景山春樹
神像 神々の心と形
神仏習合によって変貌しつつも、常にその原型＝自然を保持してきた日本の神々の造型を図像学的方法によって捉え直し、その多彩な形象に日本人の精神構造をさぐる。四六判342頁・'78

29　増川宏一

盤上遊戯

祭具・占具としての発生を『死者の書』をはじめとする古代の文献にさぐり、形状・遊戯法を分類しつつその〈進化〉の過程を考察。〈遊戯者たちの歴史〉をも跡づける。四六判３２６頁・'78

30　田淵実夫

筆

筆の里・熊野に筆づくりの現場を訪ねて、筆匠たちの境涯と製筆の由来を克明に記録しつつ、筆の発生と変遷、種類、製筆法、さらには筆塚、筆供養にまで説きおよぶ。四六判２０４頁・'78

31　橋本鉄男

ろくろ

日本の山野を漂移しつづけ、高度の技術文化と幾多の伝説とをもたらした特異な旅職集団＝木地屋の生態を、その呼称、地名、伝承、文書等をもとに生き生きと描く。四六判４６０頁・'79

32　吉野裕子

蛇

日本古代信仰の根幹をなす蛇巫をめぐって、祭事におけるさまざまな蛇の「もどき」や各種の蛇の造型・伝承に鋭い考証を加え、忘れられたその呪性を大胆に暴き出す。四六判２５０頁・'79

33　岡本誠之

鋏（はさみ）

梃子の原理の発見から鋏の誕生に至る過程を推理し、日本鋏の特異な歴史的位置を明らかにするとともに、刀鍛冶等から転進した鋏職人たちの創意と苦闘の跡をたどる。四六判３９６頁・'79

34　廣瀬鎮

猿

嫌悪と愛玩、軽蔑と畏敬の交錯する日本人とサルとの関わりあいの歴史を、狩猟伝承や祭祀・風習、美術・工芸や芸能のなかに探り、日本人の動物観を浮彫りにする。四六判２９２頁・'79

35　矢野憲一

鮫

神話の時代から今日まで、津々浦々につたわるサメの伝承とサメをめぐる海の民俗を集成し、神饌、食用、薬用等に活用されてきたサメと人間のかかわりの変遷を描く。四六判２９２頁・'79

36　小泉袈裟勝

枡

米の経済の枢要をなす器として千年余にわたり日本人の生活の中に生きてきた枡の変遷をたどり、記録・伝承をもとにこの独特な計量器が果たした役割を再検討する。四六判３２２頁・'80

37　田中信清

経木

食品の包装材料として近年まで身近に存在した経木の起源を、こけら経や塔婆、木簡、屋根板等に遡って明らかにし、その製造・流通に携った人々の労苦の足跡を辿る。四六判２８８頁・'80

38　前田雨城

色　染と色彩

わが国古代の染色技術の復元と文献解読をもとに日本色彩史を体系づけ、赤・白・青・黒等におけるわが国独自の色彩感覚を探りつつ日本文化における色の構造を解明。四六判３２０頁・'80

39 吉野裕子
狐　陰陽五行と稲荷信仰
その伝承と文献を渉猟しつつ、中国古代哲学＝陰陽五行の原理の応用という独自の視点から、謎とされてきた稲荷信仰と狐との密接な結びつきを明快に解き明かす。　四六判２３２頁・'80

40-I 増川宏一
賭博I
時代、地域、階層を超えて連綿と行なわれてきた賭博。——その起源を古代の神判、スポーツ、遊戯等の中に探り、抑圧と許容の歴史を物語る。全III分冊の〈総説篇〉。　四六判２９８頁・'80

40-II 増川宏一
賭博II
古代インド文学の世界からラスベガスまで、賭博の形態・用具・方法の時代的特質を明らかにし、夥しい禁令に賭博の不滅のエネルギーを見る。全III分冊の〈外国篇〉。　四六判４５６頁・'82

40-III 増川宏一
賭博III
聞香、闘茶、笠附等、わが国独特の賭博を中心にその具体例を網羅し、方法の変遷に賭博の時代性を探りつつ禁令の改廃に時代の賭博観を追う。全III分冊の〈日本篇〉。　四六判３８８頁・'83

41-I むしゃこうじ・みのる
地方仏I
古代から中世にかけて全国各地で作られた無銘の仏像を訪ね、素朴で多様なノミの跡に民衆の祈りと地域の願望を探る。宗教の伝播、文化の創造を考える異色の紀行。　四六判２５６頁・'80

41-II むしゃこうじ・みのる
地方仏II
紀州や飛騨を中心に草の根の仏たちを訪ねて、その相好と像容の魅力を探り、技法を比較考証して仏像彫刻史に位置づけつつ、中世地域社会の形成と信仰の実態に迫る。　四六判２６０頁・'97

42 岡田芳朗
南部絵暦
田山・盛岡地方で「盲暦」として古くから親しまれてきた独得の絵解き暦を詳しく紹介しつつその全体像を復元する。その無類の生活暦は、南部農民の哀歓をつたえる。　四六判２８８頁・'80

43 青葉高
野菜　在来品種の系譜
蕪、大根、茄子等の日本在来野菜をめぐって、その渡来・伝播経路、品種分布と栽培のいきさつを各地の伝承や古記録をもとに辿り、畑作文化の源流とその風土を描く。　四六判３６８頁・'81

44 中沢厚
つぶて
弥生投弾、古代・中世の石戦と印地の様相、投石具の発達を展望しつつ、願かけの小石、正月つぶて、石こづみ等の習俗を辿り、石塊に託した民衆の願いや怒りを探る。　四六判３３８頁・'81

45 山田幸一
壁
弥生時代から明治期に至るわが国の壁の変遷を壁塗＝左官工事の側面から辿り直し、その技術的復元・考証を通じて建築史・文化史における壁の役割を浮き彫りにする。　四六判２９６頁・'81

46 小泉和子
簞笥（たんす）
★第II回江馬賞受賞
近世における簞笥の出現＝箱から抽斗への転換に着目し、以降近現代に至るその変遷を社会・経済・技術の側面からあとづける。著者自身による簞笥製作の記録を付す。四六判378頁・'82

47 松山利夫
木の実
山村の重要な食糧資源であった木の実をめぐる各地の記録・伝承を集成し、その採集・加工における幾多の試みを実地に検証しつつ、稲作農耕以前の食生活文化を復元。四六判384頁・'82

48 小泉袈裟勝
秤（はかり）
秤の起源を東西に探るとともに、わが国律令制下における中国制度の導入、近世商品経済の発展に伴う秤座の出現、明治期近代化政策による洋式秤受容等の経緯を描く。四六判326頁・'82

49 山口健児
鶏（にわとり）
神話・伝説をはじめ遠い歴史の中の鶏を古今東西の伝承・文献に探り、特に我国の信仰・絵画・文学等に遺された鶏の足跡を追って、鶏をめぐる民俗の記憶を蘇らせる。四六判346頁・'83

50 深津正
燈用植物
人類が燈火を得るために用いてきた多種多様な植物との出会いと個々の植物の来歴、特性及びはたらきを詳しく検証しつつ「あかり」の原点を問いなおす異色の植物誌。四六判442頁・'83

51 吉川金次
斧・鑿・鉋（おの・のみ・かんな）
古墳出土品や文献・絵画をもとに、古代から現代までの斧・鑿・鉋を復元・実験し、労働体験によって生まれた民衆の知恵と道具の変遷を蘇らせる異色の日本木工具史。四六判304頁・'84

52 額田巌
垣根
大和・山辺の道に神々と垣との関わりを探り、各地に垣の伝承を訪ねて、寺院の垣、民家の垣、露地の垣など、風土と生活に培われた生垣の独特のはたらきと美を描く。四六判234頁・'84

53-I 四手井綱英
森林I
森林生態学の立場から、森林のなりたちとその生活史を辿りつつ、産業の発展と消費社会の拡大により刻々と変貌する森林の現状を語り、未来への再生のみちをさぐる。四六判306頁・'85

53-II 四手井綱英
森林II
森林と人間との多様なかかわりを包括的に語り、人と自然が共生するための森や里山をいかにして創出するか、森林再生への具体的な方策を提示する21世紀への提言。四六判308頁・'98

53-III 四手井綱英
森林III
地球規模で進行しつつある森林破壊の現状を実地に踏査し、森と人が共存する日本人の伝統的自然観を未来へ伝えるために、いま何が必要なのかを具体的に提言する。四六判304頁・'00

54　酒向昇
海老（えび）
人類との出会いからエビの科学、漁法、さらには調理法を語り、めでたい姿態と色彩にまつわる多彩なエビの民俗を、地名や人名、詩歌・文学、絵画や芸能の中に探る。四六判４２８頁　'85

55-I　宮崎清
藁（わら）I
稲作農耕とともに二千年余の歴史をもち、日本人の全生活領域に生きてきた藁の文化を日本文化の原型として捉え、風土に根ざしたそのゆたかな遺産を詳細に検討する。四六判４００頁　'85

55-II　宮崎清
藁（わら）II
床・畳から壁・屋根にいたる住居における藁の製作・使用のメカニズムを明らかにし、日本人の生活空間における藁の役割を見なおすとともに、藁の文化の復権を説く。四六判４００頁　'85

56　松井魁
鮎
清楚な姿態と独特な味覚によって、日本人の目と舌を魅了しつづけてきたアユ——その形態と分布、生態、漁法等を詳述し、古今のアユ料理や文芸にみるアユにおよぶ。四六判２９６頁　'86

57　額田巌
ひも
物と物、人と物とを結びつける不思議な力を秘めた「ひも」の謎を追って、民俗学的視点から多角的なアプローチを試みる。『結び』、『包み』につづく三部作の完結篇。四六判２５０頁　'86

58　北垣聰一郎
石垣普請
近世石垣の技術者集団「穴太」の足跡を辿り、各地城郭の石垣遺構の実地調査と資料・文献をもとに石垣普請の歴史的系譜を復元しつつ石工たちの技術伝承を集成する。四六判４３８頁　'87

59　増川宏一
碁
その起源を古代の盤上遊戯に探ると共に、定着以来二千年の歴史を時代の状況や遊び手の社会環境との関わりにおいて跡づける。逸話や伝説を排して綴る初の囲碁全史。四六判３６６頁　'87

60　南波松太郎
日和山（ひよりやま）
千石船の時代、航海の安全のために観天望気した日和山——多くは忘れられ、あるいは失われた船舶・航海史の貴重な遺跡を追って、全国津々浦々におよんだ調査紀行。四六判３８２頁　'88

61　三輪茂雄
篩（ふるい）
臼とともに人類の生産活動に不可欠な道具であった篩、箕(み)、笊(ざる)の多彩な変遷を豊富な図解入りでたどり、現代技術の先端に再生するまでの歩みをえがく。四六判３３４頁　'89

62　矢野憲一
鮑（あわび）
縄文時代以来、貝肉の美味と貝殻の美しさによって日本人を魅了し続けてきたアワビ——その生態と養殖、神饌としての歴史、漁法、螺鈿の技法からアワビ料理に及ぶ。四六判３４４頁　'89

63 むしゃこうじ・みのる
絵師
日本古代の渡来画工から江戸前期の菱川師宣まで、時代の代表的絵師の列伝で辿る絵画制作の文化史。前近代社会における絵画の意味や芸術創造の社会的条件を考える。四六判230頁・'90

64 碓井益雄
蛙（かえる）
動物学の立場からその特異な生態を描き出すとともに、和漢洋の文献資料を駆使して故事・習俗・神事・民話・文芸・美術工芸にわたる蛙の多彩な活躍ぶりを活写する。四六判382頁・'89

65-I 竹内淳子
藍（あい）I 風土が生んだ色
全国各地の〈藍の里〉を訪ねて、藍栽培から染色・加工のすべてにわたり、藍とともに生きた人々の伝承を克明に描き、風土と人間が生んだ〈日本の色〉の秘密を探る。四六判416頁・'91

65-II 竹内淳子
藍（あい）II 暮らしが育てた色
日本の風土に生まれ、伝統に育てられた藍が、今なお暮らしの中で生き生きと活躍しているさまを、手わざに生きる人々との出会いを通じて描く。藍の里紀行の続篇。四六判406頁・'99

66 小山田了三
橋
丸木橋・舟橋・吊橋から板橋・アーチ型石橋まで、人々に親しまれてきた各地の橋を訪ねて、その来歴と築橋の技術伝承を辿り、土木文化の伝播・交流の足跡をえがく。四六判312頁・'91

67 宮内悊　★平成三年度日本技術史学会賞受賞
箱
日本の伝統的な箱（櫃）と西欧のチェストを比較文化史の視点から考察し、居住・収納・運搬・装飾の各分野における箱の重要な役割とその多彩な文化を浮彫りにする。四六判390頁・'91

68-I 伊藤智夫
絹I
養蚕の起源を神話や説話に探り、伝来の時期とルートを跡づけ、記紀・万葉の時代から近世に至るまで、それぞれの時代・社会・階層が生み出した絹の文化を描き出す。四六判304頁・'92

68-II 伊藤智夫
絹II
生糸と絹織物の生産と輸出が、わが国の近代化にはたした役割を描くと共に、養蚕の道具、信仰や庶民生活にわたる養蚕と絹の民俗、さらには蚕の種類と生態におよぶ。四六判294頁・'92

69 鈴木克美
鯛（たい）
古来「魚の王」とされてきた鯛をめぐって、その生態・味覚から漁法、祭り、工芸、文芸にわたる多彩な伝承文化を語りつつ、鯛と日本人とのかかわりの原点をさぐる。四六判418頁・'92

70 増川宏一
さいころ
古代神話の世界から近現代の博徒の動向まで、さいころの役割を各時代・社会に位置づけ、木の実や貝殻のさいころから投げ棒型や立方体のさいころへの変遷をたどる。四六判374頁・'92

71 樋口清之
木炭
炭の起源から炭焼、流通、経済、文化にわたる木炭の歩みを歴史・考古・民俗の知見を総合して描き出し、独自で多彩な文化を育んできた木炭の尽きせぬ魅力を語る。 四六判296頁 '93

72 朝岡康二
鍋・釜（なべ・かま）
日本をはじめ韓国、中国、インドネシアなど東アジアの各地を歩きながら鍋・釜の製作と使用の現場に立ち会い、調理をめぐる庶民生活の変遷とその交流の足跡を探る。 四六判326頁 '93

73 田辺悟
海女（あま）
その漁の実際と社会組織、風習、信仰、民具などを克明に描くとともに海女の起源・分布・交流を探り、わが国漁撈文化の古層としての海女の生活と文化をあとづける。 四六判294頁 '93

74 刀禰勇太郎
蛸（たこ）
蛸をめぐる信仰や多彩な民間伝承を紹介するとともに、その生態・分布・捕獲法・繁殖と保護・調理法などを集成し、日本人と蛸との知られざるかかわりの歴史を探る。 四六判370頁 '94

75 岩井宏實
曲物（まげもの）
桶・樽出現以前から伝承され、古来最も簡便・重宝な木製容器として愛用された曲物の加工技術と機能・利用形態の変遷をさぐり、手づくりの「木の文化」を見なおす。 四六判318頁 '94

76-I 石井謙治
和船Ⅰ
★第49回毎日出版文化賞受賞
江戸時代の海運を担った千石船（弁才船）について、その構造と技術、帆走性能を綿密に調査し、通説の誤りを正すとともに、海難と信仰、船絵馬等の考察にもおよぶ。 四六判436頁 '95

76-II 石井謙治
和船Ⅱ
★第49回毎日出版文化賞受賞
造船史から見た著名な船を紹介し、遣唐使船や遣欧使節船、幕末の洋式船における外国技術の導入について論じつつ、船の名称と船型を海船・川船にわたって解説する。 四六判316頁 '95

77-I 金子功
反射炉Ⅰ
日本初の佐賀鍋島藩の反射炉と精練方＝理化学研究所、島津藩の反射炉と集成館＝近代工場群を軸に、日本の産業革命の時代における人と技術を現地に訪ねて発掘する。 四六判244頁 '95

77-II 金子功
反射炉Ⅱ
伊豆韮山の反射炉をはじめ、全国各地の反射炉建設にかかわった有名無名の人々の足跡をたどり、開国か攘夷かに揺れる幕末の政治と社会の悲喜劇をも生き生きと描く。 四六判226頁 '95

78-I 竹内淳子
草木布（そうもくふ）Ⅰ
風土に育まれた布を求めて全国各地を歩き、木綿普及以前に山野の草木を利用して豊かな衣生活文化を築き上げてきた庶民の知られざる知恵のかずかずを実地にさぐる。 四六判282頁 '95

78-II 竹内淳子
草木布（そうもくふ）II
アサ、クズ、シナ、コウゾ、カラムシ、フジなどの草木の繊維から、どのようにして糸を採り、布を織っていたのか——聞書きをもとに忘れられた技術と文化を発掘する。四六判２８２頁・'95

79-I 増川宏一
すごろくI
古代エジプトのセネト、ヨーロッパのバクギャモン、中近東のナルド、中国の双陸などの系譜に日本の盤雙六を位置づけ、遊戯・賭博としてのその数奇なる運命を辿る。四六判３１２頁・'95

79-II 増川宏一
すごろくII
ヨーロッパの鵞鳥のゲームから日本中世の浄土双六、近世の華麗な絵双六、さらには近現代の少年誌の附録まで、絵双六の変遷を追って時代の社会・文化を読みとる。四六判３９０頁・'95

80 安達巌
パン
古代オリエントに起ったパン食文化が中国・朝鮮を経て弥生時代の日本に伝えられたことを史料と伝承をもとに解明し、わが国パン食文化二〇〇〇年の足跡を描き出す。四六判２６０頁・'96

81 矢野憲一
枕（まくら）
神さまの枕・大嘗祭の枕から枕絵の世界まで、人生の三分の一を共に過す枕をめぐって、その材質の変遷を辿り、伝説と怪談、俗信と民俗、エピソードを興味深く語る。四六判２５２頁・'96

82-I 石村真一
桶・樽（おけ・たる）I
日本、中国、朝鮮、ヨーロッパにわたる厖大な資料を集成してその豊かな文化の系譜を探り、東西の木工技術史を比較しつつ世界史的視野から桶・樽の文化を描き出す。四六判３８８頁・'97

82-II 石村真一
桶・樽（おけ・たる）II
多数の調査資料と絵画・民俗資料をもとにその製作技術を復元し、東西の木工技術を比較考証しつつ、技術文化史の視点から桶・樽製作の実態とその変遷を跡づける。四六判３７２頁・'97

82-III 石村真一
桶・樽（おけ・たる）III
樹木と人間とのかかわり、製作者と消費者とのかかわりを通じて桶樽と生活文化の変遷を考察し、木材資源の有効利用という視点から桶樽の文化史的役割を浮彫にする。四六判３５２頁・'97

83-I 白井祥平
貝I
世界各地の現地調査と文献資料を駆使して、古来至高の財宝とされてきた宝貝のルーツとその変遷を探り、貝と人間とのかかわりの歴史を「貝貨」の文化史として描く。四六判３８６頁・'97

83-II 白井祥平
貝II
サザエ、アワビ、イモガイなど古来人類とかかわりの深い貝をめぐって、その生態・分布・地方名、装身具や貝貨としての利用法などを豊富なエピソードを交えて語る。四六判３２８頁・'97

83-III　白井祥平
貝III
シンジュガイ、ハマグリ、アカガイ、シャコガイなどをめぐって世界各地の民族誌を渉猟し、それらが人類文化に残した足跡を辿る。参考文献一覧／総索引を付す。　四六判392頁・'97

84　有岡利幸
松茸（まつたけ）
秋の味覚として古来珍重されてきた松茸の由来を求めて、稲作文化と里山（松林）の生態系から説きおこし、日本人の伝統的生活文化の中に松茸流行の秘密をさぐる。　四六判296頁・'97

85　朝岡康二
野鍛冶（のかじ）
鉄製農具の製作・修理・再生を担ってきた農鍛冶の歴史的役割を探り、近代化の大波の中で変貌する職人技術の実態をアジア各地のフィールドワークを通して描き出す。　四六判280頁・'98

86　菅　洋
稲　品種改良の系譜
作物としての稲の誕生、稲の渡来と伝播の経緯から説きおこし、明治以降主として庄内地方の民間育種家の手によって飛躍的発展をとげたわが国品種改良の歩みを描く。　四六判332頁・'98

87　吉武利文
橘（たちばな）
永遠のかぐわしい果実として日本の神話・伝説に特別の位置を占めて語り継がれてきた橘をめぐって、その育まれた風土とかずかずの伝承の中に日本文化の特質を探る。　四六判286頁・'98

88　矢野憲一
杖（つえ）
神の依代としての杖や仏教の錫杖に杖と信仰とのかかわりを探り、人類が突きつつ歩んだその歴史と民俗を興味ぶかく語る。多彩な材質と用途を網羅した杖の博物誌。　四六判314頁・'98

89　渡部忠世／深澤小百合
もち（糯・餅）
モチイネの栽培・育種から食品加工、民俗、儀礼にわたってそのルーツと伝承の足跡をたどり、アジア稲作文化という広範な視野からこの特異な食文化の謎を解明する。　四六判330頁・'98

90　坂井健吉
さつまいも
その栽培の起源と伝播経路を跡づけるとともに、わが国伝来後四百年の経緯を詳細にたどり、世界に冠たる育種と栽培・利用法を築いた人々の知られざる足跡をえがく。　四六判328頁・'99

91　鈴木克美
珊瑚（さんご）
海岸の自然保護に重要な役割を果たす岩石サンゴから宝飾品として知られる宝石サンゴまで、人間生活と深くかかわってきたサンゴの多彩な姿を人類文化史として描く。　四六判370頁・'99

92-I　有岡利幸
梅I
万葉集、源氏物語、五山文学などの古典や天神信仰に表れた梅の足跡を克明に辿りつつ日本人の精神史に刻印された梅を浮彫にし、梅と日本人の二〇〇〇年史を描く。　四六判274頁・'99

92-II 有岡利幸
梅II
その植生と栽培、伝承、梅の名所や鑑賞法の変遷から戦前の国定教科書に表れた梅まで、梅と日本人との多彩なかかわりを探り、桜との対比において梅の文化史を描く。四六判338頁 '99

93 福井貞子
木綿口伝（もめんくでん）第2版
老女たちからの聞書を経糸とし、厖大な遺品・資料を緯糸として、母から娘へと幾代にも伝えられた手づくりの木綿文化を掘り起し、近代の木綿の盛衰を描く。増補版 四六判336頁 '00

94 増川宏一
合せもの
「合せる」には古来、一致させるの他に、競う、闘う、比べる等の意味があった。貝合せや絵合せ等の遊戯・賭博を中心に、広範な人間の営みを「合せる」行為に辿る。四六判300頁 '00

95 福井貞子
野良着（のらぎ）
明治初期から昭和四〇年までの野良着を収集・分類・整理し、それらの用途と年代、形態、材質、重量、呼称などを精査して、働く庶民の創意にみちた生活史を描く。四六判292頁 '00

96 山内昶
食具（しょくぐ）
東西の食文化に関する資料を渉猟し、食法の違いを人間の自然に対するかかわり方の違いとして捉えつつ、食具を人間と自然をつなぐ基本的な媒介物として位置づける。四六判290頁 '00

97 宮下章
鰹節（かつおぶし）
黒潮からの贈り物・カツオの漁法から鰹節の製法や食法、商品としての流通までを歴史的に展望するとともに、沖縄やモルジブ諸島の調査をもとにそのルーツを探る。四六判382頁 '00

98 出口晶子
丸木舟（まるきぶね）
先史時代から現代の高度文明社会まで、もっとも長期にわたり使われてきた刳り舟に焦点を当て、その技術伝承を辿りつつ、森や水辺の文化の広がりと動態をえがく。四六判324頁 '01

99 有岡利幸
梅干（うめぼし）
日本人の食生活に不可欠の自然食品・梅干をつくりだした先人たちの知恵に学ぶとともに、健康増進に驚くべき薬効を発揮する、その知られざるパワーの秘密を探る。四六判300頁 '01

100 森郁夫
瓦（かわら）
仏教文化と共に中国・朝鮮から伝来し、一四〇〇年にわたり日本の建築を飾ってきた瓦をめぐって、発掘資料をもとにその製造技術、形態、文様などの変遷をたどる。四六判320頁 '01

101 長澤武
植物民俗
衣食住から子供の遊びまで、幾世代にも伝承された植物をめぐる暮らしの知恵を克明に記録し、高度経済成長期以前の農山村の豊かな生活文化を愛惜をこめて描き出す。四六判348頁 '01

102 向井由紀子／橋本慶子

箸（はし）

そのルーツを中国、朝鮮半島に探るとともに、日本人の食生活に不可欠の食具となり、日本文化のシンボルとされるまでに洗練された箸の文化の変遷を総合的に描く。　四六判334頁・'01

103 赤羽正春

採集　ブナ林の恵み

縄文時代から今日に至る採集・狩猟民の暮らしを復元し、動物の生態系と採集生活の関連を明らかにしつつ、民俗学と考古学の両面から山に生かされた人々の姿を描く。　四六判298頁・'01

104 秋田裕毅

下駄　神のはきもの

古墳や井戸等から出土する下駄に着目し、下駄が地上と地下の他界を結ぶ聖なるはきものであったという大胆な仮説を提出、日本の神々の忘れられた側面を浮彫にする。　四六判304頁・'02

105 福井貞子

絣（かすり）

膨大な絣遺品を収集・分類し、絣産地を実地に調査して絣の技法と文様の変遷を地域別・時代別に跡づけ、明治・大正・昭和の手づくりの染織文化の盛衰を描き出す。　四六判310頁・'02

106 田辺悟

網（あみ）

漁網を中心に、網に関する基本資料を網羅して網の変遷と網をめぐる民俗を体系的に描き出し、網の文化を集成する。「網に関する小事典」「網のある博物館」を付す。　四六判316頁・'02

107 斎藤慎一郎

蜘蛛（くも）

「土蜘蛛」の呼称で畏怖される一方「クモ合戦」など子供の遊びとしても親しまれてきたクモと人間との長い交渉の歴史をその深層に遡って追究した異色のクモ文化論。　四六判320頁・'02